金属
轧制技术
Metal Rolling Technology

朱伶俐　周文波　主编

邢佳磊　闫

王沙沙

朱瑞

U0178772

化学工业出版社

·北京·

内 容 简 介

本书内容主要包括轧制理论（轧制过程的建立，轧制过程中的纵变形，轧制压力），轧制工艺（轧材种类及其生产工艺流程，轧制生产工艺过程及其制订），板、带材生产（板、带材的生产概述，热轧板、带材生产，冷轧薄板、带材生产），型材和棒线材生产（棒、线材生产，型钢生产的一般问题），管材生产工艺（热轧无缝管材生产工艺，管材冷轧加工，焊管生产工艺），特种轧制（特种轧制综述，几种常用的特种轧制技术）等。

本书可供金属加工、机械制造工艺、材料科学及材料加工工程等专业技术人员和技术管理人员阅读使用，也可作为高等院校机械类、机电类、材料类及相关专业师生的教学参考书。

图书在版编目（CIP）数据

金属轧制技术/朱伶俐，周文波主编．—北京：化学

工业出版社，2023.11

ISBN 978-7-122-44321-2

Ⅰ.①金…　Ⅱ.①朱…②周…　Ⅲ.①金属加工-轧制

Ⅳ.①TG33

中国国家版本馆 CIP 数据核字（2023）第 197574 号

责任编辑：陈　喆　　　　　　　　装帧设计：刘丽华
责任校对：杜杏然

出版发行：化学工业出版社（北京市东城区青年湖南街 13 号　邮政编码 100011）
印　　装：北京七彩京通数码快印有限公司
710mm×1000mm　1/16　印张 16¾　字数 319 千字　2023 年 11 月北京第 1 版第 1 次印刷

购书咨询：010-64518888　　　　　　售后服务：010-64518899
网　　址：http://www.cip.com.cn
凡购买本书，如有缺损质量问题，本社销售中心负责调换。

定　　价：99.00 元

前　言

　　金属轧制加工是使金属坯料在两个旋转轧辊间的特定空间内产生塑性变形，以获得一定截面形状并改变其性能的塑性成形方法。这是由大截面坯料变为小截面材料常用的加工方法。轧制可生产板带材、型材和管材等。

　　本书内容主要包括轧制理论（轧制过程的建立，轧制过程中的纵变形，轧制压力），轧制工艺（轧材种类及其生产工艺流程，轧制生产工艺过程及其制订），板、带材生产（板、带材的生产概述，热轧板、带材生产，冷轧薄板、带材生产），型材和棒线材生产（棒、线材生产，型钢生产的一般问题），管材生产工艺（热轧无缝管材生产工艺，管材冷轧加工，焊管生产工艺），特种轧制（特种轧制综述，几种常用的特种轧制技术）等。

　　本书突出重点、精选内容，力求反映先进技术和新成就，理论联系实际，内容有一定的广度，具有一定的灵活性。

　　参加本书编写的单位（人员）有：山东省烟台南山学院（朱伶俐），浙江佑丰新材料股份有限公司（周文波），沈阳职业技术学院（邢佳磊），山东省食品药品审评查验中心（闫芳），青岛机械研究所（刘光启），桂林橡胶设计院有限公司（王沙沙），益库青岛电子机械有限公司（姜振华）。编写分工如下：朱伶俐编写绪论和第1~6章以及对第1~10章进行统稿；周文波编写第7~10章；邢佳磊编写第11~13章；闫芳编写第14、15章；王沙沙对第1~9章的文、图进行校订、补充；刘光启编写绪论并对第11~15章进行统稿；姜振华对第11~15章文、图进行校订、补充。

　　本书由朱伶俐、周文波任主编并统稿，邢佳磊、闫芳、刘光启任副主编。青岛海洋技师学院朱瑞景副教授任主审，提出许多宝贵意见。编写中参考引用了一些宝贵的资料，在此一并表示感谢。

　　由于编者水平有限，书中不足之处在所难免，敬请广大读者批评指正。

编　者

目　录

前言

绪论

0.1　金属塑性加工成形的概述

金属塑性加工是指金属材料在一定的外力作用下，利用金属的塑性而成形为具有一定的形状及一定的力学性能的工件的加工方法。金属塑性加工成形工艺与金属切削加工、铸造、焊接等加工工艺相比，具有以下几个方面的特点：

① 材料利用率高。金属塑性成形主要是依靠金属在塑性状态下的形状变化和体积转移来实现的，不产生切屑，材料利用率高，可以节约大量的金属材料。

② 力学性能好。金属塑性成形过程中，金属的内部组织得到改善，制件性能好。

③ 尺寸精度高。金属塑性成形的很多工艺方法已经达到少、无切削加工的要求，如齿轮精锻、冷挤压花键工艺，其齿形精度高，可直接使用；精锻叶片的复杂曲面可达到只需磨削的程度。

④ 生产效率高。金属塑性成形工艺适合于大批量生产，随着塑性成形工、模具的改进及设备机械化、自动化程度的提高，生产效率得到大幅度提高。如高速压力机的行程次数已经达到 1500～1800 次/min；在热模锻压力机上锻造一根汽车发动机用的六拐曲轴只需 40s；在双动拉深压力机上成形一个汽车覆盖件仅需几秒。

由于金属塑性成形工艺所具有的这些特点，使之在冶金、机械、航空、航天、船舶、军工、仪器、仪表、电器和日用五金等工业领域得到广泛应用，在国民经济中占有十分重要的地位。

0.2　金属塑性成形工艺的分类

金属塑性加工成形的种类很多，分类方法也很多。按照压力加工成形毛坯的特点分类如图 0-1 所示。

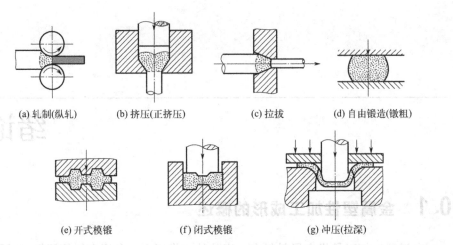

(a) 轧制(纵轧)　　(b) 挤压(正挤压)　　(c) 拉拔　　(d) 自由锻造(镦粗)

(e) 开式模锻　　　　(f) 闭式模锻　　　　(g) 冲压(拉深)

图 0-1　金属压力加工成形的分类

(1) 轧制

轧制是靠旋转的轧辊与轧件之间形成的摩擦力将轧件拖进辊缝之间，并使之受到压缩产生塑性变形的过程。轧制过程是赋予金属一定的尺寸和形状的过程，同时也是赋予金属材料一定组织和性能的过程〔如图 0-1(a) 所示〕。因此，轧制过程也是一个冶金过程。

轧制方法是金属材料成形的主要方法之一。其中，钢材轧制成形是数量最大的金属材料制品。冶炼钢的 90% 以上要经过轧制工艺才能成为可用的钢材。轧制钢材与汽车、建筑、能源、交通、机械制造、器材、工具和楼宇等国民经济支柱产业密切相关，也与人们的生活紧密相连。由于钢材生产数量大、品种多、广泛应用于国民经济的各个部门，所以冶金工业是国民经济发展的基础产业之一。

轧制技术发展已经有几百年的历史。我国第一台工业应用的轧机是 1907 年建成投产的。但轧制技术真正得到快速发展，还是在第二次世界大战之后，因为那时钢铁工业规模、数量和质量方面的迫切需求，需要自动化技术的支撑。从 20 世纪 50 年代开始，为了保证材料的成形精度和质量，轧制过程自动化、连续化逐渐成为重要的发展趋势。特别是英国，从厚度自动控制技术开始，对轧制过程的控制进行了开创性的工作。随后，作为战后恢复重建的国家，日本在大规模建设钢铁厂的过程中，利用后发的优势，提出了大型化、连续化、自动化的建设目标，并贯彻到轧制过程的建设和研究之中，将轧制技术与自动化技术融合，推动了轧制技术的高速发展。

(2) 挤压

挤压是在大截面坯料的后端施加一定的压力，使金属坯料通过一定形状和尺寸的模孔使其产生塑性变形，以获得符合模孔截面形状的小截面坯料或零件的塑性成形方法。挤压又分正挤压 [如图 0-1（b）所示]、反挤压和复合挤压等。一次塑性加工的挤压主要用来生产型材、管材等，其中铝型材的挤压在近二十年以来得到了迅速发展。

（3）拉拔

拉拔是在金属坯料的前端施加一定的拉力，将金属坯料通过一定形状、尺寸的模孔使其产生塑性变形，以获得与模孔形状、尺寸相同的小截面材料的塑性成形方法 [如图 0-1（c）所示]。用拉拔方法可以获得各种截面的棒材、管材和线材。

（4）锻造

锻造可以分为自由锻造 [如图 0-1（d）所示] 和模锻 [如图 0-1（e）、（f）所示]。自由锻造一般是在锤锻或者水压机上，利用简单的工具将金属锭或者块料锤成所需要形状和尺寸的加工方法。自由锻造不需要专用模具，因而锻件的尺寸精度低、生产效率不高。模锻是在模锻锤或者热模锻压机上利用模具来成形的。金属的成形受到模具的控制，因而其锻件的外形和尺寸精度高，生产效率高，适用于大批量生产，模锻又可以分为开式模锻和闭式模锻。

（5）冲压

冲压是依靠冲头将金属板料顶入凹模中产生拉延变形，而获得各种杯形件、桶形件和壳体的一种加工方法 [如图 0-1（g）所示]。冲压一般在室温下进行，其产品主要用于各种壳体零件，如飞机蒙皮、汽车覆盖件、子弹壳、仪表零件及日用器皿等。

第①篇

轧制理论

　　轧制理论是研究和阐明轧制过程中所发生的各种现象，探明这些现象的基本规律并用这些规律去解决轧制生产中的实际问题，以达到改善轧制生产的一门学科。学习轧制理论应掌握归纳方法，运用所得的结论去解决实际问题，给各种工程计算，如轧辊孔型设计、轧钢车间设计、拟定操作规程及改进轧制工艺等提供充分的理论依据。

第1章

轧制过程的建立

按操作方法与变形特点可将轧制分为纵轧、横轧和斜轧等几种。本书仅就纵轧的一些问题进行讨论。

1.1 简单轧制条件

为简化轧制理论的研究，对轧制过程附加一些假设条件，即简单轧制条件。这些条件是：

① 对于轧辊方面：两个轧辊为直径相等的圆柱体，其材质与表面状况相同，两轧辊平行且中心线在同一垂直平面内，两轧辊的弹性变形忽略不计（即认为轧辊是完全刚性的），两轧辊都转动且转速相等。

② 对于轧件方面：轧制前后轧件的断面均为矩形或方形，轧件内部各部分组织和性能相同，表面状况，特别是和轧辊相接触的两水平表面的状况相同。在轧制过程中，除轧辊对轧件的作用力外，无任何外力作用于轧件上。

当符合这些条件时，轧辊与轧件接触面上的外摩擦系数相同，每一轧辊对轧件的压下量相等，轧制过程对称于中间轧制水平面。

显然，上述理想的轧制条件在实际轧制过程中是很难同时具备的，一般仅有部分条件存在或近似存在。在生产过程中，各种轧制实际上都是非简单轧制情况，例如：单辊传动的叠轧薄板轧机；轧件上除轧制力外，还有张力或推力存在，如带前后卷筒的冷轧带轧机和各种类型的连轧机；轧辊直径不等或转速不等，如劳特式轧机；在变形不均匀的孔型中轧制；轧件温度不均匀等。

实际上，即使在简单轧制时，也没有如上所述的条件。因为变形沿轧件断面的高度和宽度不可能是完全均匀的，轧制压力和摩擦力沿接触弧长度的分布不可能是完全均匀的，轧辊和轧机其他零件也不可能是完全刚性的。当然也会因与实际情况有差异而产生一定的误差，因而我们对使用在理想的简单轧制条件下所建立起来的计算公式时，要作一些必要的修正，或在计算过程中采用一些等效值，如平均压下量或平均轧辊直径等。但另一方面也可以肯定，由简单轧制条件得出的计算公式还是可以用于生产实践的，一般情况下不必另外建立新的计算公式。

1.2 实现轧制的条件

1.2.1 变形区及变形区主要参数

在轧制过程中，轧件与轧辊接触并产生塑性变形的区域称为变形区。如图 1-1 所示的 *ABCD* 区域。

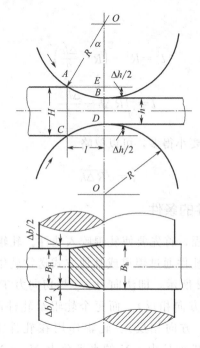

图 1-1 轧制过程图示

变形区的主要参数有：

轧辊直径 D 或半径 R；

压下量：$\Delta h = H - h$；

宽展量：$\Delta b = B_h - B_H$；

接触弧：轧辊与轧件接触的弧 $\overparen{AB}$、$\overparen{CD}$；

咬入角：接触弧所对应的圆心角 α；

变形区长度：接触弧的水平投影 l。

由图可知，$BE = OB - OE = R - R\cos\alpha = R(1 - \cos\alpha)$。

因为

$$BE = \frac{\Delta h}{2} \tag{1-1}$$

所以 $\qquad \Delta h = D(1 - \cos\alpha)$

显然，轧辊直径 D 一定时，咬入角 α 越大，则压下量 Δh 越大，从而咬入越困难。

在 $\triangle OAE$ 中：

$$AE^2 = R^2 - OE^2 = R^2 - (R - BE)^2$$

式中，$AE = l$；$BE = \frac{\Delta h}{2}$

则

$$l^2 = R^2 - \left(R - \frac{\Delta h}{2}\right)^2$$

$$l = \sqrt{R\Delta h - \frac{\Delta h^2}{4}}$$

式中，$\frac{\Delta h^2}{4}$ 较 $R\Delta h$ 要小得多，可以忽略。

即 $\qquad l = \sqrt{R\Delta h} \tag{1-2}$

1.2.2 轧辊咬入轧件的条件

建立正常的轧制过程，首先要使轧辊咬入轧件。轧辊咬入轧件是有一定条件的，简称咬入条件。轧件通过辊道或其他方式送往轧辊与轧辊接触时，轧件给轧辊两个力，如图 1-2 所示，即法向力 N_0 与切向力 T_0（摩擦力，它阻碍轧辊旋转，故与轧辊旋转方向相反）。而每个轧辊给轧件两个反作用力 N 和 T（与 N_0、T_0 大小相等，方向相反）。轧辊作用在轧件上的力 T 的水平分力 $T_x = T\cos\alpha$ 是咬入力，即前拉力；N 的水平分力 $N_x = N\sin\alpha$ 是阻止力，即后推力。

显然，使轧辊咬入轧件的条件必须是：

$$2T_x \geqslant 2N_x$$

即 $\qquad 2T\cos\alpha \geqslant 2N\sin\alpha$

设 f 和 β 是轧辊与轧件之间的摩擦系数和摩擦角（$f = \tan\beta$），根据摩擦定律：

$$T = fN \quad \text{代入上式}$$

$$2fN\cos\alpha \geqslant 2N\sin\alpha$$

所以

$$f \geqslant \tan\alpha \qquad \text{或} \qquad \tan\beta \geqslant \tan\alpha$$

即

$$\beta \geqslant \alpha \tag{1-3}$$

故得，咬入条件为：轧辊与轧件之间的摩擦系数 f 必须大于等于咬入角 α 的正切，或轧辊与轧件之间的摩擦角 β 必须大于等于咬入角 α。否则，轧辊就不能咬入轧件，轧制过程就不能建立。可见，轧辊咬入轧件是依靠轧辊与轧件接触面间的摩擦力而实现的。

1.2.3 轧件充填变形区的过程

轧件被咬入后，立即进入继续充填变形区的过程。

为了便于分析比较，我们暂且规定轧件是在临界条件即 $\alpha = \beta$ 时被咬入的。进入变形区后的情况，如图 1-3 所示。

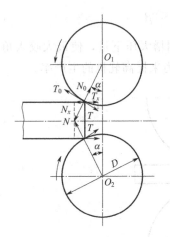
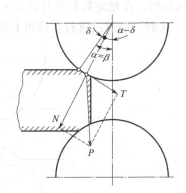

图 1-2　轧辊咬入轧件时的受力图　　　图 1-3　轧件在 $\alpha = \beta$ 条件下充填辊缝

如果轧辊对轧件的平均径向单位压力沿接触弧是均匀分布的，那么便可以认为径向力的合力 N 作用点，就在这段接触弧的中央。在咬入开始时 N 与 T 的合力 P 的作用方向是垂直的，那么随着轧件向变形区内充填，合力作用点的位置也相应随之内移，这将使 P 力的作用方向逐步向轧件出口方向倾斜。即 T_x 逐步增加，N_x 相应减少，以致使水平方向上的摩擦力出现剩余，称为剩余摩擦力，其值为

$$P_x = T_x - N_x$$

因此，可以得出结论：由于剩余摩擦力的产生，随着轧件向变形区内的充填程度增加，而越来越有助于轧件顺利地通过变形区。

1.2.4 建立稳定轧制状态后的轧制条件

轧件完全充填辊缝后进入稳定轧制状态。如图 1-4 所示，此时径向力的作用点位于整个接触弧的中心，剩余摩擦力达到最大值。继续进行轧制的条件仍为 $2T_x \geqslant 2N_x$，它可写成：

$$T\cos\frac{\alpha}{2} \geqslant N\sin\frac{\alpha}{2}$$

$$\frac{T}{N} \geqslant \tan\frac{\alpha}{2}$$

而

$$\frac{T}{N} = f = \tan\beta$$

由此得出继续进行轧制的条件为：

$$\beta \geqslant \frac{\alpha}{2} \qquad 或 \qquad \alpha \leqslant 2\beta \tag{1-4}$$

这说明，在稳定轧制条件已建立后，可强制增大压下量，使最大咬入角 $\alpha \leqslant 2\beta$ 时，轧制仍能继续进行，即可利用剩余摩擦力来提高轧机的生产率。

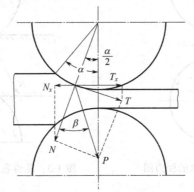

图 1-4　稳定轧制阶段 α 和 β 的关系

1.2.5 最大压下量的计算方法

根据压下量、轧辊直径及咬入角三者的关系，在直径一定的条件下，由咬入条件通常采用按最大咬入角计算最大压下量。

当咬入角的数值最大时，相应的压下量也是最大，即

$$\Delta h_{max} = D(1 - \cos\alpha_{max}) \tag{1-5}$$

在实际生产中，根据不同的轧制条件，所允许的最大咬入角值如表 1-1 所示。

☐ 表 1-1　不同轧制条件下的最大咬入角

轧制条件	摩擦系数 f	最大咬入角 $\alpha_{max}/(°)$	比值 $\dfrac{\Delta h}{R}$
在有刻痕或堆焊的轧辊上热轧钢坯	0.45～0.62	24～32	$\dfrac{1}{6} \sim \dfrac{1}{3}$
热轧型钢	0.36～0.47	20～25	$\dfrac{1}{8} \sim \dfrac{1}{7}$
热轧钢板或扁钢	0.27～0.36	15～20	$\dfrac{1}{14} \sim \dfrac{1}{8}$
在一般光面轧辊上冷轧钢板或带钢	0.09～0.18	5～10	$\dfrac{1}{130} \sim \dfrac{1}{33}$
在镜面光泽轧辊(粗糙度达 $Ra0.05\mu m$)上冷轧板带钢	0.05～0.08	3～5	$\dfrac{1}{350} \sim \dfrac{1}{130}$
辊面同前，用蓖麻油、棉籽油、棕榈油润滑	0.03～0.06	2～4	$\dfrac{1}{600} \sim \dfrac{1}{200}$

1.2.6　改善咬入的基本措施

改善咬入促使轧辊咬入轧件的目的，在于增加压下量、减少轧制道次。为改善咬入情况，可采取如下措施：

① 适当增大轧辊与轧件间的摩擦系数。在某些情况下，如初轧、开坯的轧辊，由于产品表面质量要求不高，可以在轧辊表面刻痕或用电焊堆焊，以增大摩擦系数。在型钢轧机以及其他对轧件表面质量有要求的轧机上，则不能采用此法。

② 适当减小咬入角。由咬入角与压下量关系的公式可知，减小咬入角的方法是增大轧辊直径和减小压下量。但是，轧辊直径的增加是有一定限度的，而减小压下量必然使轧制道次增加，是不可取的。在实际生产中采用以较小的咬入角将轧件咬入轧辊后，利用剩余摩擦力，再增大咬入角。如在轧制钢锭时采用小头入钢的方法和带钢压下、强迫咬入等方法。

1.3　平均工作辊径与平均压下量

前面所提到的计算公式，适用于在平辊上轧制矩形或方形断面轧件，即均匀压缩的变形情况。在生产异形断面钢材时，多数是轧件在孔型内轧制宽度上压下不均匀。在不均匀压缩变形时，各公式中的有关参数必须用其等效值——平均工作辊径和平均压下量来计算。

1.3.1 平均工作辊径

轧辊与轧件相接触处的直径称为工作辊径。与此工作辊径相应的轧辊圆周速度称为轧制速度。当忽略轧辊与轧件之间的滑动时，可以认为轧制速度等于轧件离开轧辊的速度。

如图 1-5 所示，平辊的工作辊径 D_K 就是轧辊的实际直径，它与轧辊的假想原始直径 D 的关系为

$$D_K = D - h \tag{1-6}$$

式中，h 为轧件的轧后厚度，平辊轧制时等于辊缝值。

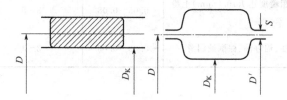

图 1-5　在平辊或箱形孔型中轧制

假想原始直径是认为两轧辊靠拢，没有辊缝时两轧辊轴线间距离。在箱形孔型中轧制时，工作辊径为孔型的槽底直径，它与辊环直径 D' 的关系为

$$D_K = D' - (h - S) \tag{1-7}$$

相应的轧制速度为

$$v = \frac{\pi n}{60} D_K \tag{1-8}$$

式中　S——辊缝值；

　　　n——轧辊转速。

在多数孔型中轧制时，轧辊的工作直径为变值，因而轧槽上各点的线速度也是变化的。但由外区作用和轧件整体性的限制，轧件横截面上各点仍将以某一平均速度 $\bar{v}$ 离开轧辊，称与 $\bar{v}$ 相应的轧辊直径为平均工作辊径 $\overline{D}_K$，即

$$\overline{D}_K = \frac{60}{\pi n} \bar{v}$$

通常用平均高度法近似确定平均工作辊径，即把断面较为复杂的孔型的横断面面积 q 除以该孔型的宽度 b，得该孔型的平均高度 $\bar{h}$，如图 1-6 所示，$\bar{h}$ 对应的轧辊直径即为平均工作辊径：

$$\overline{D}_K = D - \bar{h} = D - \frac{q}{b} \tag{1-9a}$$

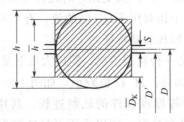

图 1-6　在非矩形断面孔型中轧制

或者
$$\overline{D}_K = D' - \left(\frac{q}{b} - S\right) \tag{1-9b}$$

1.3.2　平均压下量

在计算非矩形断面轧件的压下量时，轧制前与轧制后轧件的平均高度之差为平均压下量。平均高度为与轧件断面相等条件下，宽度与非矩形轧件相同的矩形高度。如图 1-7 所示的不均匀压缩平均压下量为：

$$\Delta \overline{h} = \overline{H} - \overline{h} = \frac{Q}{B} - \frac{q}{b} \tag{1-10}$$

式中　Q，B——轧制前轧件横断面积和轧件宽度；
　　　q，b——轧制后轧件横断面积和轧件宽度。

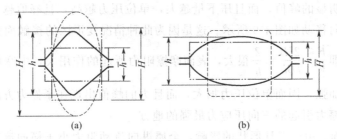

图 1-7　不均匀压缩时的平均压下量

1.4　三种典型轧制情况

实验证明，对同一金属在不同温度、速度条件下，决定轧制过程本质的主要因素是轧件和轧辊尺寸。

在咬入角、轧辊直径和压下量皆为定值时，轧件厚度与轧辊直径的比值

H/D 和相对压下量 $\varepsilon = (\Delta h / H) \%$ 的变化，对轧件变形特征和力学特征均产生直接影响，其中又主要取决于相对压下量 $\varepsilon\%$ 的值。有三种典型轧制情况，它们都具有各自明显的力学、变形和运动特征。

如图 1-8(a) 所示的第一种轧制情况，即以大压下量轧制薄轧件的轧制过程，其相对压下量 $\varepsilon = 34\% \sim 50\%$，$H/D$ 值较小；如图 1-8(b) 所示的第二种轧制情况，即中等压下量轧制中等厚度轧件的轧制过程，其相对压下量 $\varepsilon = 15\%$；如图 1-8(c) 所示的第三种轧制情况，即以小压下量轧制厚轧件的轧制过程，其相对压下量 $\varepsilon = 10\%$ 以下，H/D 值较大。

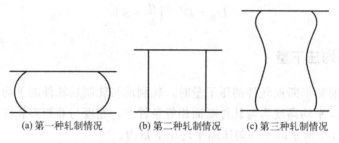

(a) 第一种轧制情况　　(b) 第二种轧制情况　　(c) 第三种轧制情况

图 1-8　轧件横断面的变化情况

1.4.1　第一种轧制情况

在第一种轧制情况下，单位接触面积上的轧制压力（单位压力）沿接触弧的分布曲线有明显的峰值，而且压下量越大，单位压力越高，且峰值越尖，尖峰向轧件出口方向移动如图 1-9 所示。这是因为此种情况变形区的接触面积与变形区体积之比，即 $\dfrac{F}{V} = \dfrac{2l\overline{B}}{lBh} = \dfrac{2}{h}$ 很大，表面摩擦阻力所起的作用大，由摩擦引起的三向应力状态加强，因而单位压力加大，而且力的峰值出现在摩擦力方向改变的地方，即由摩擦力引起的三向压应力最强的地方。

另一方面，由于工具形状的影响，金属纵向流动阻力小于横向流动阻力，金属质点大部分沿纵向延伸，导致轧件宽展很小。同时由于相对压下量很大，使变形深透到整个变形区高度，结果使轧件变形后沿横断面呈单鼓形，如图 1-8(a) 所示。

薄件轧制时，轧件与轧辊接触表面基本上都是滑动区，并且也基本上与平面断面假设吻合，即在变形区长度不同的横断面上，各金属质点的纵向移动速度基本一致。

但平面断面假设，即变形前为一垂直平面，变形后仍然是一垂直平面，是在理想条件（变形均匀，没有宽展，接触面上全部发生滑动）才可能存在。在实际轧制条件下，宽展、变形不均匀是不可避免的，因而在薄件轧制时，轧件通过变

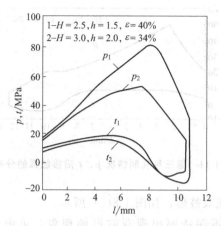

图 1-9　薄件轧制时单位压力 p 和单位摩擦力 t 沿接触弧之分布

形区时各横断面沿其高度上，速度发生变化，如图 1-10(a) 所示。靠近表层，由于受摩擦阻力影响，金属表面质点速度与轧辊表面速度相差要比按理想的平面断面假设要小一些；在后滑区，金属横断面中心部分要比表面速度慢，而在前滑区，金属横断面中心部分要比表面速度高。

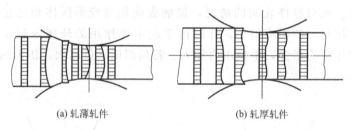

(a) 轧薄轧件　　　　　　　　　　　(b) 轧厚轧件

图 1-10　轧件金属质点沿横断面之速度图示

1.4.2　第三种轧制情况

第三种轧制情况相当于初轧开始道次或板坯立轧道次。这类轧制过程的单位压力，沿其接触弧分布曲线在变形区入口处具有峰值，且向出口方向急剧降低，如图 1-11 所示。此时，单位压力分布与单位摩擦力分布之间已无明显联系，说明此时摩擦力已不起主要影响。

第三种典型轧制情况的变形特征是在金属表面质点与轧辊表面质点之间产生黏着。H/D 值越大，$\varepsilon\%$ 越小，摩擦系数越大，则黏着区越大。另一方面，由于在变形区内变形不深透，轧件高度上的中间部分没有发生塑性变形，只是接近表层的金属产生塑性变形，整个断面不均匀变形严重。结果产生局部强迫宽展而

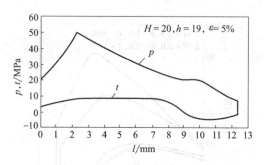

图 1-11　第三种轧制情况 p、t 沿接触弧的分布

使轧件轧后横断面出现双鼓形，如图 1-8(c) 所示。

　　厚件轧制时变形不深透而出现双鼓形的现象，可由外区的影响来解释。可以认为轧件尺寸对轧制过程的影响基本上是通过外摩擦和外区的综合作用。如图 1-12(a) 所示，在变形区 $ABCD$ 以外的区域为外区，但在变形不均匀的情况下，如在第一种轧制情况时，实际变形区可能扩展到几何变形区之外 [图 1-12(b)]，而在第三种轧制情况时，外区也可能伸展到几何变形区的内部，如图 1-12(c) 所示。外摩擦和外区的作用是一个互相竞争的过程。在薄件轧制时，变形区的外表面和轧辊的接触表面所占比例大，因而表面摩擦阻力的影响大。而对厚件轧制的情况，接触表面积与变形区体积之比值 $2/h$ 很小，表面摩擦阻力的影响很小，此时由于起主要作用的外区限制金属压下变形，使三向压应力增强，单位压力加大。若局部压下量越大，压力的增加幅度也越大。

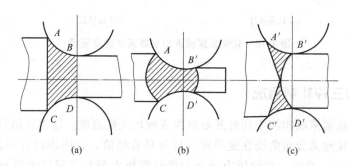

图 1-12　理想变形区与实际变形区

　　在整个变形区内，由于轧辊形状的影响，变形区长度上各点的压下量分布是不均匀的。如图 1-13 所示，在 x_1 和 x_4 这两个相等线段内，入口处的压下量 Δh_1 远大于 Δh_4，由于局部的压下量大，相应的压力增加的程度也越大，因此，

单位压力的峰值靠近变形区入口处。

对于厚轧件轧制的情况，由于接触表面产生黏着，金属表面速度等于轧辊表面速度；而变形区中部由于没有变形，可近似视为刚体运动，只有在邻近表面的区域由于塑性变形才与轧辊产生相对运动，如图 1-10（b）所示。

1.4.3 第二种轧制情况

第二种轧制情况为中等厚度轧件的轧制过程。由图 1-14 可以看出，其单位压力分布曲线没有明显峰值，而且单位压力比第一种轧制情况和第三种轧制情况都要小。

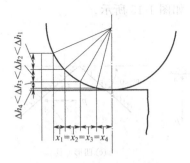

图 1-13 变形区内压下量的分布

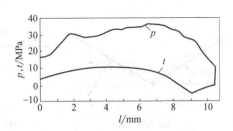

图 1-14 第二种轧制情况 p、t 分布曲线

对第二种典型轧制情况，外摩擦和外区的影响都有，但都不严重。压缩变形刚好深透到整个变形区高度，变形比较均匀，如图 1-8（b）所示，变形后轧件两侧面基本平直。

由上述的实验结果可见，对理想轧制过程的假设，即单位压力和单位摩擦力均匀分布，轧件在变形区内各横断面质点运动速度均匀而且与辊面有相对滑动，轧件沿高度与宽度变形均匀，与实际情况有很大差别。然而，理想的简单轧制条件假设是必要的，因为经过这样的"科学抽象"，我们更容易建立起轧制过程的概念。但我们绝不能停留在这个阶段，而应以它为基础进一步深入研究各种轧制过程。

1.5 轧制变形区的应力状态

轧制过程中，变形区内的应力状态，不仅影响到单位压力的大小，还影响到轧件的变形状态。例如，在轧制同一金属的情况下，一个不施加前、后张力，一个施加张力来轧制薄板，有张力时会使纵向压应力减小，甚至可能出现纵向拉应力。因此，它比不施加张力的轧件，更容易纵向延伸，而使宽展减小。在前张力作用下，金属质点更容易向轧件出口方向流动，使前滑增加，而且轧制单位压力也比不施加张力的低。

影响轧制变形区内应力状态的因素很复杂，而且是互相影响的。下面分别讨论各个因素对轧制应力状态的影响。

1.5.1　工具形状和尺寸的影响

轧制时，与轧件直接接触的轧辊是圆柱形，沿轧件宽度上为直线，而沿轧制方向却为圆弧形。这就不仅需要研究工具尺寸的影响，而且需要研究工具形状的影响。不论多么复杂的工具形状，都可归结为三种简单形式的组合：一种为凸形工具，另一种为平板工具，第三种为凹形工具，如图1-15所示。

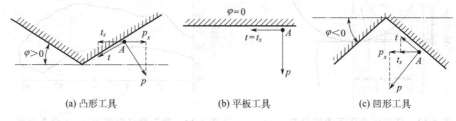

| (a) 凸形工具 | (b) 平板工具 | (c) 凹形工具 |

图 1-15　三种工具形状

针对图1-15所示工具和工件接触面右方的 A 点，我们来研究平板工具对金属作用的单位压力 p 和单位摩擦力 t。

对平板工具，$\varphi = 0$，$p_x = 0$，t_x 在水平方向流动，因而对变形体形成水平方向的压应力。接触面摩擦系数越大，三向压应力状态越强。变形后仍为单鼓形。

1.5.2　外摩擦力影响

为了说明摩擦系数对轧制压力的影响，我们以一个平板压缩为例。在不同摩擦系数的情况下，用成分及性质相同的一些试样，在压力机上进行平板压缩，每次测定总压力，并将总压力除以接触面积得其平均单位压力值。由实验结果看出，伴随摩擦系数增大而增大，如图1-16所示。

在接触表面为理想的光滑表面的情况下进行平板压缩，工件的应力状态为单向压应力状态。如图1-17所示，改变工具与金属接触表面的形状，使工具角与摩擦角相等，也可以消除接触面摩擦的影响；同时这也可作为实测摩擦系数的一种方法。在图1-16的条件下，无摩擦影响时的 $p = K = 392\text{MPa}$。

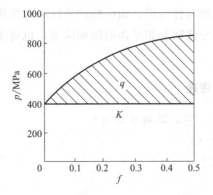
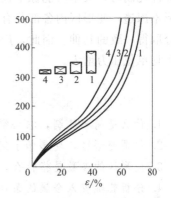

图 1-16　摩擦系数对平均单位压力的影响　　　　图 1-17　轧件尺寸因素的影响

摩擦除使轧制平均单位压力增加外，还给轧制过程带来一系列的不良影响。

1.5.3　外力的作用

在钢坯连轧机上，由于机架之间相互作用，可能使轧件承受推力。在冷连轧带钢轧机中，轧机前后有卷取机时，会使轧件受张力。当轧件在入口侧或出口侧作用有张力，会使纵向压应力的绝对值减小，甚至出现纵向拉应力，此时会使轧制单位压力降低。反之，若轧件作用有推力，会使变形区内金属作用的纵向压应力的绝对值增大，从而使轧制单位压力增大。

在轧件作用有前后张力时，由于轧制压力降低，使轧机弹性变形减小，可增加压下量。

1.5.4　轧件尺寸的影响

为了对轧件尺寸的影响有一个实质性的了解，我们仍以平板压缩为例来说明。在相同的工具条件下，压缩直径相同（均为 19mm），高度分别为 38mm、19mm、11.2mm、6.35mm 的圆柱体，虽然接触表面摩擦条件相似，接触面积相同，但在变形程度相同时，压力是不相同的。由图 1-17 所示的实验结果可看出，在相对压下量相同时，试件越薄，变形所需单位压力越大。

如 40% 的变形量，对 38mm 的高试件，压力为 156800N，而对 6.35mm 的薄试件，压力则为 225400N，而从绝对压下量来说，后者的压下量还要小些。这是因为试件越薄，变形深透程度越大，三向压应力状态越强，单位压力也越大。

在研究轧件尺寸的影响时，常常包含着其他因素的影响，使单一影响因素不能保持。例如压下量的改变，要导致咬入角改变，使工具形状因素也起作用，对厚轧件轧制时，又不可能像平板压缩那样没有外区的影响。在厚件轧制时，由于变形不深透，变形区内各部分有不同的自然延伸变形，而刚性的外区又力图使各部分取得一致的延伸。因此，产生了各部分之间互相平衡的附加应力，也将使轧制平均单位压力增大。

复习思考题

1. 什么是简单轧制，它必须具备哪些条件，其特征如何？
2. 何谓变形区，变形始于何处，为什么？
3. 变形区的参数是指什么，如何定义？
4. 分析轧辊咬入金属的条件。
5. 分析稳定轧制时的咬入角与摩擦角的关系。
6. 影响轧件被咬入的因素主要有哪些？
7. 轧制生产中通过哪些措施可以改善咬入条件？

第2章

轧制过程中的纵变形

2.1 轧制过程中的前滑和后滑现象

实践证明，在轧制过程中轧件在高度方向受到压缩的金属，一部分纵向流动，使轧件形成延伸，而另一部分金属横向流动，使轧件形成宽展。轧件的延伸是由于被压下金属向轧辊入口和出口两个方向流动的结果。在轧制过程中，轧件出口速度 v_h 大于轧辊在该处的线速度 v，即 $v_h > v$ 的现象称为前滑现象。而轧件进入轧辊的速度 v_H 小于轧辊在该处线速度 v 的水平分量 $v\cos\alpha$ 的现象称为后滑现象。在轧制理论中，通常将轧件出口速度 v_h 与对应点的轧辊圆周速度的线速度之差和轧辊圆周速度的线速度之比值称为前滑值，即

$$S_h = \frac{v_h - v}{v} \times 100\% \tag{2-1}$$

式中　S_h——前滑值；

$\quad v_h$——在轧辊出口处轧件的速度；

$\quad v$——轧辊的圆周速度。

同样，后滑值是指轧件入口断面轧件的速度与轧辊在该点处圆周速度的水平分量之差和轧辊圆周速度水平分量之比值，即

$$S_H = \frac{v\cos\alpha - v_H}{v\cos\alpha} \times 100\% \tag{2-2}$$

式中　S_H——后滑值；

$\quad v_H$——在轧辊入口处轧件的速度。

通过实验方法也可求出前滑值。将式（2-1）中的分子和分母各乘以轧制时间

$$S_h = \frac{v_h t - vt}{vt} = \frac{L_h - L_H}{L_H} \tag{2-3}$$

事先在轧辊表面上刻出距离为 L_H 的两个小坑，如图 2-1 所示。轧制后，轧件的表面上出现距离为 L_h 的两个凸包。测出尺寸用式（2-3）则能计算出轧制时

的前滑值。由于实测出轧件尺寸为冷尺寸，故必须用下面公式换算成热尺寸：

$$L_h = L_h' \left[1 + \alpha(t_1 - t_2)\right] \tag{2-4}$$

式中　L_h'——轧件冷却后测得的尺寸；

t_1，t_2——轧件轧制时的温度和测量时的温度；

α——线胀系数。

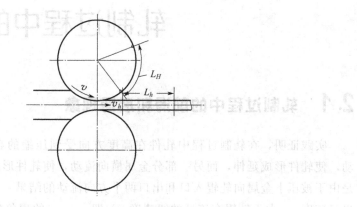

图 2-1　用刻痕法计算前滑值

由式（2-3）可看出，前滑可用长度表示，所以在轧制原理中有人把前滑、后滑作为变形来讨论。下面用总延伸表示前滑、后滑及有关工艺参数的关系。

按秒流量相等的条件，则：

$$F_H v_H = F_h v_h \qquad 或 \qquad v_H = \frac{F_h}{F_H} v_h = \frac{v_h}{\mu}$$

将式（2-1）改写成

$$v_h = v(1 + S_h) \tag{2-5}$$

将式（2-5）代入 $v_H = \dfrac{v_h}{\mu}$ 中，得

$$v_H = \frac{v}{\mu}(1 + S_h) \tag{2-6}$$

由式（2-2）可知

$$S_H = 1 - \frac{v_H}{v\cos\alpha} = 1 - \frac{\dfrac{v}{\mu}(1 + S_h)}{v\cos\alpha}$$

$$\mu = \frac{1 + S_h}{(1 - S_H)\cos\alpha} \tag{2-7}$$

由式（2-5）～式（2-7）可知，前滑和后滑是延伸的组成部分。当延伸系数 μ 和轧辊圆周速度 v 已知时，轧件进出辊的实际速度 v_H 和 v_h 决定于前滑值 S_h 或

知道前滑值便可求出后滑值 S_H；此外，还可看出，当 μ 和咬入角 α 一定时前滑值增加，后滑值就必然减小。

前滑值与后滑值之间存在上述关系，所以搞清楚前滑问题，对后滑也就清楚了，因此本章只讨论前滑问题。在轧制过程中，轧件的出辊速度与轧辊的圆周速度不相一致，而且这个速度差在轧制过程中并非始终保持不变，它受许多因素的影响。在连轧机上轧制和周期断面钢材等的轧制中都要求确切知道轧件进出轧辊的实际速度。

2.2 轧件在变形区内各不同断面上的运动速度

当金属由轧前高度值轧到轧后高度值时，由于进入变形区高度逐渐减小，根据体积不变条件，变形区内金属质点运动速度不可能一样。金属各质点之间以及金属表面质点与工具表面质点之间就有可能产生相对运动。

设轧件无宽展，且沿每一高度断面上质点变形均匀，其运动的水平速度一样，见图 2-2。在这种情况下，根据体积不变条件，轧件在前滑区相对于轧辊来说，超前于轧辊，而且在出口处的速度值为最大；轧件后滑区速度落后于轧辊线速度的水平分速度，并在入口处的轧件速度值为最小，在中性面上轧件速度与轧辊的水平分速度相等，即：

$$v_h > v_\gamma > v_H \tag{2-8}$$

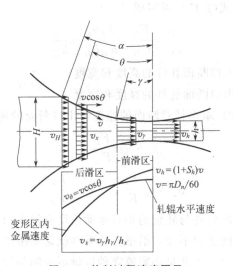

图 2-2 轧制过程速度图示

而且轧件出口速度 v_h 大于轧辊圆周速度 v，即

$$v_h > v \tag{2-9}$$

轧件入口速度小于轧辊水平分速度，在入口处轧辊水平分速度为 $v\cos\alpha$，则

$$v_H < v\cos\alpha \tag{2-10}$$

中性面处轧件的水平速度与此处轧辊的水平速度相等

$$v_\gamma = v\cos\gamma \tag{2-11}$$

变形区任意一点轧件的水平速度可以用体积不变条件计算，也就是在单位时间内通过变形区内任一横断面上的金属体积应该为一个常数。也就是任一横断面上的金属秒流量相等。每秒通过入口断面、出口断面及变形区内任一横断面的金属流量可用下式表示：

$$F_H v_H = F_x v_x = F_h v_h = 常数 \tag{2-12}$$

式中 F_H，F_h，F_x——入口断面、出口断面及变形区内任一横断面的面积；

          v_H，v_h，v_x——入口断面、出口断面及任一断面上的金属平均运动速度。

根据式(2-12)可求得：

$$\frac{v_H}{v_h} = \frac{F_h}{F_H} = \frac{1}{\mu} \tag{2-13}$$

式中 μ——轧件的延伸系数，$\mu = \dfrac{F_H}{F_h}$。

在已知延伸系数及出口速度时可求得入口速度，在已知延伸系数及入口速度时可求得出口速度。

如果忽略宽展，式(2-13)可写成

$$\frac{v_H}{v_h} = \frac{F_h}{F_H} = \frac{h_h b_h}{h_H b_H} = \frac{h_h}{h_H} \tag{2-14}$$

式中 h_H，b_H——入口断面轧件的高度和宽度；

          h_h，b_h——出口断面轧件的高度和宽度。

根据关系式(2-12)求得任意断面的速度与出口断面的速度有下列关系：

$$\frac{v_x}{v_h} = \frac{F_h}{F_x}$$

$$v_x = v_h \frac{F_h}{F_x}; \quad v_\gamma = v_h \frac{F_h}{F_\gamma} \tag{2-15}$$

研究轧制过程中的轧件与轧辊的相对运动速度有很大的实际意义。如对连续式轧机欲保持两机架间张力不变，很重要的条件就是要维持前机架轧件的秒流量和后机架的秒流量相等，也就是必须遵守秒流量不变的条件。

2.3   中性角 γ 的确定

中性角 γ 是决定变形区内金属相对轧辊运动速度的一个参量。由图 2-2 可知，根据在变形区内轧件对轧辊的相对运动规律，中性面所对应的角 γ 为中性角。在此面上轧件运动速度同轧辊线速度的水平分速度相等。而由此中性面将变形区划分为两个部分：前滑区和后滑区。在中性面和入口断面间的后滑区内，在任一断面上金属沿断面高度的平均运动速度小于轧辊圆周速度的水平分量，金属力图相对轧辊表面向后滑动；在中性面和出口断面间的前滑区内，在任一断面上金属沿断面高度的平均运动速度大于轧辊圆周速度的水平分量，金属力图相对轧辊表面向前滑动。由于在前滑、后滑区内金属力图相对轧辊表面产生滑动的方向不同，摩擦力的方向不同。在前滑、后滑区内，作用在轧件表面上的摩擦力的方向都指向中性面。

下面根据轧件受力平衡条件确定中性面的位置及中性角 γ 的大小。如图 2-3 所示，用 p_x 表示轧辊作用在轧件表面上的单位压力值，用 t_x 表示作用在轧件表面上的单位摩擦力值。不计轧件的宽展，考虑作用在轧件单位宽度上的所有作用力在水平方向上的分力，根据力平衡条件，取此水平分力之和为零，即

$$\sum x = -\int_0^a p_x \sin\alpha_x R \, \mathrm{d}\alpha_x + \int_\gamma^a t_x \cos\alpha_x R \, \mathrm{d}\alpha_x - \int_0^\gamma t_x' \cos\alpha_x R \, \mathrm{d}\alpha_x + \frac{Q_1 - Q_0}{2\overline{b}} = 0$$

(2-16)

式中 p_x——单位压力；

        t_x——后滑区单位摩擦力；

        t_x'——前滑区单位摩擦力；

        $\overline{b}$——轧件的平均宽度；

        R——轧辊半径；

Q_0，Q_1——作用在轧件上的后张力和前张力。

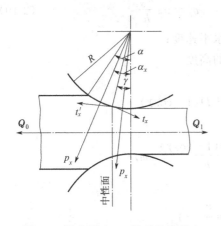

图 2-3   单位压力 p_x 及单位摩擦力 t_x 的作用方向

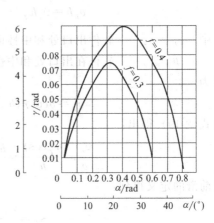

图 2-4   中性角 γ 与咬入角 α 的关系

假如单位压力沿接触弧均匀分布，即 $p_x = \overline{p}$，且令 $t_x = f p_x$ 时，式(2-16)

经积分可导出带有前后张力的中性角公式（图 2-4）：

$$\sin\gamma = \frac{\sin\alpha}{2} - \frac{1-\cos\alpha}{2f} + \frac{Q_1-Q_0}{4\bar{p}fbR} \qquad (2-17)$$

当 $Q_1=Q_0$ 或者 $Q_1=Q_0=0$ 时，可由式（2-17）导出前后张力相等或无张力时的中性角公式：

$$\sin\gamma = \frac{\sin\alpha}{2} - \frac{1-\cos\alpha}{2f} \qquad (2-18)$$

式中　f——摩擦系数。

当 α 很小时，$\sin\alpha \approx \alpha$，$\sin\gamma \approx \gamma$，$1-\cos\alpha = 2\sin^2\frac{\alpha}{2}$，可得到中性角的简化公式：

$$\gamma = \frac{\alpha}{2}\left(1-\frac{\alpha}{2f}\right)$$

2.4　前滑的计算公式

欲确定轧制过程中前滑值的大小，必须找出轧制过程中轧制参数与前滑的关系式。此式的推导是以变形区各横断面秒流量体积不变的条件为出发点的。变形区内各横断面秒流量相等的条件，即 $F_x v_x = $ 常数，这里的水平速度值是沿轧件断面高度上的平均值。按秒流量不变条件，变形区出口断面金属的秒流量应等于中性面处金属的秒流量，由此得出：

$$v_h h = v_\gamma h_\gamma \qquad 或 \qquad v_h = v_\gamma \frac{h_y}{h} \qquad (2-19)$$

式中　v_h，v_γ——轧件出口处和中性面的水平速度；

　　　h，h_γ——轧件在出口处和中性面的高度。

因为

$$v_\gamma = v\cos\gamma; h_\gamma = h + D(1-\cos\gamma)$$

由式（2-19）得出：

$$\frac{v_h}{v} = \frac{h_\gamma\cos\gamma}{h} = \frac{h+D(1-\cos\gamma)}{h}\cos\gamma$$

由前滑的定义得到：

$$S_h = \frac{v_h - v}{v} = \frac{v_h}{v} - 1$$

将前面式代入上式后得：

$$S_h = \frac{h\cos\gamma + D(1-\cos\gamma)\cos\gamma}{h} - 1 = \frac{D(1-\cos\gamma)\cos\gamma - h(1-\cos\gamma)}{h}$$

$$= \frac{(D\cos\gamma - h)(1 - \cos\gamma)}{h} \qquad (2\text{-}20)$$

此式即为芬克前滑公式。由式(2-20)可看出，影响前滑值的主要工艺参数为轧辊直径 D、轧件厚度 h 及中性角 γ。显然，在轧制过程中凡是影响 D、h 及 γ 的各种因素必将引起前滑值的变化。

图 2-5 为前滑值 S_h 与轧辊直径 D、轧件厚度 h、中性角 γ 的关系曲线。

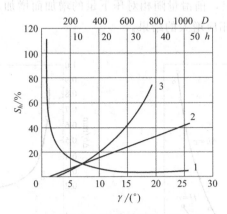

图 2-5　按芬克前滑公式计算的曲线

这些曲线是用芬克前滑公式在以下的情况下计算出来的。

曲线 1：$S_h = f(h)$，$D = 300\text{mm}$，$\gamma = 5°$；

曲线 2：$S_h = f(D)$，$h = 20\text{mm}$，$\gamma = 5°$；

曲线 3：$S_h = f(\gamma)$，$h = 20\text{mm}$，$D = 300\text{mm}$。

由图 2-5 可知，前滑与中性角呈抛物线的关系；前滑与辊径呈直线关系；前滑与轧件厚度呈双曲线的关系等。

2.5　影响前滑的因素

轧制时影响前滑的因素很多，其中主要有：辊径、摩擦系数、相对压下量、轧件宽度与张力等。

(1) 辊径的影响

由简化前滑公式可以看出，前滑值随辊径的增加而增加。这是因为在其他条件不变时，由于 D 增加，α 就要减小，在摩擦角 β（即摩擦系数）保持不变的条件下，剩余摩擦力增加，前滑也随之增加。

(2) 摩擦系数的影响

实验证明，在其他变形条件相同的情况下，摩擦系数越大，前滑也越大。这是由于摩擦系数增大，剩余摩擦力增加。这一点也可以通过中性角 γ 和前滑计算公式得到证实，即摩擦系数（或摩擦角）增加，中性角 γ 增加，前滑也增加。

另外，也不难得出结论，凡是影响摩擦系数的因素，如轧制温度、轧件与轧辊材质、轧制速度等，同样会影响前滑的大小。

（3）相对压下量的影响

相对压下量的影响，实质上也就是高度单位移位体积的影响。

由图 2-6 可以看出，前滑量随相对压下量的增加而增加，此为相对压下量的增加，促使延伸系数相应增大的结果。

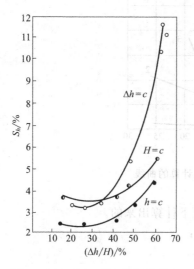

图 2-6　相对压下量与前滑的关系

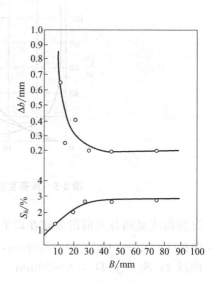

图 2-7　轧件宽度对前滑的影响

（铅试样：$\Delta h = 1.2\text{mm}$，$D = 158.3\text{mm}$）

下面再对图 2-6 中曲线变化的规律加以说明。图中曲线以 $\Delta h =$ 常数时，前滑的增加最为显著。主要原因是：首先相对压下量增加，即高度方向的移位体积就会增加。当 $\Delta h =$ 常数时，相对压下量的增加是靠减小轧前厚度 H 或轧后厚度 h 来完成的，咬入角 α 并不增大，在摩擦系数不变化时，γ / α 值不变化，即剩余摩擦力不会产生变化，前、后滑区在变形区中所占比例不变，即前、后滑值均随 $\Delta h / H$ 值增大以相同的比例增大。而轧后厚度 $h =$ 常数时或轧前厚度 $H =$ 常数时，相对压下量的增加是由于增加压下量 Δh，即增加咬入角 α 来完成的，此时 γ / α 值将减小，就会导致剩余摩擦力减小，纵向的变形延伸就会增加，但延伸变形主要是由后滑的增加来完成的，前滑与后滑在轧制变形区内是此增彼减的关系。后滑增大，前滑就会相应地减小。所以当 $h =$ 常数或 $H =$ 常数时前滑的增加速度与 $\Delta h =$ 常数的情况相比要缓慢得多。

(4) 轧件宽度的影响

轧件宽度对前滑的影响,可用图 2-7 说明。当宽度小于某一定数值时(在本实验中为 40mm),随宽度增加,前滑也增加;而宽度超过上述定值后,宽度如再增加,前滑将继续保持为一稳定数值。这是因为随着宽度增加,宽展减少,所以延伸相应增加,前滑也增加;而当宽度增加到一定限度后,$\Delta h \approx 0$,即宽度趋于稳定数值,故延伸相应稳定,前滑也就不变了。

(5) 张力的影响

显而易见,增加前张力有助于减少金属向前流动的阻力,故能使前滑增加。反之,增加后张力则使前滑减小。

复习思考题

1. 什么叫宽展,它有几种类型?

2. 宽展在轧制生产中有何意义?

3. 影响宽展的主要因素有哪些?

4. 为什么说增加相对压下量较增加绝对压下量使宽展增加得快?

5. 为什么在轧制情况下增加摩擦系数会使宽展增大?

6. 为什么在任何轧制情况下的绝对宽展量较延伸量小得多?

7. 计算宽展的常用公式有哪些,在何种情况下较为合理?

8. 滑动宽展、翻平宽展和鼓形宽展各占多大比例,与哪些因素有关?请给以定性说明。

9. 什么叫前滑与后滑,它是如何产生的?

10. 前滑值有几种表示方法,其物理意义如何?

11. 前滑计算公式是如何推导出来的,有几种常用计算公式?

12. 何谓中性角,它是如何确定的?

13. 影响前滑的因素有哪些?

14. 中性角、咬入角和摩擦角三者的关系如何?

15. 咬入角越大,则中性角也越大,对吗?

16. 前滑与宽展的关系是如何变化的?

轧制压力

3.1　轧制压力的概念

　　轧制压力是指安装在压下螺栓下的测压仪实测的总压力，即轧件给轧辊的总压力的垂直分量。只有在简单轧制情况下，轧件对轧辊的合力方向才是垂直的，如图 3-1 所示。

　　假设轧件沿宽度方向接触面上的单位压力均匀分布，如图 3-2 所示，变形区内某微分体上作用有轧辊对轧件的单位压力 p 和单位摩擦力 t，则轧制压力可用下式求得：

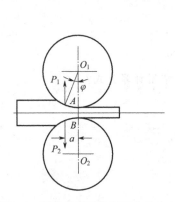

图 3-1　简单轧制时轧制压力的方向

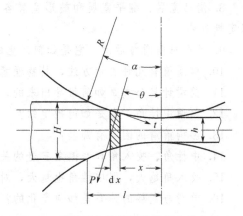

图 3-2　后滑区内作用于轧件微分体上的力

$$P = \overline{B}\left(\int_0^l p\cos\theta\, \frac{\mathrm{d}x}{\cos\theta} + \int_{l_r}^l t\sin\theta\, \frac{\mathrm{d}x}{\cos\theta} - \int_0^{l_r} t\sin\theta\, \frac{\mathrm{d}x}{\cos\theta}\right) \tag{3-1}$$

式中　θ——变形区内任一微分体对应的轧辊圆心角；

　　　$\overline{B}$——变形区内轧件的平均宽度，$\overline{B} = \dfrac{B+b}{2}$；

l_r——中性面到出口断面的距离；

l——变形区长度。

显然，$\dfrac{\mathrm{d}x}{\cos\theta}$ 为轧件在变形区内某一微分体与轧辊的接触弧长。上式中第一项为各微分体上作用的单位压力 p 垂直分量的和，第二项和第三项分别为后滑区和前滑区各微分体上作用的单位摩擦力 t 垂直分量的和。第二项和第三项符号相反，是因为后滑区和前滑区上摩擦力的方向相反。

由式(3-1) 可以看出，一般通称的轧制压力或实测的轧制总压力，并非仅为轧制单位压力的合力，而是轧制单位压力、单位摩擦力的垂直分量之和与接触面积的乘积。但式中第二项、第三项与第一项相比，其值甚小，生产中完全可以忽略，即

$$P=\overline{B}\int_0^l p\cos\theta\,\frac{\mathrm{d}x}{\cos\theta}=\overline{B}\int_0^l p\,\mathrm{d}x \tag{3-2}$$

这样，轧制压力为微分体上单位压力 p 与该微分体接触表面水平投影面积乘积的总和。

实际计算轧制压力时，常用单位压力的平均值 $\overline{p}$ 来代替 p，此时，式(3-2)写为：

$$P=\overline{B}\,\overline{p}\int_0^l \mathrm{d}x=\overline{p}\,\overline{B}l=\overline{p}F \tag{3-3}$$

式中　$\overline{p}$——平均单位压力；

　　　F——轧辊与轧件实际接触面积的水平投影，简称接触面积。

$$F=\overline{B}l=\frac{B+b}{2}l \tag{3-4}$$

这样，确定轧制压力可归结为确定平均单位压力和接触面积这两个基本问题。

平均单位压力决定于被轧制金属的变形抗力和变形区内金属的应力状态。

$$\overline{p}=mn_\sigma\sigma_s \tag{3-5}$$

式中　m——中间主应力影响系数，在 $1\sim1.15$ 范围内变化，若忽略宽展产生平面变形，$m=1.15$；

　　　n_σ——应力状态影响系数；

　　　σ_s——金属的变形应力。

应力状态影响系数决定于变形区内金属的应力状态。如各种外部条件的影响使轧制方向（纵向）的压应力 σ_1 绝对值增大，为了使之向压应力状态下的轧件产生塑性变形，高度方向的压应力 σ_3 之绝对值，即单位压力也应增大。应力状态系数就是表示外部条件影响使变形区内金属应力状态发生改变时，单位压力随着增大或减小。其数值按影响变形区应力状态的主要因素，由下式

确定：

$$n_\sigma = n'_\sigma n''_\sigma n'''_\sigma \qquad (3\text{-}6)$$

式中 n'_σ——考虑外摩擦影响的系数；

$\quad\quad n''_\sigma$——考虑外区影响的系数；

$\quad\quad n'''_\sigma$——考虑张力影响的系数。

平面变形条件下的变形抗力，称平面变形抗力，一般用 K 表示：

$$K = 1.15\sigma_s \qquad (3\text{-}7)$$

此时的平均单位压力计算公式为：

$$\overline{p} = n_\sigma K \qquad (3\text{-}8)$$

而当轧件宽展较明显时，只能用式(3-5)计算平均单位压力。

轧制压力的确定，在轧制理论研究和轧钢生产中都有重要意义。轧制压力是机械设备和电气设备设计中的原始数据，对于进行轧钢设备各零件的强度或刚度计算、主电机容量选择或校核轧制压力来说，是必须事先掌握的参数。制定合理的轧制工艺规程，强化现有轧机的工作，改进原有产品的生产工艺，都必须正确地了解生产工艺中轧制压力的大小。因此从轧制理论上研究单位压力沿接触弧上的分布规律，对正确计算轧制压力、轧制力矩，研究变形区内的应力和变形规律，使轧制理论精确化，具有十分重要的意义。

不同的轧机，以及在不同的轧制条件下，轧制力均有很大波动范围。下面列举几种轧机最大轧制压力的经验数据：

粗轧机组　　　　　　　　　　　　　　　10～18MN

精轧机组　　　　　　　　　　　　　　　12～16MN

连续式冷轧机（辊身长度 2000mm）　　　15～20MN

可逆式冷轧机（辊身长度 3000mm）　　　20～30MN

630mm 连续式钢坯轧机　　　　　　　　 3～4MN

大型轧钢机　　　　　　　　　　　　　　4～7MN

中型轧钢机　　　　　　　　　　　　　　2～5MN

小型轧钢机　　　　　　　　　　　　　　1.5～4MN

冷轧带钢（宽 300mm）　　　　　　　　　3～3.5MN

3.2　接触面积的计算

一般情况下接触面积不是轧件与轧辊实际接触面积，而是其水平投影。

3.2.1　简单轧制情况

如前所述，简单轧制条件下的接触面积可用下式计算：

$$F = \overline{B}l = \frac{B+b}{2}\sqrt{R\,\Delta h} \qquad (3\text{-}9)$$

3.2.2 孔型中轧制

在孔型中轧制时，由于轧辊上刻有孔型，轧件进入变形区沿轧件宽度变化，这时接触面的水平投影已不为梯形。在这种情况下一般可按平均接触弧长计算：

$$F = \frac{B+b}{2}\sqrt{\overline{R}\,\overline{\Delta h}} \qquad (3\text{-}10)$$

式中　$\overline{R}$——轧辊平均工作半径；

　　　$\overline{\Delta h}$——平均压下量。

对菱形、方形、椭圆和圆孔型进行计算时，可采用下列经验公式：

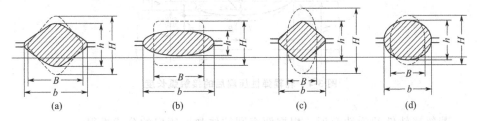

图 3-3　在几种常用孔型中轧制

菱形轧件进菱形孔型 ［图 3-3(a)］

$$\overline{\Delta h} = (0.55 \sim 0.6)(H \sim h)$$

方形轧件进椭圆孔型 ［图 3-3(b)］

$$\overline{\Delta h} = H - 0.7h\,(\text{对扁椭圆})$$

$$\overline{\Delta h} = H - 0.85h\,(\text{对圆椭圆})$$

椭圆轧件进方孔型 ［图 3-3(c)］

$$\overline{\Delta h} = (0.65 \sim 0.7)H - (0.55 \sim 0.6)h$$

椭圆轧件进圆孔型 ［图 3-3(d)］

$$\overline{\Delta h} = 0.85H - 0.79h$$

也可以用下列近似公式计算延伸孔型的接触面积：

椭圆轧件进方孔型：　　　　　$F = 0.75b\sqrt{R(H-h)}$

方形轧件进椭圆孔型：　　　$F = 0.54(B+b)\sqrt{R(H-h)}$

菱形轧件进菱形孔型或方孔型：$F = 0.67b\sqrt{R(H-h)}$

式中　R——孔型中央位置的轧辊半径。

其余尺寸均如图所标注。

3.2.3 考虑弹性压扁时的接触面积

当轧制单位压力较高时，温度较低，轧件和轧辊都将产生明显的局部弹性压缩，使接触弧几何形状改变，导致接触弧长增加（图3-4），而接触弧长加大，又会导致单位轧制压力增加。因此考虑弹性压扁时的变形区长度，常常需要反复运算，才能得出较准确的数值。

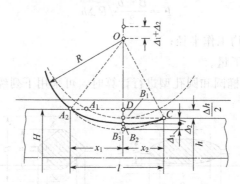

图 3-4 轧辊弹性压扁后的接触弧长度

若忽略轧件的弹性变形，根据两个圆柱体弹性压扁的公式推得：

$$l' = x_1 + x_2 = \sqrt{R\Delta h + x_2^2} + x_2 = \sqrt{R\Delta h + (c\overline{p}R)^2} + c\overline{p}R$$

式中　c——系数，$c = \dfrac{8(1-\nu^2)}{\pi E}$，对钢轧辊，弹性模量 $E = 2.156 \times 10^5 \, \text{MPa}$，泊松系数 $\nu = 0.3$，则 $c = 1.075 \times 10^{-5} \, \text{mm}^2/\text{N}$。

　　　$\overline{p}$——平均单位压力；

　　　R——轧辊半径。

一般先计算出未考虑轧辊弹性压扁时的轧制压力 P，而后按此压力计算考虑轧辊压扁的变形区长度 l'。再根据此 l' 值重新计算轧制压力 p'，用此 p' 来验算所求的 l'，得出 l''。若 l' 与 l'' 相差较大，尚需反复运算，直至其差值较小为止。

此时的接触面积：

$$F = Bl'$$

3.3 卡尔曼单位压力微分方程

3.3.1 平均单位压力的计算

确定平均压力的方法有以下三种。

① 理论计算法：是建立在理论分析的基础上，用计算公式确定单位压力。通常，都是首先确定变形区内单位压力分布形式及大小，然后确定平均单位压力。其中最常见的方法是力学方法，也叫工程近似解法。

② 实测法：是在轧钢机上放置专门设计的压力传感器，将力的信号转换成电信号通过放大或直接送往测量仪表把它记录下来，从而获得实测的轧制压力资料。由实测的轧制总压力除以接触面积，便求出平均单位压力。

③ 经验公式和图表法：是根据大量的实测统计进行一定的数学处理，抓住一些主要影响因素，以建立起经验公式或图表。

目前，上述方法在确定平均单位压力时都得到广泛的应用，它们各有优缺点。理论方法虽说是一种较好的方法，但由于其计算繁杂，现在还不能说已经建立了令人满意的包括各种轧制方式、各种轧制钢种的具有较高精度的公式，以致应用时常感困难。而实测方法，如果在相同的实验条件下应用，可能得到较为满意的结果，然而又受到条件的限制。总之，目前情况是公式很多，参数选用各异，各公式又有其一定的适用范围。因此在计算平均单位压力时，上述方法都在应用。

3.3.2　卡尔曼单位压力微分方程

卡尔曼微分方程应用较普遍，很多单位压力的公式都是由它派生出来的。它是在下列基本假设条件下导出的：

① 假定轧件宽度与厚度之比值、宽度与变形区长度之比值都很大，宽展可以忽略不计，认为轧件产生平面变形。

② 认为轧件在轧制前的横截面，在变形区产生塑性变形过程中以及变形结束后，均仍为一平面。即变形区内任一横截面上，金属水平流动速度都是均匀的。

③ 在横截面上无切应力作用，水平法线应力沿断面高度均匀分布，轧件纵向、横向、高度方向均与主应力方向一致。

④ 认为轧辊和机架不产生弹性变形，而轧件只有塑性变形而无弹性变形产生。

如图 3-5 所示，用垂直方向的两个无限接近的平面，在后滑区内截取一个微分体 $abcd$，其厚度为 $\mathrm{d}x$，其高度由 $2y$ 变化到 $2(y+\mathrm{d}y)$，轧件宽度（即微分体宽度）为 B，其弧长可近似用弦长代替，$ab \approx \overline{ab} = \dfrac{\mathrm{d}x}{\cos\theta}$。

作用在 ab 弧上的力，有单位压力 p 和单位摩擦力 t。在后滑区，接触面上金属质点向轧辊转动方向相反的方向滑动，故摩擦力应指向轧制方向。这样，p 和 t 在接触弧 ab 上的合力的水平投影为：

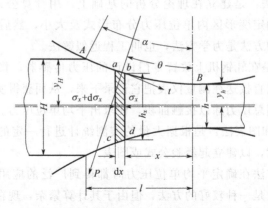

图 3-5 变形区任意微分体的受力情况

$$2B\left(p\,\frac{\mathrm{d}x}{\cos\theta}\sin\theta-t\,\frac{\mathrm{d}x}{\cos\theta}\cos\theta\right)$$

根据假设③，若作用在微分体两侧的应力为 σ_x 和 $\sigma_x+\mathrm{d}\sigma_x$，则作用在微分体两侧的合力为：

$$2B\sigma_x y-2B(\sigma_x+\mathrm{d}\sigma_x)(y+\mathrm{d}y)$$

根据力的平衡条件，所有作用力在水平轴上的投影的代数和为 0，即

$$\sum X=0$$

$$2\sigma_x yB-2(\sigma_x+\mathrm{d}\sigma_x)(y+\mathrm{d}y)B+2p\tan\theta\,\mathrm{d}xB-2t\,\mathrm{d}xB=0 \qquad (3\text{-}11)$$

由假设①知，变形区内轧件宽度 B 为常数，可由各项同时除以 B 而消掉。由几何关系

$$\tan\theta=\frac{\mathrm{d}y}{\mathrm{d}x}$$

将上式展开，去除高阶项，各项除以 $y\,\mathrm{d}x$，得到微分方程为：

$$\frac{\mathrm{d}\sigma_x}{\mathrm{d}x}-\frac{p-\sigma_x}{y}\times\frac{\mathrm{d}y}{\mathrm{d}x}+\frac{t}{y}=0 \qquad (3\text{-}12)$$

前滑区摩擦力 t 的方向与后滑区相反，而前滑区微分体的平衡条件与后滑区相同，故前滑区的平衡微分方程为：

$$\frac{\mathrm{d}\sigma_x}{\mathrm{d}x}-\frac{p-\sigma_x}{y}\times\frac{\mathrm{d}y}{\mathrm{d}x}-\frac{t}{y}=0 \qquad (3\text{-}13)$$

对上述微分方程式求解，必须先确定单位压力 p 与应力 σ_x 的关系。由假设③知，微分体上水平压应力 σ_x、垂直压应力 σ_y 均为主应力。设 $\sigma_3=-\sigma_y$，则有：

$$\sigma_3=-\left(p\cos\theta\,\frac{\mathrm{d}x}{\cos\theta}B\pm t\sin\theta\,\frac{\mathrm{d}x}{\cos\theta}B\right)\frac{1}{B\,\mathrm{d}x}$$

由于第二项比第一项小得多，可忽略，即：

$$\sigma_3 \approx -p \frac{\mathrm{d}x}{\cos\theta} B\cos\theta \frac{1}{B\mathrm{d}x} = -p$$

设 $\sigma_1 = -\sigma_x$，根据屈雷斯卡屈服条件，得：

$$-\sigma_x - (-p) = K \tag{3-14}$$

将上式写成 $p - \sigma_x = K$，对其微分得 $\mathrm{d}\sigma_x = \mathrm{d}p$，代入微分方程式(3-13)、式(3-14)，可得著名的卡尔曼单位压力微分方程式为：

$$\frac{\mathrm{d}p}{\mathrm{d}x} - \frac{K}{y} \times \frac{\mathrm{d}y}{\mathrm{d}x} \pm \frac{t}{y} = 0 \tag{3-15}$$

式中最后一项取正，表示后滑区；取负，则为前滑区。

复习思考题

1. 何谓轧制力？其大小和方向如何考虑？
2. 金属与轧辊的接触面积如何确定？
3. 轧制过程中对轧制力影响的因素有哪些？
4. 单位压力沿接触弧是怎样分布的？为什么？
5. 卡尔曼单位压力微分方程导出的条件是什么？

第②篇

轧制工艺

第4章

轧材种类及其生产工艺流程

4.1 轧材的种类

国民经济各部门所需的各种金属轧材达数万种之多。这些金属轧材按材质的不同，可分为各种钢材以及铜、铝、钛等有色金属与合金轧材；按轧材断面形状尺寸的不同，又可分为各种规格的板材、带材、型材、线材、管材及特殊品种轧材等。

(1) 按不同材质分类

各种钢材是应用最广泛的轧材，按钢种不同可分为普通碳素钢材、优质碳素钢材、低合金钢材及合金钢等。随着生产和科学技术的不断发展，新的钢种钢号不断出现，尤其是普通低合金钢及立足于我国资源的新的合金钢材更得到迅速发展。现在我国已初步建立了自己的普通低合金钢体系，产量已占钢总产量的10%以上。在有色金属及合金的轧材中，通常应用较广的主要是铝、铜、钛等及其合金的轧材，其价格要比钢材贵得多。

(2) 按不同断面形状分类

轧材按断面形状特征可分为板带材、型材、线材及管材等几大类。板带材是应用最广泛的轧材。板带钢占钢材的比例在各工业发达国家多达50%～60%以上。有色金属与合金的轧材主要也是板带材。板带材按制造方法可分为热轧板带和冷轧板带；按产品厚度可分为厚板、薄板和箔材。各种板带宽度及厚度的组合已超过5000种，宽度对厚度的比值最大达10000以上。异形断面板、变断面板等新型产品不断出现；铝合金变断面板材、带筋壁板等在航空工业中广为应用。板带钢不仅作为成品钢材使用，而且也是用以制造弯曲型钢、焊接型钢和焊接钢管等产品的原料。

钢的型材和线材主要是用轧制的方法生产，在工业先进国家中一般占总钢材的30%～35%。型钢的品种很多，按其用途可分为常用型钢（方钢、圆钢、扁钢、角钢、槽钢、工字钢等）及专用型钢（钢轨、钢桩、球扁钢、窗框钢等）。按其断面形状可分为简单断面型钢和复杂或异形断面型钢，前者的特点是过其横断面周边上任意点做切线，一般不交于断面之中，如图 4-1（a）所示；后者品种更为繁多，如图 4-1（b）所示。按生产方法又可分为轧制型钢、弯曲型钢、焊接型钢，如图 4-1（c）所示。而用纵轧、横旋轧或楔横轧等特殊轧制方法生产的各种周期断面或特殊断面钢材，又分为螺纹钢、竹节钢、犁铧钢、车轴、变断面轴、钢球、齿轮、丝杠、车轮和轮箍等。由于有色金属及其合金一般熔点较低，变形抗力也较低，而尺寸和表面要求较严，故其型材、棒材及管材（坯）绝大多数采用挤压方法生产，仅在生产批量较大，尺寸及表面要求较低的中、小规格的棒材、线坯和简单断面的型材时，才采用轧制方法生产。

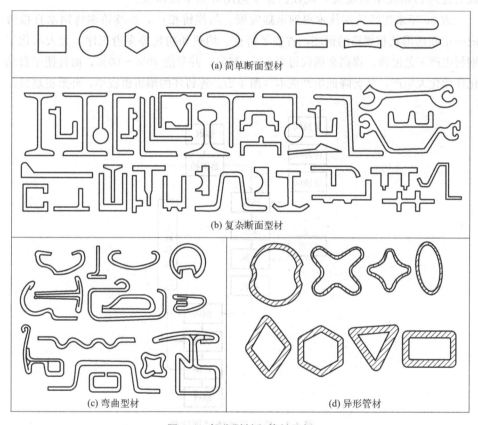

图 4-1　部分型材和管材示例

　　钢管一般多用轧制方法或焊接方法以及拉伸方法生产。它的断面一般为圆形，但也有多种异形管材及变断面管，如图 4-1（d）所示。钢管一般按用途可分为输送管、锅炉管、钻探用管、轴承钢管、注射针管等；按制造方法可分为无缝管、焊接管及冷轧与冷拔管等。各种管材按直径与壁厚组合也非常多，其外径最小达 0.1mm，大至 4m，壁厚薄的达 0.01mm，厚至 100mm。随着科学技术的不断发展，新的钢管品种也在不断增多。

4.2 轧材生产系统及生产工艺流程

4.2.1 钢材生产系统

以模铸钢锭为原料，用初轧机或开坯机将钢锭轧成各种规格的钢坯，然后再通过成品轧机轧成各种钢材。这种传统的生产方法曾在钢材生产中占主要地位，随着连续铸钢技术的发展，现在已很少运用并基本被淘汰。

近30年来连续铸钢技术得到迅猛发展。与模铸相比，连续铸钢将钢水直接铸成一定断面形状和规格的钢坯，省去了铸锭、均热和初轧等多道工序，大大简化了钢材生产工艺流程，提高金属收得率8%～15%，并节能40%～60%，而且便于自动化连续化大生产，显著降低生产成本（图4-2）。连铸坯的偏析也较小，外形更规整。

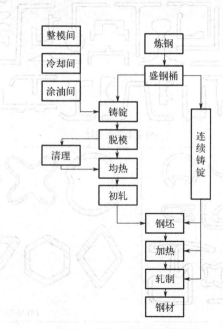

图 4-2　模铸与连铸过程比较

一般在组织生产时，根据原料来源、产品种类以及生产规模的不同，将连铸机与各种成品轧机配套设置，组成各种轧钢生产系统。而每一生产系统的车间组成、轧机配置及生产工艺过程又是千差万别的。因此，在这里只能举几种较为典型的例子，大致说明一般钢材的生产过程及生产系统的特点。考虑到我国由传统铸锭生产方式进步到现代连铸坯生产方式的时间并不很长，而且世界上还有不少发展中国家暂时保有着传统生产方式，故此有必要仍给出传统的生产流程图。

① 板带钢生产系统。近代板带钢生产由于广泛采用了先进的连续轧制方法，生产规模很大。例如一套现代化的宽带钢热连轧机年产量达 300 万～600 万吨。采用连铸坯作为轧制板带钢的原料是现代化发展的必然结果，很多厂连铸比已达为 100%。但特厚板的生产往往还采用将重型钢锭压成的坯作为原料。近二十多年来得到迅速发展的薄板坯连铸连轧工艺生产规模多在 50 万～300 万吨之间。

② 型钢生产系统。型钢生产系统的规模往往并不很大，就其本身规模而言又可分为大型、中型和小型三种生产系统。一般年产 100 万吨以上的可称为大型的系统，年产 30 万～100 万吨的称为中型的系统，而年产 30 万吨以下的可称为小型的系统。

③ 混合生产系统。在一个钢铁企业中可同时生产板带钢、型钢或钢管时，称为混合系统。无论在大型、中型或小型的企业中，混合系统都比较多，其优点是可以满足多品种的需要。但单一的生产系统却有利于产量和质量的提高。

现代化的轧钢生产系统向着大型化、连续化、自动化的方向发展，生产规模日益增大。但应指出，近年来大型化的趋向已日见消退，而投资省、收效快、生产灵活且经济效益好的中、小型钢厂在很多国家（如美、日及很多发展中国家）却有了较快的发展。

4.2.2 轧材生产工艺流程

(1) 碳素钢材的生产工艺流程

一般碳素钢基本的典型生产工艺流程，如图 4-3 所示。

碳素钢材生产工艺流程一般可分 4 个基本类型。

① 采用连铸坯的工艺过程，其特点是不需要大的开坯机，无论是钢板或型钢一般多是一次加热轧出成品，或不经加热直接轧出成品。显然这是先进的，也是当今最主流的生产工艺，现已得到广泛的应用。

② 采用铸锭的大型生产系统的工艺过程，其特点是必须有强大的初轧机或板坯轧机，一般采用热锭装炉及二次甚至三次加热轧制方式。

③ 采用铸锭的中型生产系统的工艺过程，其特点是一般有 $\phi 650 \sim 900$mm 二辊或三辊开坯机，通常采用冷锭作业（现在也有采用热装的）及二次（或一次）热轧制方式，这种工艺流程不仅用来生产碳素钢材，也常用以生产合金钢材。

④ 采用铸锭的小型生产系统的工艺过程，其特点是通常在中、小型轧机上用冷的小钢锭经一次加热轧制成材。所有采用铸锭的生产工艺都是落后的，已经或将要遭到淘汰。

不管是哪一种类型，其基本工序都是：原料准备（清理）—加热—轧制—冷却精整处理。

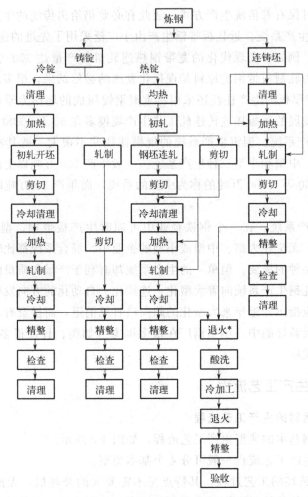

图 4-3 碳素钢和低合金钢的一般生产工艺流程

* 号的工序有时可以略去

(2) 有色金属（铜、铝等）及其合金轧材生产系统及工艺流程

有色金属及其合金材料中主要属铜、铝及其合金的轧材应用比较广泛，其生产系统规模却不大，一般是以重金属和轻金属分别自成系统进行生产的，在产品品种上多是板带材、型线材及管材等相混合，在加工方法上多是轧制、挤压、拉拔等相混合，以适应批量小、品种多及灵活生产的特点和要求。但也有专业化生产的工厂，例如电缆厂、铝箔厂、板带材厂等。有色金属及合金的轧材主要是板带材，至于型材、管材乃至棒材则多用挤压及拉拔的方法生产。板带材轧制方法按轧制温度可分为热轧、温轧和冷轧；按生产方式可分为成块轧制和成卷轧制，这两种轧制方法特点的比较如表 4-1 所示。实际生产中应根据合金、品种、规格、批量、质量要

求及设备条件选择生产方法及生产流程。重有色金属及合金板带材常用的生产流程如图 4-4 所示。铝合金板、带材及箔材常用的生产流程如图 4-5、图 4-6 所示。

⊡ 表 4-1　有色金属及其合金块式与带式轧制方法特点的比较

生产方式	块式法	带式法
生产特点	①生产的规格品种较多,安排生产的灵活性较大 ②设备简单,操作调整较容易 ③设备投资少,建设速度快 ④轧制速度低,劳动强度大 ⑤产品切头、切尾几何废料损失大,成品率较低 ⑥中间退火和剪切次数多,使生产工序增多	①产品性能较均匀,质量较好 ②成品率高,轧制速度高,生产周期短,生产效率高,生产成本低 ③机械化自动化程度高,劳动强度小 ④可轧宽而薄的板带材,且断面尺寸较均匀 ⑤设备较大,较复杂 ⑥投资大,建设周期长
适用范围	①适用于产量小、板宽在1m以下的工厂 ②铸锭主要采用铁模铸造,也可以采用半连续铸造,铸锭尺寸及重量较小	①适用于产量较大,产品质量要求较高的工厂,板宽在1m以上 ②采用半连续铸造锭坯

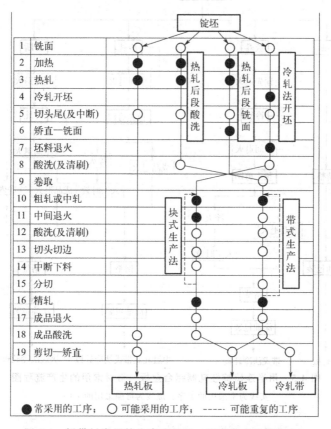

图 4-4　板带材常用的生产流程图（重有色金属及合金）

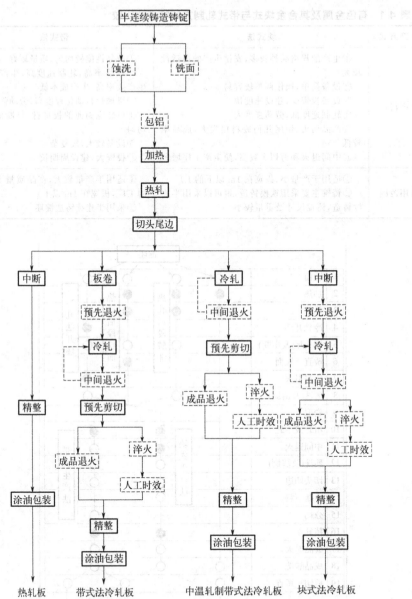

图 4-5　用半连铸锭坯轧制铝合金板、带材常用的生产流程图

实线为常采用的工序；虚线为可能采用的工序

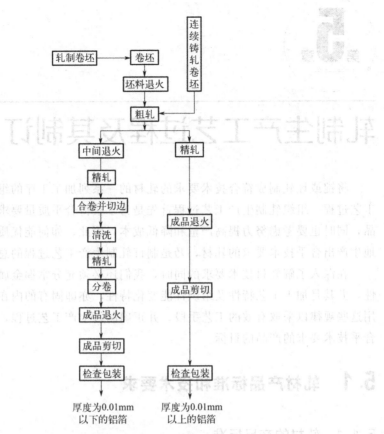

图 4-6　铝箔一般常用的生产流程图

复习思考题

1. 轧材的种类有哪些?

2. 连铸及连铸-连轧工艺与传统模铸热轧工艺比较有何优越性。

3. 试述成块轧制和成卷轧制方法的特点和适用范围。

4. 试述有色金属（铜、铝等）及其合金轧材生产系统及工艺流程。

第5章

轧制生产工艺过程及其制订

  将锭或坯轧制成符合技术要求的轧材的一系列加工工序的组合称为轧制生产工艺过程。组织轧制生产工艺过程首先是为了获得合乎质量要求或技术要求的产品，同时也要考虑努力提高产量和降低成本，因此，如何能优质、高产、低成本地生产出合乎技术要求的轧材，乃是制订轧制生产工艺过程的总任务和总依据。

  在深入了解轧材技术要求的同时，我们还必须充分掌握金属与合金的内在特性，尤其是加工工艺特性及组织性能变化特性，亦即固有的内在规律。然后，利用这些规律以采取有效的工艺手段，并正确制订生产工艺过程，从而达到生产出合乎技术要求的产品的目标。

5.1 轧材产品标准和技术要求

5.1.1 轧材的产品标准

  轧材的产品标准一般包括品种（规格）标准、技术条件、试验标准及交货标准等方面的内容。品种标准主要规定轧材形状和尺寸精度方面的要求。形状要正确，不能有断面歪扭、长度上弯曲不直和表面不平等缺陷。尺寸精度是指可能达到的尺寸偏差的大小，它不仅会影响到使用性能，而且与节约金属材料也有很大关系。所谓负公差轧制，是在负偏差范围内的轧制，实质上就相当于对轧制精确度的要求提高了一倍，这样自然要节约大量金属，并且还能使金属结构的重量减轻。但应该指出，有些轧材（例如工具钢）在使用时还要经过加工处理工序，则常要按正偏差交货。

  产品标准中还包括验收规则和需要进行的试验内容，包括做试验时的取样部位、试样形状和尺寸、试验条件和试验方法等。此外，还规定了轧材交货时的包装和标志方法以及质量证明书等内容。某些特殊的轧材在产品标准中还规定了特殊的性能和组织结构等附加要求以及特殊的成品试验要求等。

  各种轧材根据用途的不同都有各自不同的产品标准或技术要求。由于各种轧材不同的技术要求，再加上不同的材料特性，便决定了它们不同的生产工艺过程和生产工艺特点。

5.1.2 轧材产品的技术要求

产品技术要求除规定品种规格要求以外，还规定其他的技术要求，例如，表面质量、钢材性能、组织结构及化学成分等，有时还包括某些试验方法和试验条件等。产品表面质量直接影响到轧材的使用性能和寿命。产品要求表面缺陷少、表面光整平坦而洁净。

轧材性能的要求主要是对轧材的力学性能、工艺性能（弯曲、冲压、焊接性能等）及特殊物理化学性能（磁性、抗腐蚀性能等）的要求。其中最常见的是力学性能（强度性能、塑性和韧性等），有时还要求硬度及其他性能。

5.2 金属与合金的加工特性

为了正确制定轧材的生产工艺过程和规程，必须深入了解轧材的加工特征，即其固有的内在规律。下面以钢为主分别叙述与生产工艺过程和规程有关的加工特性。

5.2.1 塑性

纯金属和固溶体有较高的塑性，单相组织比多相组织的塑性高，而杂质元素和合金元素愈多或相数愈多，尤其是有化合物存在时，一般都导致塑性降低（稀土元素等例外），尤其是硫、磷、铜及铅锑等易熔金属更为有害。因此，一般纯铁和低碳钢的塑性最好，低合金钢的塑性也较好，高合金钢一般塑性较差。

钢的塑性一方面取决于金属本身，这主要是与组织结构中变形的均匀程度，即与组织中相的分布、晶界杂质的形态与分布等有关，同时也与钢的再结晶温度有关，再结晶开始温度高、再结晶速度慢，往往使钢的塑性变差。另一方面，塑性还与变形条件，即与变形温度、变形速度、变形程度及应力状态有关，其中变形温度的影响最大，故必须了解塑性与温度的变化规律，掌握适宜的热加工温度范围。此外，在较低的变形速度下轧制，或采用三向压应力较强的变形过程，如采用限制宽度和包套轧制等，都有利于金属塑性的改善。

5.2.2 变形抗力

一般地说，有色金属及合金的变形抗力比钢的要低，随着合金含量的增加，变形抗力将提高。由加工原理已知，凡能引起晶格畸变的因素都使变形抗力增大。合金元素尤其是碳、硅等元素的增加使铁素体强化。合金元素，尤其是形成稳定碳化物的元素，在钢中一般都能使奥氏体晶粒细化，使钢具有较高的强度。

合金元素还通过影响钢的熔点和再结晶温度与速度，通过相的组成及化合物的形成，以及通过影响表面氧化铁皮的特性等来影响变形抗力。在这里还要指出，当高温时，由于合金钢一般熔点都较低，因而合金钢的高温变形抗力可能大为降低，例如，高碳钢、硅钢等在高温时甚至比低碳钢还要软。

5.2.3 导热系数（热导率）

随着钢中合金元素和杂质含量的增多，导热系数几乎没有例外地都要降低。碳素钢的导热系数一般在0℃时为$\lambda_0 = 40.8 \sim 60.5 \text{W/(m·K)}$，合金钢$\lambda_0 = 15.1 \sim 40.8 \text{W/(m·K)}$，高合金钢$\lambda_0 < 23.3 \sim 25.6 \text{W/(m·K)}$。由此可见，随合金元素增多，导热系数显著地降低。钢的导热系数还随温度而变化，一般是随温度升高而增大，但碳钢在大约800℃以下是随温度升高而降低的。铸造组织比轧制加工后的组织的导热系数要小。故在低温阶段，尤其是对钢锭铸造组织进行加热和冷却时，应该特别小心谨慎。此外，合金钢的导热系数愈低，则在铸锭凝固时冷却愈加缓慢，因而使枝晶愈加发达和粗大，甚至横穿整个钢锭，这种组织称为柱状晶或横晶。这种柱状晶组织可能本身并不十分有害，但由于不均匀偏析较重，当有非金属夹杂或脆性组织成分存在时，则塑性降低，轧时易开裂，故在制订工艺规程时应加注意。

5.2.4 摩擦系数

合金钢的热轧摩擦系数一般都比较大，因而宽展也较大。各种钢的摩擦系数的修正系数的试验数据列于表5-1。由该表可见，很多合金钢的摩擦系数要比碳素钢大，因而其宽展也大。这可能主要是因为这些合金钢中大都含有铬、铝、硅等元素。含铬高的钢形成黏固性的氧化铁皮，使摩擦系数增加，宽展加大。同样含铝、硅的钢的氧化铁皮也较黏而且软，因而摩擦系数也较大。但与此相反，含铜、镍和高硫的钢则使摩擦系数降低。合金钢的摩擦系数和宽展的这种变化，在拟订生产工艺过程和制定压下规程时必须加以考虑。

▣ 表5-1 各种合金钢摩擦系数的修正系数

钢种	钢号	对摩擦系数的修正系数
碳素钢	10	1.0
莱氏体钢	W18Cr4V	1.1
珠光体、马氏体钢	GCrl5	1.24～1.35
奥氏体钢	Crl4Nil4W2MoTi	1.36～1.52
奥氏体钢(少量α铁)	1Crl8Ni9Ti	1.44～1.53
奥氏体钢(含碳化物)	lCrl7Al5	1.55
铁素体钢	Cr15Ni60	1.56～1.64

5.2.5 相图形态

合金元素在钢中影响相图的形态，影响奥氏体的形成与分解，因而影响到钢的组织结构和生产工艺过程。例如，铁素体钢和奥氏体钢都没有相变，因而不能用淬火的方法进行强化，也不能通过相变改变组织结构，而且在加热过程中晶粒往往容易粗大。碳素钢及普通低合金钢一般皆属于珠光体钢，不可能是马氏体、奥氏体或铁素体钢。其实碳素钢也可以说是一种合金钢，碳也有升高相图中 A_4 点和降低 A_3 点的作用，所以高碳钢的生产工艺特性一般相近于合金钢，而低合金钢则与碳素钢相接近。由此可见，了解一种相图变化规律和特点，是制订该钢种生产工艺过程及规程的基础。

5.2.6 淬硬性

合金钢往往较碳素钢易于淬硬或淬裂。除钴以外，合金元素一般皆使奥氏体转变曲线往右移，亦即延缓奥氏体向珠光体的转变，降低钢的临界淬火速度，甚至如马氏体钢在常化的冷却速度下也可得到马氏体组织。这样对于塑性较差的钢也就很容易产生冷却裂纹（冷裂或淬裂）。由于合金钢容易淬硬和淬裂，因而在生产过程中时常采取缓冷、退火等工序，以消除应力及降低硬度，便于清理表面或进一步加工。

5.2.7 对某些缺陷的敏感性

某些合金钢比较倾向于产生某些缺陷，如过烧、过热、脱碳、淬裂、白点、碳化物不均等。这些缺陷在中碳钢和高碳钢中也都可能产生，只不过是某些合金钢由于合金元素的加入对某些缺陷更为敏感罢了。一般说来，钢中合金元素增多，可在不同程度上阻止晶粒长大，尤其是铝、钛、铌、钒、锆等元素有强烈抑制晶粒长大的作用，故大多数合金钢比碳素钢的过热敏感性要小。但是，碳、锰、磷等由于能扩大奥氏体区，却往往有促使晶粒长大的趋势。又如含碳较高的钢，其脱碳倾向性也较大。钢中含少量的铬有利于阻止脱碳，但硅、铝、锰、钨却起着促进脱碳的作用。所以通常在硅钢片生产中利用脱碳退火的方法来降低含碳量，而在生产弹簧钢 60Si2Mn 时则更要注意防止脱碳。白点是分布在钢材内部的一种特殊形式的微细裂纹。碳素钢只有在钢材断面较大（如重轨、轮箍等）且含锰、碳量较高时，才易形成白点。通常对白点敏感性大的钢种多为中合金钢，尤其是合金元素质量含量在 8% 左右的钢，由于氢的扩散聚集条件适中，钢的组织应力也大，故白点生成的概率较大。必须注意，白点不是在轧制时形成，而是在冷却时产生的，甚或冷却后当时尚不能发现，要到存放一定时间后才出现。任何能促使钢中氢气析出扩散的工序，例如长期的加热、退火、缓冷等，都会减轻或防止白点形成。

以上只是列举几种值得注意的主要钢种特性。实际上各种钢的具体特性都不相同，故在制定其生产工艺过程时，必须对其钢种特性作详细调查或实验研究，求得必要的参数，作为制订生产工艺规程的依据。

5.3 轧材生产各基本工序及其对产品质量的影响

虽然根据产品的主要技术要求和合金的特性所确定的各种轧材的生产工艺流程各不相同，但其最基本的工序都有原料的清理准备、加热、轧制、冷却与精整和质量检查等。

5.3.1 原料的选择及准备

一般轧制生产常用的原料有铸锭、轧坯及连铸坯三种，有时中、小型企业还采用压铸坯。各种原料的优劣比较如表 5-2 所示。通过比较可知，采用连铸坯是发展的方向，现正在迅速推广；而以钢锭作为原料的老方法，除某些钢种以外，已处于淘汰之势。原料种类、尺寸和重量的选择，不仅要考虑其对产量和质量的影响（例如考虑压缩比及终轧温度对性能质量及尺寸精度的影响），而且要综合考虑生产技术经济指标的情况及生产的可能条件。为保证成品质量，原料应满足一定技术要求，尤其是表面质量的要求。因而原料一般要进行表面清理，并且对于合金钢锭往往在清理之前还要进行退火。

◻ 表 5-2 轧钢所用各种原料的比较

原料	优点	缺点	适用情况
铸锭	不用初轧开坯，可独立进行生产	金属消耗大，成材率低，不能中间清理，压缩比小，偏析重，质量差，产量低	无初轧及开坯机的中小型企业及特厚板生产
轧坯	可用大锭，压缩比大并可中间清理，故钢材质量好；成材率比用扁锭时高；钢种不受限制，坯料尺寸规格可灵活选择	需要初轧开坯，使工艺和设备复杂化，使消耗和成本增高，比连铸坯金属消耗大得多，成材率小得多	大型企业钢种品种较多及规格特殊的钢坯；可用横轧方法生产厚板
连铸坯	不用初轧，简化生产过程及设备；使成材率提高或金属节约 6%～12% 以上，并大幅度降低能耗及使成本降低约 10%；比初轧坯形状好，成分均匀，生产规模可大可小；节省投资及劳动力；易于自动化	目前尚只适用于镇静钢，钢种受一定限制，压缩比也受一定限制，不太适于生产厚板；受结晶器限制，规格难灵活变化，连铸工艺掌握较难	适于大、中、小型企业品种较简单的大批量生产；受压缩比限制，适于生产不太厚的板带钢
压铸坯	金属消耗少，成坯率可达 95% 以上；质量比连铸坯还好，组织均匀致密，表面质量好；设备简单，投资少，规格变化灵活性大	生产能力较低，不太适合大企业大规模生产，连续化自动化较差	适于中小型企业及特殊钢生产

采用连铸坯也是近代无缝钢管生产技术的重要发展趋势。用连铸坯直接轧管可使钢管成本降低15％以上。生产实践和专门试验证实，连铸坯的内部质量是较好的，内部非金属夹杂、化学成分偏析和铸造组织缺陷比用普通钢锭轧成的管坯少。连铸坯直接轧管的主要技术问题是如何解决钢管外表面质量问题，目前主要是从提高冶炼和连铸技术，改进穿孔方法及加强管坯质量检查和表面清理等几方面着手。

原料表面存在的各种缺陷（结疤、裂纹、夹渣、折叠等），如果不在轧前加以清理，轧制中必然会不断扩大，并引起更多的缺陷，甚至影响钢在轧制时的塑性与成形。因此，为了提高钢材表面质量和合格率，对于轧前的原料和轧后的成品，都应该进行仔细的表面清理，特别是对合金钢要求就更加严格。因而合金钢在铸锭以后一般是采取冷锭装炉作业，让钢锭完全冷却，以便仔细进行表面清理，在清理之前往往要进行退火处理以降低表面硬度。至于碳素钢和低合金钢则为了尽量采用热装炉，或在轧前利用火焰清理机进行在线清理，或暂不作清理而等待轧制以后对成品一并进行清理。近代由于炼钢和连铸技术的进步，使铸坯可不经清理而直接采用连铸连轧方式生产。

原料表面清理的方法很多。对碳素钢一般常用风铲清理和火焰清理；对于合金钢，由于表面容易淬硬，一般常采用砂轮清理或机床刨削清理（剥皮）等。根据情况某些高碳钢和合金钢也可采用风铲或火焰清理，但在火焰清理前往往要对钢坯进行不同温度的预热。每种清理方法都有各自的操作规程。

5.3.2　原料的加热

在轧钢之前，要将原料进行加热，其目的在于提高钢的塑性，降低变形抗力及改善金属内部组织和性能，以便于轧制加工。这就是说，一般要将钢加热到奥氏体单相固溶体组织的温度范围内，并使其具有较高的温度和足够的时间以均化组织及溶解碳化物，从而得到塑性高、变形抗力低、加工性能好的金属组织。一般为了更好地降低变形抗力和提高塑性，加工温度应尽量高一些好。但是高温及不正确的加热制度可能引起钢的强烈氧化、脱碳、过热、过烧等缺陷，降低钢的质量，甚至导致废品。因此，钢的加热温度主要应根据各种钢的特性和压力加工工艺要求，从保证钢材质量和产量出发进行确定。

加热温度的选择应依钢种不同而不同。对于碳素钢，最高加热温度应低于固相线100～150℃；加热温度偏高，时间偏长，会使奥氏体晶粒过分长大，引起晶粒之间的结合力减弱，钢的力学性能变坏，这种缺陷称为过热。过热的钢可以用热处理方法来消除其缺陷。加热温度过高，或在高温下时间过长，金属晶粒除长得很粗大外，还使偏析夹杂富集的晶粒边界发生氧化或熔化，在轧制时金属经受不住变形，往往发生碎裂或崩裂，有时甚至一受碰撞即行碎裂，这种缺陷称为过烧。过烧的金属无法进行补救，只能报废。过烧实质上是过热的进一步发展，因此防止过热即可防止过烧。随着钢中含碳量及某些合金元素的增多，过烧的倾向性亦增大。

高合金钢由于其晶界物质和共晶体容易熔化而特别容易过烧。过热敏感性最大的是铬合金钢、镍合金钢以及含铬和镍的合金钢。

某些钢的加热及过烧温度如表5-3所示。

▣ 表5-3 某些钢的加热与过烧温度

钢种	加热温度/℃	过烧温度/℃
碳素钢1.5%C	1050	1140
碳素钢1.1%C	1080	1180
碳素钢0.9%C	1120	1220
碳素钢0.7%C	1180	1280
碳素钢0.5%C	1250	1350
碳素钢0.2%C	1320	1470
碳素钢0.1%C	1350	1490
硅锰弹簧钢	1250	1350
镍钢3%Ni	1250	1370
8%镍铬钢	1250	1370
铬钒钢	1250	1350
高速钢	1280	1380
奥氏体镍铬钢	1300	1420

此外，加热温度愈高（尤其是在900℃以上），时间愈长，炉内氧化性气氛愈强，则钢的氧化愈剧烈，生成氧化铁皮愈多（见图5-1）。氧化铁皮除直接造成金属损耗（烧损）以外，还会引起钢材表面缺陷（如麻点、铁皮等），造成次品或废品。脱碳使钢材表面硬度降低，许多合金钢材及高碳钢不允许有脱碳发生。加热温度愈高，时间愈长，脱碳层愈厚；钢中含钨和硅等也促使脱碳的发生。

确定钢的加热速度时，必须考虑钢的导热性。这一点对于合金钢和高碳钢坯（尤其是钢锭）显得更加重要。很多合金钢和高碳钢在500～600℃以下塑性很差。如果突然将其装入高温炉中，或者加热速度过快，则由于表层和中心温度差过大而引起的巨大热应力，加上组织应力和铸造应力，往往会使钢锭中部产生"穿孔"开裂的缺陷（常伴有巨大响声，故常称为"响裂"或"炸裂"）。因此，加热导热性和塑性都较差的钢种，例如高速钢、高锰钢、轴承钢、高硅钢、高碳

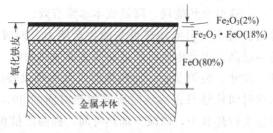

图 5-1 氧化铁皮组成

钢等，应该放慢加热速度，尤其是在 600～650℃ 以下要特别小心。加热到 700℃ 以上的温度时，钢的塑性已经很好，就可以用尽可能快的速度加热。应该指出，大的加热速度不仅可提高生产能力，而且可防止或减轻某些缺陷，如氧化、脱碳及过热等。允许的最大加热速度，不仅取决于钢种的导热性和塑性，还取决于原料的尺寸和外部形状。显然，尺寸愈小，允许的加热速度愈大。此外，生产上的加热速度还常常受到炉子结构、供热能力及加热条件的限制。对于普碳钢之类的多数钢种，一般只要加热设备许可，就可以采用尽可能快的加热速度。但是，不管如何加热，一定要保证原料各处都能均匀加热到所需的温度，并使组织成分较为均化，这也是加热的重要任务。如果加热不均匀，不仅影响产品质量，而且在生产中往往引起事故，损坏设备。因此，一般在加热过程中往往分为三个阶段，即预热阶段（低温阶段）、加热阶段（高温阶段）及均热阶段。在低温阶段（700～800℃ 以下）要放慢加热速度以防开裂；到 700～800℃ 以上的高温阶段，可进行快速加热。达到高温带以后，为了使钢的各处温度均化及组织成分均化，而需在高温带停留一定时间，这就是均热阶段。应该指出，并非所有的原料都必须经过这样三个阶段。这要看原料的断面尺寸、钢种特性及入炉前的温度而定。例如，加热塑性较好的低碳钢，即可由室温直接快速加热到高温；加热冷钢锭往往低温阶段要长，而加热冷钢坯则可以用较短的低温阶段，甚至直接到高温阶段加热。

为了提高加热设备的生产能力及节省能源消耗，生产中应尽可能采用热装炉的操作方式。热锭及热坯装炉的主要优点是：充分利用热能，提高加热设备的生产能力，并节省能耗，降低成本，根据实测，钢锭温度每提高 50℃，即可提高均热炉生产能力约 7%；热装时由于减少了冷却和加热过程，钢锭中内应力较小。热锭坯装炉的主要缺点是钢锭表面缺陷难以清理，不利于合金钢材表面质量的提高。对于大钢锭、大钢坯以及碳素钢或低合金钢，应尽量采用热锭或热坯装炉；对于小钢锭（坯）及合金钢，一般采用冷装炉。此外，当锭只经一次加热轧成成品（往往是小钢锭），不能进行钢坯的中间清理时，往往也采用冷锭装炉，以便清理钢锭的表面缺陷，提高钢材表面质量。近年，在连铸坯轧制生产中采用了"连铸连轧"工艺，这对节约能耗、降低成本非常有效。

原料的加热时间长短不仅影响加热设备的生产能力，同时也影响钢材的质量，即使加热温度不过高，也会由于时间过长而造成加热缺陷。合理的加热时间取决于原料的钢种、尺寸、装炉温度、加热速度以及加热设备的性能与结构等。原料热装炉时的加热时间往往只占冷装时所需加热时间的 $30\% \sim 40\%$，所以只要条件可能，应尽量实行热装炉，以减少加热时间，提高产量和质量。这里，热装炉应是指在原料入炉后即可进行快速加热的原料温度下装入高温炉内。一般碳钢的热装温度取决于其含碳量，碳质量分数大于 0.4010% 的钢，原料表面温度一般应高于 $750 \sim 800℃$，若碳质量分数小于 0.4010%，则表面温度可高于 $600℃$。允许不经预热即可快速加热的热装温度则取决于钢的成分及钢种特性。一般含碳及合金元素量愈多，则要求热装温度愈高。关于加热时间的计算，用理论方法目前还很难满足生产实际的要求，现在主要还是依靠经验公式和实测资料来进行估算。例如，在连续式炉内加热钢坯时，加热时间（t）可用下式估算

$$t = CB$$

式中　B——钢料边长或厚度，cm；

　　　C——考虑钢种成分和其他因素影响的系数（表 5-4）。

▣ 表 5-4　各种钢的系数 C 值

钢种	C	钢种	C
碳素钢	$0.1 \sim 0.15$	高合金结构钢	$0.20 \sim 0.30$
合金结构钢	$0.15 \sim 0.2$	高合金工具钢	$0.30 \sim 0.40$

加热设备除初轧及特厚板厂采用均热炉及室状炉以外，大多数钢板厂和型钢厂皆采用连续式炉，钢管厂多采用环形炉。近年兴建的连续式炉多为步进式的多段加热炉，其出料多由抽出机来执行，以代替过去利用斜坡滑架和缓冲器进行出料的方式，可减少板坯表面的损伤和对辊道的冲击事故。过去常用的热滑轨式加热炉虽然和步进式炉一样能大大减少水冷黑印，提高加热的均匀性，但它仍属推钢式加热炉，其主要缺点是板坯表面易擦伤和易于翻炉，这样使板坯尺寸和炉子长度（炉子产量）受到限制，而且炉子排空困难，劳动条件差。采用步进式炉可避免这些缺点，但其投资较多，维修较难，且由于支梁妨碍辐射，使板坯或钢坯上下面仍有一些温度差。热滑轨式没有这些缺点。这两种形式的加热炉加热能力皆可高达 $150 \sim 300t/h$。

5.3.3 钢的轧制

轧钢工序的两大任务是精确成形及改善组织和性能，因此轧制是保证产品质量的一个中心环节。在精确成形方面，要求产品形状正确、尺寸精确、表面完整光洁。对精确成形有决定性影响的因素是轧辊孔型设计（包括辊型设计及压下规程）和轧机调整。变形温度、速度规程（通过对变形抗力的影响）和轧辊工具的磨损等也对精确成形产生很重要的影响。为了提高产品尺寸的精确度，必须加强工艺控制，这就不仅要求孔型设计、压下规程比较合理，而且也要尽可能保持轧制变形条件稳定，主要是温度、速度及前后张力等条件的稳定。例如，在连续轧制小型线材和板带钢时，这些工艺因素的波动直接影响到变形抗力，从而影响到轧机弹跳和辊缝的大小，影响到厚度的精确。这就要求对轧制工艺过程进行高度的自动控制。只有这样，才可能保证钢材成形的高精确度。

对改善钢材性能方面有决定影响的因素是变形的热动力因素，其中主要是变形温度、速度和变形程度。所谓变形程度主要体现在压下规程和孔型设计，因此，压下规程、孔型设计也同样对性能有重要影响。

（1）变形程度与应力状态对产品组织性能的影响

一般说来，变形程度愈大，三向压应力状态愈强，对于热轧钢材的组织性能就愈有利，这是因为：①变形程度大、应力状态强有利于破碎合金钢锭的枝晶偏析及碳化物，即有利于改变其铸态组织。在珠光体钢、铁素体钢及过共析碳素钢中，其枝晶偏析等还比较容易破坏；而某些马氏体、莱氏体及奥氏体等高合金钢钢锭，其柱状晶发达并有稳定碳化物及莱氏体晶壳，甚至在高温时平衡状态就有碳化物存在，这种组织只依靠退火是无法破坏的，就是采用一般轧制过程也难以完全击碎。因此，需要采用锻造和轧制，以较大的总变形程度（愈大愈好）进行加工，才能充分破碎铸造组织，使组织细密，碳化物分布均匀。②为改善力学性能，必须改造钢锭或铸坯的铸造组织，使钢材组织致密。因此对一般钢种也要保证一定的总变形程度，即保证一定的压缩比。例如，重轨压缩比往往要达数十倍，钢板也要在 5～12 倍以上。③在总变形程度一定时，各道变形量的分配（变形分散度）对产品质量也有一定影响。从产量、质量观点出发，在塑性允许的条件下，应该尽量提高每道的压下量，并同时控制好适当的终轧压下量。在这里，主要是考虑钢种再结晶的特性，如果是要求细致均匀的晶粒度，就必须避免落入使晶粒粗大的临界压下量范围内。

（2）变形温度、速度对产品组织性能的影响

轧制温度规程要根据有关塑性、变形抗力和钢种特性的资料来确定，以保证产品正确成形不出裂纹、组织性能合格及能耗少。轧制温度的确定主要包括开轧温度和终轧温度的确定。钢坯生产时，往往并不要求一定的终轧温度，因而开轧温度应在不影响质量的前提下尽量提高。钢材生产往往要求一定的组织性能，故要求一定的终轧温度。因而，开轧温度的确定必须以保证终轧温度为依据。一般来说，对于碳素钢，加热最高温度常低于固相线 100～200℃（图 5-2）。开轧温度由于从加热炉到轧钢机的温度降，一般比加热温度还要低一些。确定加热最高温度时，必须充分考虑过热、过烧、脱碳等加热缺陷产生的可能性。

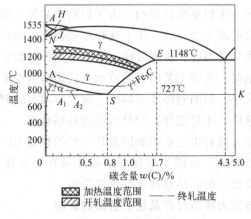

图 5-2　铁碳平衡图

轧制终了温度因钢种不同而不同，它主要取决于产品技术要求中规定的组织性能。如果该产品可能在热轧以后不经热处理就具有这种组织性能，那么终轧温度的选择便应以获得所需要的组织性能为目的。在轧制亚共析钢时，一般终轧温度应该高于 A_{r_3} 线约 50～100℃，以便在终轧以后迅速冷却到相变温度，获得细致的晶粒组织。若终轧温度过高，则会得到粗晶组织和低的力学性能。反之，若终轧温度低于 A_{r_3} 线，则有加工硬化产生，使强度提高而伸长率下降。究竟终轧温度应该比 A_{r_3} 线高出多少？这在其他条件相同的情况下主要取决于钢种特性和钢材品种。对于含 Nb、Ti、V 等合金元素的低合金钢，由于再结晶较难，一般终轧温度可以提高（例如 950℃）；如果采用控制轧制或进行形变热处理，其终轧温度可以从大于 A_{r_3} 到低于 A_{r_3}，甚至低于 A_{r_1}，这主要取决于钢种特性和所要求的钢材的组织和性能。

如果亚共析钢在热轧以后还要进行热处理，终轧温度可以低于 A_{r_3}。但一般总是尽量避免在 A_{r_3} 以下的温度进行轧制。轧制过共析钢时热轧的温度范围较窄，即奥氏体温度范围较窄，其终轧温度应不高于 SE 线（图 5-2）。否则，在晶粒边界析出的网状碳化物就不能破碎使钢材的力学性能恶化。若终轧温度过低，低于 SK 线，则易于析出石墨，呈现黑色断口。这是因为渗碳体分解形成石墨需要两个条件：一是缓慢冷却以满足渗碳体分解所需时间；二是钢的内部有显微间隙或周围介质阻力小以满足石墨形成和发展时钢的密度减小和体积变化的要求。终轧温度过低有加工硬化现象，且随变形程度的增加显微间隙也增加，这就为随后缓冷及退火时石墨的优先析出和发展创造了条件。因此过共析钢的终轧温度应比 SK 线高出 $100\sim150℃$，低于 SK 线，易析出石墨出现裂纹，高于 SK 线在晶粒边界析出的网状碳化物不能破碎，使钢材的力学性能恶化。

（3）变形速度或轧制速度对产品组织性能的影响

变形速度或轧制速度主要影响轧机的产量，因此，提高轧制速度是现代轧机提高生产率的主要途径之一。但是，轧制速度的提高受到电机能力、轧机设备及强度、机械化自动化水平以及咬入条件和坯料规格等一系列设备和工艺因素的限制。要提高轧制速度，就必须改善这些条件。轧制速度或变形速度通过硬化和再结晶的影响也对钢材性能质量产生一定的影响。此外，轧制速度的变化通过摩擦系数和轧制压力的影响，还经常影响到钢材尺寸精确度等质量指标。总的说来，提高轧制速度不仅有利于产量的大幅度提高，而且对提高质量、降低成本等也都有益处。

5.3.4 钢材的轧后冷却与精整

如前所述，某种钢在不同的冷却条件下会得到不同的组织结构和性能，因此，轧后冷却制度对钢材组织性能有很大的影响。实际上，轧后冷却过程就是一种利用轧后余热的热处理过程。实际生产中就是经常利用控制轧制和控制冷却的手段来控制钢材所需要的组织性能的。显然，冷却速度或过冷度，对奥氏体转化的温度及转化后的组织会产生显著的影响。随着冷却速度的增加，由奥氏体转变而来的铁素体-渗碳体混合物也变得愈来愈细，硬度也有所增高，相应地形成细珠光体、极细珠光体及贝氏体等组织。

对于某些塑性和导热性较差的钢种，在冷却过程中容易产生冷却裂纹或白点。白点和冷裂的形成原因并不完全相同，前者的形成虽然是由于钢中内应力（组织应力）的存在，但主要还是由于氢的析出和聚集造成的；而后者却主要是由于钢中内应力的影响。钢的冷却速度愈大，导热性和塑性愈差，内应力也愈大，则愈容易产生裂纹。凡导热性差的钢种，尤其是高合金钢如高速钢、高铬钢、高碳钢等，都特别容易产生冷裂。但如前所述，这些高合金钢却并不易产生白点。

根据产品技术要求和钢种特性，在热轧以后应采用不同的冷却制度。一般在热轧后常用的冷却方式有水冷、空冷、堆冷、缓冷等。钢材冷却时不仅要求控制冷却速度，而且要力求冷却均匀，否则容易引起钢材扭曲变形和组织性能不均等缺陷。

钢材在冷却以后还要进行必要的精整，例如，切断、矫直等，以保证正确的形状和尺寸。钢板的切断多采用冷剪。钢管多用锯切，简单断面的型材多用热剪或热锯，复杂断面多用热锯、冷锯或带异形剪刃的冷剪。钢材矫直多采用辊式矫直机，少数也采用拉力或压力矫直机。各类钢材采用的矫直机型式也各不一样。按照表面质量的要求，某些钢材有时还要进行酸洗、镀层等。按照组织性能的要求，有时还要进行必要的热处理或平整。某些产品按要求还需要进行特殊的精整加工。

5.3.5 钢材质量的检查

生产工艺过程和成品质量的检查，对于保证成品质量具有很重要的意义。现代轧钢生产的检查工作可分为熔炼检查、轧钢生产工艺过程的检查及成品质量检查三种。熔炼检查和轧钢过程的检查主要以生产技术规程为依据，特别应以技术规程中与质量有密切关系的项目作为检查工作的重点。

现代轧机的自动化、高速化和连续化使得有必要和有可能采用最现代化的检测仪器，例如，在带钢连轧机上采用 X 射线对带钢厚度尺寸进行连续测量等。依靠这些连续检测信号和数学模型，对轧机调整乃至轧件温度调整，实现全面的计算机自动控制。

对钢材表面质量的检查要予以注意，为此要按轧制过程逐工序地进行取样检查。为便于及时发现缺陷，在生产流程线上多采用超声波探伤器及 X 射线探伤器等对轧件进行在线连续检测。

最终成品质量检查的任务是确定成品质量是否符合产品标准和技术要求。检查的内容取决于钢的成分、用途和要求，一般包括化学分析、力学和物理性能检验、工艺试验、低倍组织及显微组织的检验等。产品标准中对这些检查一般都作了规定。

5.4 制订轧制产品生产工艺过程举例

5.4.1 制订轧钢产品生产工艺过程举例

现在以滚珠轴承钢为例来进一步说明制订钢材生产工艺过程和滚珠轴承钢的主要技术要求为：

① 滚珠轴承钢应具有高而均匀的硬度和强度，没有脆弱点或夹杂物，以免加速轴承的磨损。

② 钢材表面脱碳层必须符合规定的要求。

③ 尺寸精度要符合一定的标准，表面质量要求较高，表面应光滑干净，不得有裂纹、结疤、麻点、刮伤等缺陷。

④ 化学成分：滚珠轴承钢（GCr9、GCr15、GCr15MnSi）一般情况为 C＝0.95%～1.15%，Cr＝0.6%～1.5%，含铬低时含碳高，例如 GCr15 成分为：C＝0.95%～1.05%，Mn＝0.2%～0.4%，Si＝0.15%～0.35%，Cr＝1.3%～1.65%，S≤0.020%，P≤0.027%。

⑤ 在钢材组织方面，显微组织应具有均匀分布的细粒珠光体，钢中碳化物带状组织不得超过规定级别，低倍组织必须无缩孔、气泡、白点和过烧过热现象，中心疏松偏析和夹杂物应小于一定级别等。

滚珠轴承钢的钢种特性主要为：

① 滚珠轴承钢属于高碳的珠光体铬钢，钢锭浇铸和冷却时容易产生碳和铬的偏析，因此钢锭开坯前应采用高温保温或高温扩散退火。

② 导热性和塑性都较差，变形抗力不大，与碳钢相差不多，故应缓慢加热升温，以防炸裂。

③ 脱碳敏感性和白点敏感性都较大，也易于产生过热和过烧。

④ 轧后缓慢冷却时，有明显的网状碳化物析出，依过冷度不同，碳化物析出的温度也不同。一般在终轧温度低于 800℃ 时，碳化物开始析出，且随轧件的延伸而被拉长为带状组织。

⑤ 热轧摩擦系数比碳素钢要大，因而宽展也大。

根据滚珠轴承钢的技术要求和钢种特性来考虑它的生产工艺过程和规程。滚珠轴承钢主要是轧成圆钢，由很小的直径（6mm）到很大的直径，且大部分作为冷拉钢原料，因而对于其表面质量的要求很严格。考虑到这一点，轧制时以采用冷锭装炉加热较为合适（或热装炉时须经热检查及热清理），这样在装炉之前可以进行细致的表面清理，从而可使钢材表面质量得到改善。

钢坯在清理之前要进行酸洗，可采用砂轮清理或风铲清理。为了减少碳化物偏析，如前所述可以在钢锭开坯前采用高温保温或高温扩散退火。考虑到扩散退火需时间太长，在经济上不合算且产量低，故以采用高温保温为宜，且加热到高温阶段给予较长保温时间。

轴承钢的加热必须小心地进行。考虑到这种钢容易脱碳，而对于脱碳这方面的技术要求又很严格，并且此种钢还易于过热过烧（开始过烧温度为 1220～1250℃），因而钢锭加热温度不应超过 1180～1200℃。钢锭由于轴心带疏松且有低熔点共晶碳化物存在，故更易于过烧。钢坯经轧制后尺寸变小，更易脱碳，故应使加热温度更低一些。小型钢坯加热温度不应高于 1050～1100℃。

要制定轧制规程，应依据滚珠轴承钢的塑性和变形抗力的研究资料以及对轧后金属组织性能的要求，去设计孔型和压下规程以及确定轧制温度规程。看情况可以采用轧制，也可采用锻造进行开坯。由于滚珠轴承钢有相当高的塑性，在各轧制道次中可采用很大的压下量。滚珠轴承钢的变形抗力与碳钢差不多，其摩擦系数为碳钢的 1.25～1.35 倍，宽展也约比碳钢大 20%。在设计孔型和压下规程时应该考虑这些特点。考虑到对表面提出的严格要求，因而在设计孔型和压下规程时要采用适当的孔型（例如箱形孔型与菱形孔型），以便去除氧化铁皮，并借助合理的孔型设计来减少轧制过程中可能产生的表面缺陷。

滚珠轴承钢轧制后不应有网状碳化物存在。众所周知，轧制终了温度愈高，在高碳钢中析出的网状渗碳体便愈粗大。因此终轧温度应该尽可能低一些。如果开轧温度比较高，则为了保证较低的终轧温度，可在送入最后 1～2 道之前，稍作停留以降低温度。但若终轧温度过低，例如若低于 800℃ 时，碳化物开始析出，且随轧件的延伸而被拉长为带状组织，这也是不允许的。此外，终轧道次的压下量也应较大，以便更好地使碳化物分散析出，防止网状碳化物形成，同时也能使晶粒尺寸因之减小。

在许多情况下，尤其当轧制大断面钢材时，甚至在较低的终轧温度下也可能在最后冷却时产生网状碳化物。这时冷却速度很重要。冷却速度愈大，网状碳化物愈少。考虑到这一点，除了使终轧温度足够低以外，还应使钢材尽可能地快速冷却到大约 650℃ 的温度。

由于有白点敏感性，故轧后钢材应该在很快冷却到 650℃ 以后，便进行缓冷。缓冷之后，进行退火以降低硬度，便于以后加工；然后进行酸洗，清除氧化铁皮，以便于检查和清理，并提高表面质量。

综上所述，可将滚珠轴承钢的生产工艺过程归纳为：

钢锭 → 清理 → 加热 → 轧制 → 切断 ──────────────────────→ 缓冷 → 退火 → 酸洗 → 检查清理

└→ 锻造 → 缓冷 → 酸洗 → 清理 → 加热 → 轧制 → 切断 ↑

5.4.2 制订有色金属轧材生产工艺过程举例

现以紫铜板带材为例说明制订有色金属与合金轧材生产工艺过程的方法。紫铜的主要加工特性是塑性很好，变形抗力较低，表面较软而易刮伤，变形后有明显的方向性，氧化能力强，导电性及导热性很高；另一方面对紫铜板带的主要技术要求，例如对其表面质量、板形质量、尺寸（厚度）精度及组织性能等方面的要求一般也比较高。

紫铜锭坯的表面缺陷较多时，热轧前要进行铣面，以防止锭坯的表面缺陷热轧时压入件里层。但采用石墨结晶器的紫铜半连续锭坯表面有较薄的一层细晶粒，热轧前锭坯不宜铣面，否则热轧时易产生表面裂纹及加剧表面氧化。

热轧后坯料可以采用铣面，也可以采用酸洗除去热轧时产生的表面缺陷。目前国内厂大多采用酸洗，对于产品表面质量要求较高的产品，也有同时采用锭坯铣面及料铣面的工艺，但两次铣面引起的几何损失会大大影响成材率。

紫铜表面氧化能力很强，热轧坯料酸洗后大多被清刷。有的工厂生产中出现热轧氧化皮轻微压入时，采用氧化退火使表层氧化皮爆裂并随后酸洗去除，这种办法可以提高表面质量，但相应增加了金属的氧化损失。紫铜的成品退火趋向于采用保护性气体退火及真空退火，以免除成品退火后的酸洗工序。通常软态板带材成品在成品退火前要进行成品矫直和剪切，以避免表面划伤。

紫铜的软、硬板带材成品冷轧加工率大多在30%～50%，由于紫铜塑性好且变形抗力低，为了提高生产率，有的工厂将成品冷轧加工率加大到60%～90%。对于有产品性能要求的热轧板带，应注意控制热轧时的轧制温度。如果热轧前加热温度超过950℃时，终轧温度相应也较高，轧后呈完全再结晶状态，但表面氧化较严重；如果加热温度低于750℃，则终轧温度也较低，会出现不完全再结晶组织，使表面及中心层出现晶粒组织不均和性能不匀。故一般加热温度应在750～950℃之间，以保证合适的终轧温度。

根据不同的生产设备条件和产品技术要求，紫铜板带可采用不同的生产工艺流程。例如某厂采用带式法生产硬态紫铜带，由100mm×400mm×440mm的锭坯直接热轧及冷轧成0.5mm厚的带材，由于二辊轧机能力小，故采用了如下的工艺流程：

铸坯—热轧（6mm）—酸洗—冷轧（1.8mm）—退火—酸洗—冷轧（0.9mm）—退火—酸洗—冷轧（0.5mm）—剪切矫直—检查。

而另一工厂，由于有强大的四辊轧机，采用180mm×620mm×1100mm铸坯生产软态紫铜带的工艺流程则为：

铸坯—加热—热轧（12mm）—铣面—冷轧（2辊轧机，至5.5mm）—冷轧（4辊轧机，至1.7mm）—冷轧（4辊轧机，至0.5mm）—剪切矫直—退火—检查。

前一流程的优点是充分利用了铸造后的余热，进行直接热轧；而后一流程的优点则为充分利用了紫铜的良好塑性，不经中间退火进行了大压下量（＞90%）冷轧加工，简化了生产工序。

5.5　轧材生产新工艺及其技术基础

近代出现的轧材生产新工艺新技术很多，其中影响最广泛而深远的是连续铸造与轧制的衔接工艺（连铸连轧工艺）以及控制轧制与控制冷却工艺。

5.5.1　连续铸造及其与轧制的衔接工艺

（1）连续铸钢技术

连续铸钢是将钢水连续注入水冷结晶器，待钢水凝成硬壳后从结晶器出口连续拉出或送出，经喷水冷却，全部凝固后切成坯料或直送轧制工序的铸造坯料，称为连续铸坯。与传统的铸锭法相比，连续铸坯具有增加金属收得率、节约能源、提高铸坯质量、简化工艺、改善劳动条件、便于实现机械化和自动化等优点。连续铸坯在冶金学方面的特点是：

① 钢水在结晶器内得到迅速而均匀的冷却凝固，形成较厚的细晶表面凝固层，无充分时间生成柱状晶区。

② 连续浇铸可避免形成缩孔或空洞，无铸锭之头尾剪切损失，使金属收得率大为提高。

③ 整罐钢水的连铸自始至终冷却凝固时间接近，连铸坯纵向成分偏差可控制在10%以内，远比模铸钢锭为好。

④ 在塑性加工时，为消除铸态组织所需的压缩比也可以相对减小，铸坯的组织致密，有良好的力学性能。近代开发了近终形连铸技术，使铸坯断面尽量接近于轧成品尺寸，以便采用连铸连轧工艺进行生产。

金属的连续铸坯技术，从发展上大体可归纳为铸坯与结晶器壁间有相对滑动（即采用固定振动式结晶器）和无相对滑动（即结晶器与铸坯同步移动）两种类型。但由于连续铸钢工艺仍未完全过关，使其推广应用受到一定的影响。直至 20 世纪 70 年代，由于炼钢技术和连铸技术的进步，使钢水质量和铸坯质量大幅度提高，连续铸钢才得到比较广泛的发展和应用。进入 20 世纪 80 年代，由于出现了世界能源危机，全世界连续铸钢技术得到飞快的发展和推广应用。

（2）连铸机类型

连铸机可以按铸坯断面形状分为厚板坯、薄板坯、大方坯、小方坯、圆坯、异形钢坯及椭圆形钢坯连铸机等，也可按铸坯运行的轨迹分为立式、立弯式、垂直-多点弯曲形、垂直-弧形、多半径弧形（椭圆形）、水平式及旋转式连铸机（见图 5-3）。

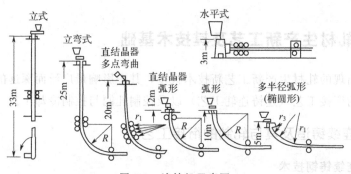

图 5-3　连铸机示意图

立式连铸机出现最早，其优点是钢中夹杂易于上浮排除，凝壳冷却均匀对称，不受弯曲矫直应力，适用于裂纹较敏感钢种的连铸，但缺点是设备高度大，建设投资大，且钢水静压力大易使钢坯产生鼓肚变形，铸坯断面和长度都不能过大，拉速也不宜过高。立弯式连铸机为降低设备高度，将完全凝固的铸坯顶弯成90°角，在水平方向出坯，消除了定尺长度的限制，降低了设备的投资，但缺点是铸坯受弯曲矫直应力，易产生裂纹。弧形连铸机大大降低了设备的高度，仅为立式的1/2～1/3，投资少，操作方便，利于拉速的提高，但缺点是存在设备对弧较难，内外弧冷却欠均匀，弯曲矫直应力较大及夹杂物在内弧侧聚集的缺点，故对钢水纯净度要求更高。椭圆形连铸机为分段改变弯曲半径，故设备更低，称为超低头铸机。垂直-弧形和垂直-多点弯曲形连铸机采用直结晶器并在其下部保留2m左右的直线段，使铸机的高度增加不多，而有利于克服内弧侧夹杂物富集的缺点。水平式铸机设备高度更低，更轻便且投资少，但尚不能制成大生产适用机型。目前世界各国弧形铸机占主导地位，达60%以上。其次为垂直-多点弯曲形。板坯和方坯多采用垂直弧形，而垂直-多点弯曲形则呈增加趋势。

(3) 连铸机的组成

一般连铸机由钢水运载装置（钢水包、回转台）、中间包及其更换装置、结晶器及其共振动装置、二冷区夹持辊及冷却水系统、拉引矫直机、切断设备、引锭装置等组成（见图5-4）。中间包起缓冲与净化钢液的作用，容量一般为钢水

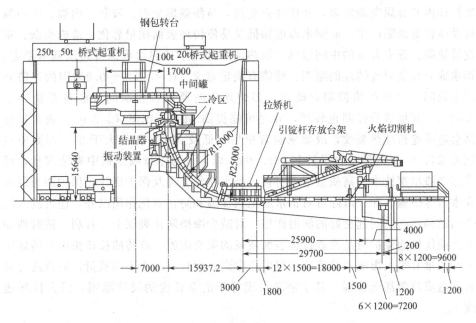

图 5-4 连铸机的组成结构

包容量的 20%～40%，铸机流数越多，其容量越大。结晶器是连铸机的心脏，要求有良好的导热性、结构刚性、耐磨性及便于制造和维护等特点。一般由锻造紫铜或铸造黄铜制成。其外壁通水强制均匀冷却。结晶器振动装置的作用是使结晶器作周期性振动，以防止初生坯壳与结晶器壁产生黏结而被拉破。振动曲线一般按正弦规律变化，以减少冲击。其振幅和频率应与拉速紧密配合，以保证铸坯的质量和产量。二冷装置安装在紧接结晶器的出口处，其作用是借助喷水或雾化冷却以加速铸坯凝固并控制铸坯的温度，夹辊和导辊支撑着带液芯的高温铸坯，以防止鼓肚变形或造成内裂，并可在此区段进行液芯压下，以提高铸坯质量和产量。要求二冷装置水压、水量可调，以适应不同钢种和不同拉速的需要。拉矫机的作用是提供拉坯动力及对弯曲的铸坯进行矫直，并推动切割装置运动。拉坯速度对连铸产量、质量皆有很大的影响。引锭装置的作用是在连铸开始前，用引锭头堵住结晶器下口，待钢水凝固后将铸坯拉出铸机，再脱开引锭头，将引锭杆收入存放装置。铸坯切割设备则将连续运动中的铸坯切割成定尺，常用的切割设备有火焰切割器或液压剪与摆动剪。

（4）连铸生产工艺

连铸工艺必须保证连铸坯的质量和产量。连铸坯常见的内部和表面缺陷如图 5-5 及图 5-6 所示。形状缺陷有鼓肚变形、菱形变形等。与模铸相比，连铸对钢水温度及钢的成分与纯净度有更严格的要求。浇注温度通常控制在钢的液相线温度以上 30℃±10℃。温度偏高会加剧其二次氧化和对钢包等耐火材料的侵蚀，使铸坯内非金属夹杂增多，并使坯壳变薄，易使菱形变形、鼓肚、内裂、中心偏析及疏松等缺陷产生。而钢水温度偏低又易使铸坯表面质量恶化，造成夹杂、重皮等缺陷。近来开发的中间包感应加热法和等离子加热法可保持铸温基本稳定。钢水成分控制对连铸坯的组织、性能有决定意义。C＝0.1%～0.2%钢的连铸易产生缺陷，故要严格控制含碳量，多炉连浇时要求各包次间含碳量差别小于0.02%。其他成分控制也较严，并尽可能提高 Mn/Si 比值（＞3.0）。硫含量过高会造成连铸坯热裂纹，故要求硫含量尽量低及 Mn/S 比值大于 25。对高质量钢要求将 S、P 的质量含量控制在 0.005% 以下。为尽量减少钢中夹杂含量，可采用挡渣出钢技术、高质量耐火材料、钢水净化处理及保护浇注、保护渣与浸入式水口等措施。保护渣除可对钢水起绝热保温和防止氧化作用以外，还可流入坯壳与结晶器壁之间起良好的润滑作用，对减少摩擦防止裂纹十分有利。适时地加入性能优异的保护渣是改善铸坯表面质量的重要措施。连铸的拉速快慢对铸坯质量和产量有很大影响。拉速高不仅生产率高，而且可改善表面质量，但拉速过高容易造成拉裂甚至拉漏。基于液芯长度等于冶金长度的设计原则，最大拉坯速度 v_{max}

$$v_{max} = 4L(K/\delta)^2 \qquad (5-1)$$

式中　K——平均凝固系数，对碳钢板坯可取为 27mm/mim，对方坯可取为
30mm/min，合金钢比碳钢小 2～4mm/min；

　　　　L——连铸机冶金长度，m；

　　　　δ——铸坯厚度，m。

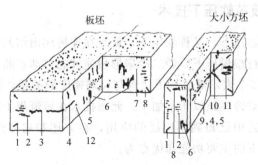

图 5-5　连铸坯内部缺陷示意图

1—内部角裂；2—侧面中间裂纹；3—中心线裂纹；4—中心线偏析；5—疏松；6—中间裂纹；

7—非金属夹杂物；8—皮下气泡；9—缩孔；10—中心星状裂纹及对角线裂纹；

11—针孔；12—半宏观偏析

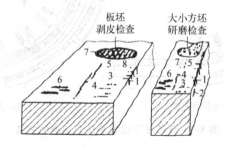

图 5-6　连铸坯表面缺陷示意图

1—角部横裂纹；2—角部纵裂纹；3—表面横裂纹；4—宽面纵裂纹；5—星状裂纹；

6—振动痕迹；7—非气孔；8—大型夹杂物

　　二冷区冷却强度对裂纹、疏松、偏析等有直接影响，应根据不同钢种确定。
一般普碳钢和低合金钢的冷却强度为每 1kg 钢 1～1.2L 水，中、高碳钢、合金
钢为每 1kg 钢 0.6～0.8L 水，热敏感性强的钢种为每 1kg 钢 0.4～0.6L 水。采
用雾化冷却等弱冷手段有利于提高出坯温度和实现铸坯热装直接轧制。电磁搅拌
有利于均匀成分、细化晶粒，加速铸坯凝固，使气体和夹杂上浮，改善铸坯表
面质量。为保证铸坯质量防止内外裂纹，近年来采用使铸坯曲率逐渐变化的多
点矫直和压缩浇注的技术。后者是在矫直区前设一组驱动辊，给铸坯一定推
力，而在矫直区后设一对制动辊（惰辊），给铸坯一定的反推力，使其在受压

缩应力的条件下矫直，减少了易导致裂纹的拉应力，从而可改进质量及提高拉速和产量。

总之，通过改进连铸工艺和设备，即可生产出无缺陷的连铸坯，为连铸坯实现热装和直接轧制工艺创造了基础条件。

5.5.2 连铸坯液芯软压下技术

所谓连铸坯液芯压下，又称软压下，就是在连铸坯出结晶器后其芯部仍未凝固时便对其坯壳进行缓慢压下，经二冷扇形段使液态芯部不断压缩并凝固，直至铸坯全部凝固。图 5-7 表示液芯压下位置与拉坯速度的关系，液芯压下就是在连铸坯液芯末端以前对铸坯施以压下加工。此项技术在短流程工艺，如薄板坯和中厚板坯连铸连轧工艺中已得到了广泛的应用，在方坯和扁坯连铸工艺中也有应用。连铸坯液芯压下的主要功能和优点为：

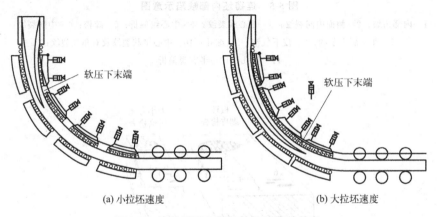

(a) 小拉坯速度　　　　　　　　(b) 大拉坯速度

图 5-7　液芯压下位置与拉坯速度的关系

① 可以提高连铸坯出机温度，即可提高铸坯直接热装炉的温度，以充分实现连铸连轧生产过程，大大节约热能及原材料等的消耗。

② 可以提高连铸机的连铸速度，相应提高连铸坯的产量，并改善与轧机速度的匹配度。

③ 改善铸坯内部质量，减小中间偏析和疏松，破碎柱状晶和枝晶，使晶粒细化且组织致密。研究表明，连铸薄板坯经液芯压下，细化晶粒的效果比不经液芯压下大出 4 倍之多。采用液芯压下比相应减薄结晶器厚度带来的效果更佳。

④ 改善表面质量。因为这样可使结晶器的厚度得以增大，不仅有利于长水口的插入，而且使铸坯在结晶器内具有较好的弯月面稳定性和更好的保护渣润滑效果，使表面质量得到提高。

⑤ 增大了生产的灵活性，合理解决了铸坯与轧坯的厚度匹配问题，使铸坯连铸连轧过程以最合理的方式进行生产。

因为在钢材连铸连轧工艺中，从连铸角度考虑，希望铸坯要厚一些，即结晶器内腔要宽一些，才有利于浸入式水口插入及提高水口的使用寿命，减少结晶器内钢液流动的冲击，促使液态保护渣层的稳定形成及均匀流动和润滑，降低浇铸操作的难度，提高连铸机的作业率和铸坯质量。但从连轧的角度考虑，则希望连铸坯要尽可能薄一些细一些，从而可减少轧制道次和热连轧机组的机架数，对生产薄和细的轧材有利。这样不仅可节约投资及降低生产成本，而且还可扩大产品生产规格，增大生产的灵活性。

由此可见，连铸坯带液芯压下已是成熟的技术，对实现连铸连轧生产过程，提高铸坯的质量、产量和降低生产成本很有必要。此项技术最早为 MDH 公司在 ISP 工艺中开发应用，以后推广到 FTSC 工艺、CSP 工艺及 Conroll 工艺等所有中、薄板连铸工艺。但连铸坯液芯压下又是崭新的工艺，自有其实施的规程，必须根据拉坯速度、钢种、钢水过热度、结晶器与冷却强度等多工艺参数来计算凝固坯壳厚度、冶金长度等，以决定压下位置与变形率的关系。必须注意液芯压下的厚度（压下量）要小于铸坯产生裂纹的最大压下量，多次小（轻）压下后的叠加应变应低于产生裂纹的临界应变，而通过扇形段对弧可以有效地降低较大压下量产生的拉伸应变。为了得到铸坯的目标厚度，液芯压下最好在上部扇形段完成。在上部施以大压下量对完成压下和减小应变都有利。但压下不能集中在很短的区段或一点，而应尽可能将压下区段设计得长一点，以使叠加应变更小些。压下位置及压下量通过液芯量及凝固壳厚等模型计算进行控制。

5.5.3 连铸与轧制的衔接工艺

钢铁生产工艺流程正在朝着连续化、紧凑化、自动化的方向发展。实现钢铁生产连续化的关键之一是实现钢水铸造凝固和变形过程的连续化，亦即实现连铸-连轧过程的连续化。连铸与轧制的连续衔接匹配问题包括产量的匹配、铸坯规格的匹配、生产节奏的匹配、温度与热能的衔接与控制以及钢坯表面质量与组织性能的传递与调控等多方面的技术，其中产量、规格和节奏匹配是基本条件，质量控制是基础，而温度与热能的衔接调控则是技术关键。

(1) 钢坯断面规格及产量的匹配衔接

连铸坯的断面形状和规格受炼钢炉容量、轧机组成及轧材品种规格和质量要求等因素的制约。铸机的生产能力应与炼钢及轧钢的能力相匹配，铸坯的断面和规格应与轧机所需原料及产品规格相匹配（见表 5-5 及表 5-6），并保证一定的压缩比（见表 5-7）。

⊡ 表 5-5　铸坯的断面和轧机的配合　　　　　　　　　　　　　　　　　　　　mm

轧机规格		铸坯断面
高速线材轧机		方坯：(100×100)～(150×150)
400/250 轧机		方坯：(90×90)～(140×140)
		矩形坯：<100×150
500/350 轧机		方坯：(100×100)～(180×180)
		矩形坯：<150×180
650 轧机		方坯：(140×140)～(180×180)
		矩形坯：<140×260
中厚板轧机	2300 轧机	板坯：(120～180)×(700～1000)
	2450 轧机	板坯：(120～180)×(700～1000)
	2800 轧机	板坯：(150～250)×(900～2100)
	3300 轧机	板坯：(150～350)×(1200～2100)
	4200 轧机	板坯：(150～350)×(1200～1600)
热轧带钢轧机	1450 轧机	板坯：(50～200)×(700～1350)
	1700 轧机	板坯：(60～350)×(700～1600)
	2030 轧机	板坯：(70～350)×(900～1900)

⊡ 表 5-6　铸坯的断面和产品规格的关系　　　　　　　　　　　　　　　　　　mm

铸坯断面	最终产品规格
≥200×2000 板坯；(60～150)×1600 薄板坯	厚度 4～76 板材；厚度 1.0～12 板材
250×300 大方坯	56kg/m 钢轨
460×400×120 工字梁铸坯	可轧成 7～30 种不同规格的平行翼缘的工字钢
240×280 矩形坯	热轧型钢 DIN1025I 系列的工字梁 I400
225×225 方坯	热轧型钢 DIN1025I 系列的工字梁 IA300
194×194 方坯	热轧型钢 DIN1025I$_{PB}$ 系列的工字梁 I200
260×310 矩形坯	热轧工字梁系列的 I$_{PB}$260
100×100 方坯	热轧 DIN1025 系列工字梁 I120
560×400 大方坯	轧 ϕ406.4 无缝钢管
(250×250)～(300×400)铸坯	轧 ϕ21.3～198.3 无缝管
180×180 18/8 不锈钢方坯	先轧成 ϕ100 圆坯，再轧成 ϕ6 仪器用钢丝

⊡ 表 5-7　各种产品要求的压缩比

最终产品	无缝钢管	型材	厚板	薄板
连铸坯	连铸圆坯	连铸方坯	连铸板坯	连铸板坯
满足产品力学性能所要求的压缩比	1.5～3.2	3.0	2.5～4.0	3.0
有一定安全系数的最小压缩比	4.0	4.0	4.0	4.0
目前用户使用的压缩比	≥4.0	≥8	≥4.0	≥3.5

连铸机生产能力计算一般可用下列方法：

连铸单炉浇注的时间 T 为：

$$T = \frac{G}{A\rho v_g N} \tag{5-2}$$

式中　G——每炉产钢量；

　　　A——铸坯断面积；

　　　ρ——钢的密度；

　　　v_g——拉坯速度；

　　　N——铸机的流数。

铸机日产量 Q_d 为

$$Q_d/t = (1440/T)G\eta_1\eta_2$$

式中　1440——一天的分钟数；

　　　η_1——铸坯收得率；

　　　η_2——铸坯合格率，一般取 96%～99%。

铸机年产量 Q_y 为

$$Q_y/t = 365CQ_d$$

式中　C——铸机有效浇钢作业率。可见要提高连铸机生产能力，就必须提高铸
　　　　　机的作业率。

　　为实现连铸与轧制过程的连续化生产，应使连铸机生产能力略大于炼钢能力，而轧钢能力又要略大于连铸能力（例如约大 10%），才能保证产量的匹配关系。

（2）连铸与轧制衔接模式及连铸连轧工艺

　　从温度与热能利用着眼，钢材生产中连铸与轧制两个工序的衔接模式一般有如图 5-8 所示的五种类型：方式 1' 为连续铸轧工艺，铸坯在铸造的同时进行轧制。方式 1 称为连铸坯直接轧制工艺（CC-DR），高温铸坯不需进加热炉加热，只略经补偿加热即可直接轧制。方式 2 称为连铸坯直接热装轧制工艺（CC-DH-CR 或 HDR），也可称为高温热装炉轧制工艺，铸坯温度仍保持在 A_3 线以上奥氏体状态装入加热炉，加热到轧制温度后进行轧制。方式 3、4 为铸坯冷至 A_3

甚至 A_1 线以下温度装炉，也可称为低温热装工艺（CC-HCR）。方式 2、3、4 皆须入正式加热炉加热，故亦可统称为连铸坯热装（送）轧制工艺。方式 5 即为常规冷装炉轧制工艺。可以这样说，在连铸机和轧机之间无正式加热炉缓冲工序的称为直接轧制工艺；只有加热炉缓冲工序且能保持连续高温装炉生产节奏的称为直接（高温）热装轧制工艺；而低温热装工艺，则常在加热炉之前还有缓冷坑或保温炉缓冲，即采用双重缓冲工序，以解决铸、轧节奏匹配与计划管理问题。从金属学角度考虑，方式 1 和 2 都属于铸坯热轧前基本无相变的工艺，其所面临的技术难点和问题也大体相似：它们都要求从炼钢、连铸到轧钢实现有节奏的均衡连续化生产。故我国常统称方式 1（1′）和 2 两类工艺为连铸-连轧工艺（CC-CR）。

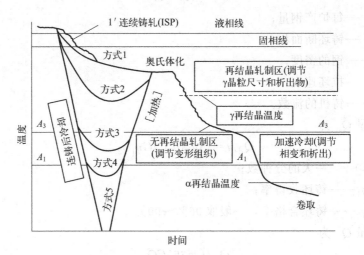

图 5-8　连铸与轧制的衔接模式

连铸坯热送热装和直接轧制工艺的主要优点是：

① 利用连铸坯冶金热能，节约能源消耗，其节能量与热装或补偿加热入炉温度有关，例如，铸坯在 500℃热装时，可节能 $0.25 \times 10^6 kJ/t$，600℃热装时可节能 $0.34 \times 10^6 kJ/t$，800℃热装时可节能 $0.514 \times 10^6 kJ/t$。即入炉温度越高，则节能越多，而直接轧制可比常规冷装炉加热轧制工艺节能 80%～85%。

② 提高成材率，节约金属消耗，由于加热时间缩短使铸坯烧损减少，例如高温直接热装（DHCR）或直接轧制，可使成材率提高 0.5%～1.5%。

③ 简化生产工艺流程，减少厂房面积和运输设备，节约基建投资和生产费用。

④ 大大缩短生产周期，从投料炼钢到轧出成品仅需几个小时；直接轧制时从钢水浇铸到轧出成品只需几十分钟，大大增强生产调度及流动资金周转的灵

活性。

⑤ 提高产品的质量，大量生产实践表明，由于加热时间短，氧化铁皮少，CC-DR 工艺生产的钢材表面质量要比常规工艺的产品好得多。CC-DR 工艺由于铸坯无加热炉滑道冷却痕迹，使产品厚度精度也得到提高。同时能利用连铸连轧工艺保持铸坯在完全固溶状态下开轧，将会更有利于微合金化及控制轧制控制冷却技术作用的发挥，使钢材组织性能有更大的提高。但这里应强调指出，由于连铸连轧工艺属于无相变工艺，铸坯在轧制前的原始奥氏体晶粒比较粗大，故必须配合控制轧制和控制冷却技术，增大压下与变形积累，充分细化晶粒组织，才能保证产品组织性能的提高。

⑥ 减少人员编制。棒线材连铸连轧生产可减员 20%，薄板坯连铸连轧生产定员仅为常规热轧带钢厂的 13%。

(3) 连铸连轧工艺技术的发展概况

从节能节材及提高生产效率出发，随着连续铸钢技术的推广应用，人们很自然地会想到连铸连轧技术的开发与利用。钢的连铸连轧工艺，在 20 世纪 70 年代以前就已进行了广泛研究试验，试验线前后多达 50 余套，但真正在工业生产上成功应用的还是在 20 世纪 80 年代初以后。在长型材生产方面，首先是美国纽柯公司达林顿厂及诺福克厂于 1980 年和 1981 年先后将 CC-DR 工艺正式应用于大工业生产。在板带材生产方面则分别是 1981 年日本新日铁将 CC-DR 工艺和美国纽柯公司于 1989 年将 CC-DHCR 工艺先后正式应用于厚板坯（200mm）连铸连轧和薄板坯（60mm）连铸连轧大工业生产。由于 CC-DR 工艺在连铸与轧制之间无加热炉缓冲，其生产的柔性度远小于有加热炉缓冲的 CC-DHCR 工艺，更大大小于 CC-HCR 工艺，故 CC-DR 工艺除在 20 世纪 80 年代日本、美国、意大利等于厚板坯生产板带材和方扁坯生产型棒材方面有较多发展以外，近代发展得最多最快的还是 CC-DHCR 工艺。表 5-8 对 CC-DR、CC-DHCR 及 CC-HCR 三种工艺作了比较，由表可以看出，CC-HCR 工艺实际是连铸连轧工艺的低级阶段。我国在传统厚板坯热带生产方面，目前 HCR 工艺平均热装温度只有 500～600℃，平均热装比为 40%，比 DHCR 工艺差得很远。而日本钢管福山厂 1780mm 轧机用 DHCR 工艺，其热装比为 65%，热装温度达 1000℃，且 DR 直轧率为 30%，即其连铸连轧率达 95%，日本住友鹿岛厂的直轧率为 65%，热装温度在 850℃以上，连铸连轧比率为 85%。故在厚板坯连铸连轧热带生产方面，国外主要发展 DHCR 工艺和 DHCR＋DR 工艺。但在厚板厂由于产品规格、钢种品种及批量等变化大，生产计划管理难度大，使很多厚板生产尚停留在 CC-HCR 阶段。然而由于近代 CC-DHCR 工艺的优点和近终形连铸在高速连铸薄细铸坯方面技术的进步，必然会促使薄板坯连铸连轧（CC-DHCR）工艺和棒线长材连铸连轧（CC-DHCR）工艺得到快速发展。

序号	CC-DR	CC-DHCR	CC-HCR
1	连铸坯只经简短补热，即直接进入轧机轧制，无中间缓冲属刚性衔接，故生产计划安排与管理难度大，各工序设备操作可靠性要求高（事故要极少而小）	有储坯能力较大的加热炉做中间缓冲，显著增加了生产计划管理的灵活性，增多了处理事故的时间，便于生产的良性顺利运行	有加热炉和保温坑等缓冲工序和设备，大大增加了生产的灵活性与柔性，十分便于生产计划管理的安排
2	只适于铸坯和轧制产品断面形状规格和钢种变换少，即生产中停轧时间很少的工厂生产应用，轧机产量与铸机产量必须相互衔接平衡匹配，形成连续流水生产线	适于产品断面形状规格和钢种变换较多的工厂生产应用，可二流或多流连铸共轧，也必须铸轧产量衔接匹配平衡，形成铸轧连续流水生产线	适于产品断面形状规格和钢种变换多而大的工厂生产应用，可多流连铸及远距离连铸共轧
3	有前述连铸连轧的优点，即最大地节能节材，节约投资和生产费用，缩短生产周期降低成本	也有前述优点，只是效益较 CC-DR 工艺稍差，但仍明显优于 CC-HCR 工艺	与冷装炉方式相比，也有一定的前述优点，但效益次于连铸连轧工艺
4	由于铸坯断面较薄细且属于无相变工艺，轧前原始奥氏体晶粒较粗大，故需较大压缩比及控轧控冷技术才能保证高端产品的优异组织性能	与 CC-DR 工艺一样属于无相变工艺，但铸坯经加热均热后温度均匀，经控轧控冷后能保证产品组织性能	属于有相变工艺，铸坯的原始铸态组织得到改善，且表面可经清理，故更能保证产品质量

① 薄（中）板坯连铸连轧生产方面，全世界到 2010 年底已建成生产线约 70 条，年生产能力达 1.2 亿吨，其中我国约 20 条，年生产能力达 4300 万吨，约占我国热轧宽带钢生产能力的三分之一，我国已成为全球拥有薄（中）板坯连铸连轧生产线最多、产能最大的国家。世界生产工艺主要有 CSP（compact strip production）、ISP（in-line strip production）、FTSR（flexible thin slab rolling）、QSP（quality strip production）、TSP（tippins samsung process）、CONROLL（continue rolling）及 ASP（Angang strip production）等多种，生产中应用最多的是 CSP 工艺，约占生产线的一半（35 条），其次是 FTSR 占 9 条，ISP（ESP）8 条，CONROLL 为 4 条，ASP 为 9 条。我国采用的连铸连轧工艺主要是 CSP、FTSR、ASP 三种，其最新发展是由 ISP 改进而来的 ESP（endless strip production）工艺，即钢水经连铸机液芯压下及 3 道次大压下铸轧以后，不进热卷箱，而直接经感应加热后进入 5 架精轧机轧成薄板卷。这实际又是 CC-DR 工艺。

② 长材连铸连轧生产工艺也已达到很完善的程度。除常用的 CC-DHCR 工艺得到广泛发展以外，无头连铸连轧（ECR，endless cast rolling）工艺也得到发展，这是一种铸-轧刚性连接形式，世界第一套长材无头连铸连轧生产线 Luna-ECR 于 2000 年 10 月在意大利 ABS 钢厂正式投产，直接由钢水经连铸—淬火—隧道式炉均热—轧机轧制—在线热处理—表面精整—在线检查生产出最终产品，使吨钢成本降低，取得很好的经济效益。这种工艺不仅适用于特殊钢生产，也适用

于普碳钢生产。该工艺对铸坯在出连铸机后立即入淬火槽进行淬火，及时进行表面组织控制（SSC）冷却处理，以防止先析铁素体及碳氮化合物（AlN 等）在晶界析出，影响钢的塑性，形成微裂纹。

（4）连铸连轧工艺的关键技术

按照传统的工艺，炼钢、铸钢、轧钢三大生产工序是相对独立安排生产计划的，各工序（厂）之间有充分的缓冲时间，但是在连铸连轧生产中，炼-铸-轧各工序受到钢的温度和热能的严格限制，被捆绑在一条连续生产的流水线上，少有缓冲和自由的余地，因而生产计划管理技术要求高，全线生产设备工作的稳定可靠性要求高，并由一个在线适时系统来进行计划检查管理和生产控制。钢材生产中，铸坯不能冷却和表面清理，这就要求生产的铸坯是高温的无缺陷的铸坯或能进行表面缺陷的高温在线检测和清理。故连铸连轧工艺的关键技术包括：

① 铸坯质量及产品质量的保证技术，在连铸中保证铸坯免除表面缺陷，并采用控制轧制与控制冷却等技术保证钢材的质量。

② 保证生产计划管理安排的技术，根据订货产品钢种品种及生产特点等与炼钢厂统筹规划做出计划安排。

③ 柔性生产与柔性轧制技术，如灵活控制改变铸坯宽度、自由程序轧制及生产工艺制度的计算机自动控制等技术。

④ 保证机组可靠性的技术，如生产线设备的在线检查与计划检修等。

⑤ 铸坯温度的保证技术，包括保证铸坯出连铸机的出坯温度、输送温度、装炉温度、加热（补热）温度与开轧温度等，这是保证连铸连轧工艺正常进行的最关键技术。以下只对此温度保证技术加以叙述。

（5）铸坯温度保证技术

提高铸坯温度主要靠充分利用其内部冶金热能，其次靠外部加热。

为确保连铸连轧工艺要求，其板坯所采用的一系列温度保证技术如图 5-9 所示。由图可知，保证板坯温度的技术主要是在连铸机上争取铸坯有更高更均匀的温度（保留更多的冶金热源和凝固潜热）、在输送途中绝热保温及外部加热等。

① 争取铸坯保持更高更均匀的温度，用液芯凝固潜热加热表面的技术，或称为未凝固再加热技术。

以前多考虑钢坯连铸的过程，为了可靠地进行高效率生产，自然要充分冷却铸坯以防止拉漏；现在则又要考虑在连铸之后进行轧制，为了保证足够的轧制温度，就不能冷却过度。温度控制中这两个矛盾给连铸连轧增加了操作和技术上的难度。在保证充分冷却以使钢坯不致拉漏的前提下，应合理控制钢流速度和冷却制度，尽量保证足够的铸坯温度。

在连铸机上尽量利用来自铸坯内部的热能主要靠改变钢流速度（拉坯速度或连铸速度）和冷却制度来加以控制。由于改变钢流速度要受到炼钢能力配合和顺

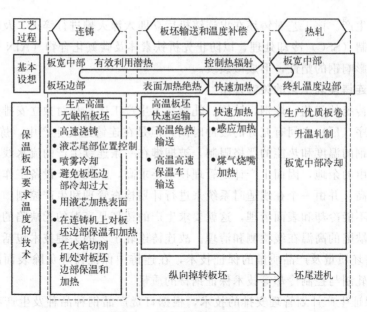

图 5-9　铸坯温度保证技术

利拉引的限制，故变化冷却制度（冷却方法、流量及分布等）便成为控制钢坯温度的主要手段。日本的一些钢厂在二冷段上部采取强冷以防鼓肚和拉漏，在中部和下部利用缓冷或喷雾冷却对凝固长度进行调整，在水平部分利用液芯部分对凝固的外壳进行复热，并利用连铸机内部的绝热进行保温。这就是"上部强冷，下部缓冷，利用水平部液芯进行凝固潜热复热"的冷却制度。通过采用这种制度及保温措施，可使板坯出连铸机时的温度比一般连铸大约高 180℃，如图 5-10 所示。

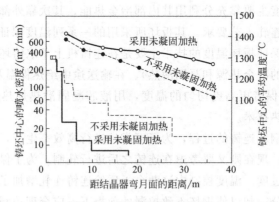

图 5-10　铸坯温度的变化图

为了使铸坯在其凝固终点处具有较高的表面温度，必须将铸坯完全凝固的时刻控制在连铸机冶金长度的末端，否则铸坯从完全凝固处到铸机末端区这一区间还要降温。为了将铸坯的完全凝固终点控制在铸机的末端，可采用电磁超声波检测的方法（EMUST）。采用此种检测方法可以±0.5m的精度将铸坯的完全凝固终点控制在铸机的末端处。

液芯尾端在板坯宽度中心处通常呈凸形，但为保证板坯边部的高温以提高铸坯断面温度的均匀性，该液芯尾端两侧应呈凸起形。因此，专家对二次冷却方案进行了专门的研究。该方案的要点是，不对板坯的边部喷水，以使其保持较高的温度。用EMUST技术测定的液芯尾部形状如图5-11所示。

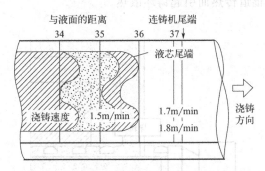

图 5-11　用 EMUST 技术测定的液芯尾部形状

在不采用连铸连轧工艺的常规连铸中，板坯的边角部温度远比中心部为低，如图5-12所示，在距离液面50m处边部要比中部低约300℃。为了保证铸坯边角部温度较高且均匀，在二冷段对宽度方向的冷却也进行了控制。即在容易冷却的边部减少冷却水量，在中部适当加大水量，用不均匀的人工冷却来抵偿不均匀的自然冷却。同时还使板坯中部冷却区段的宽度与其总宽度之比保持一定。这样，由于板坯宽度变化引起的边部温度差也就可以消除。但边角部的温度只靠液芯复热尚不能满足要求，还必须在铸机下部乃至切断机前后，另外采用板坯边角

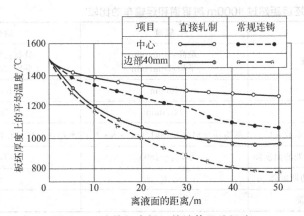

图 5-12　连铸机内板坯的计算平均温度

部温度补偿器和绝热罩才能得到所要求的边角部温度，从而使板坯各处温度达到均匀，以满足直接轧制的要求。

　② 连铸钢坯的输送保温技术。在连铸生产过程中，为了减少铸坯边角部的散热，在二次冷却区的后面对铸坯的两侧采取了保温措施，即用保温罩将铸坯的两侧罩起来。经采用保温措施后，铸坯两侧表面的温度达到 1000℃ 以上。

　为防止连铸坯在连铸机外部的运送过程中散热降温，使用了如图 5-13 所示的固定保温罩和绝热辊道，所谓绝热辊道是指用绝热材料包覆了 50% 表面的辊道，它可以防止因辊道传热而引起铸坯散热。

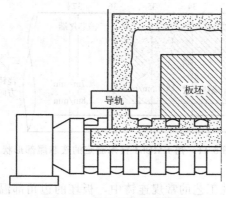

图 5-13　保温罩和绝热辊道

　近年来，为了满足连铸连轧工艺的温度要求，研制了可以迅速将定尺高温板坯从连铸机运往热带轧机的板坯运输保温车。表 5-9 为连铸板坯从连铸机到带钢厂运输距离超过 1000m 时的辊道和运输车方案进行的比较。由于运输车可使板坯边部在高温绝热箱内得到均热，因此，对于远距离连铸-连轧工艺，运输车优于辊道。

▫ **表 5-9　在板坯运距超过 1000m 时辊道和运输车的比较**

项目	辊道	运输车
运输速度	最高：90m/min 平均：70m/min	最高：250m/min 平均：200m/min
距离	1000m	1000m
时间	14.5min	5min
绝热效果（传热系数 h）	平均：$h=81\times4.18\mathrm{kJ/(m^2 \cdot h \cdot ℃)}$	平均：$h=10\times4.18\mathrm{kJ/(m^2 \cdot h \cdot ℃)}$
距板坯边部 40mm 处的温度降	平均：−180℃	平均：−4℃
板坯剪切断面的温度降	大	小
氮化铝沉淀	有	无

③ 方坯及板坯边部补偿加热技术，可采用如下几种。

a. 连铸机内绝热技术已被广泛采用，以提高板坯边部温度，这种绝热技术与烧嘴加热技术相结合，就可以防止板坯边部过分冷却。该项技术对必须严格控制氮化铝（AlN）沉淀的钢种特别有效。另外，与常规连铸相比，其板坯边部温度提高约 200℃（见图 5-14）。

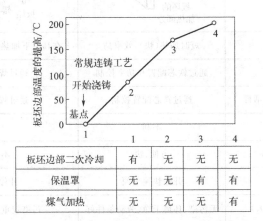

	1	2	3	4
板坯边部二次冷却	有	无	无	无
保温罩	无	无	有	有
煤气加热	无	无	无	有

图 5-14　机内冷却、保温与加热对板坯温度的影响

b. 在火焰切割机附近采用板坯边部加热装置。如果在火焰切割机前对铸态的板坯加热，则其边部可被来自板坯中间部分的热量有效加热，从而防止氮化铝在边部沉淀，且其纵向横向温度的不均匀分布可得到缓解。另外，热轧前的边部加热效率也得到提高，而且包括火焰切角前后板坯边部加热所需能量在内的总能耗还可降低，因此可以缩短边部加热系统的长度。板坯边部可以采用电磁感应加热或煤气烧嘴加热，两种方法的比较见表 5-10。电磁感应加热装置开关快速灵便、加热快、效率高、操作维修方便、环境污染少。这种感应补偿加热器由三个电磁感应线圈组成，它们分别安装在铸坯边部的上面、侧面和下面，当感应电流通过线圈时所产生的热量可高效率地加热铸坯的边角部。此法加热铸坯边角部非常灵便，可按照所需要的温度进行加热。使用这种电磁感应加热装置，可在铸坯的输送速度为 4m/min 的情况下，使铸坯的边角部平均升温 110℃以上。

c. 铸坯加热（均热）技术。连铸连轧工艺将连铸和轧制这两个大生产工序联成一体，由于两个工序存在固有的不匹配不协调因素，因此必须在两工序之间设置一个衔接段，以协调解决这些不匹配因素，才能顺利实现连铸连轧工艺。采用加（均）热炉是最有效最常用的衔接设备技术，其作用主要为：

• 铸坯的升温和均温。必须将铸坯均匀地加热到要求的轧制温度以上才能连轧。

☐ 表 5-10　电磁感应加热和煤气烧嘴加热的比较

项目	电磁感应加热	煤气烧嘴加热
设备		
加热时间、效率	短时加热(快),效率高	在高温下加热时间长(慢),效率低
加热控制方法	通过铁芯配置和功率控制	通过煤气燃烧控制
对板坯宽度变化的灵活性	通过铁芯配置控制	通过煤气火焰控制
对切割断面加热	不利	有利
维护、修炉(换炉)	方便、快	不方便、慢
操作	开停快速灵便	开停缓慢不便
环境、空气污染(NO_2)	无污染、环境干净、劳动条件好	污染较重、劳动条件较差
氧化铁皮损失	小	较大

• 铸坯的储存和铸轧工序之间的缓冲。在换辊和出事故时提供足够的缓冲时间。

• 物流协调作用。连铸速度一般较低,如薄板坯连铸速度一般为 4～6m/min,而热轧机入口速度可达 60m/min 以上,加热炉可协调铸轧之间的物流速度,特别是采用二流或多流连铸共轧机配置时,就更是非用大加热炉不可。因此加热炉便因其大大提高了连铸连轧生产的柔性度和铸坯温度的稳定均匀度而得到广泛应用。

近代在 CC-DHCR 工艺中采用的加热炉主要有辊底隧道式和步进式加热炉两种,二者的优缺点比较如表 5-11 所示。由表 5-11 可见,对于中等厚度(100～150mm)以上的板坯以采用步进式加热炉为宜,而对于薄(50～90mm)板坯则以辊底式为宜,实际上此时也只能采用辊底式,因板坯较长(40～60m),步进式炉的宽度根本放不下。此外对于板坯、方坯和圆坯,还可以采用电磁感应加热炉加热,也是一种值得推广应用的高效加热方式。我国东北大学在 20 世纪 90 年代初与沈阳钢厂合作完成方形铸坯连铸连轧(CC-DR)工业生产试验,采用的是 2100kW 中频加热炉就取得了很好的成效,并通过了鉴定与验收。

⊡ 表 5-11　辊底式和步进式两种加热炉的比较

序号	辊底隧道(直通)式加热炉	步进式加热炉
1	铸坯长度和重量不受限制	铸坯长度和重量受加热炉宽度的限制
2	加热炉储坯量小,容存坯量少,即中间缓冲能力小,生产柔性远不如步进式加热炉	加热炉储坯量很大,容存坯量大,即中间缓冲大,生产柔性大
3	加热温度范围小,一般在1150℃以下,均热时间不长,但铸坯温度均匀(尤其是长度方向),利于超薄带的轧制。辊道表面易粘铁皮铁屑,损害铸坯和板材的表面质量。能耗高,热效率仅35%,排放高、不环保	加热温度可达1250℃以上,均热时间较长,适于加热的钢种多于辊底式,能耗较低,热效率约70%,吨钢能耗较辊底式炉约减少10kg标准煤
4	加热炉长达150～300m,占用厂房面积很大的一部分,炉底150～300根耐热合金钢辊道需定时检修更换,基建设备投资大	可完全自主开发,占用厂房面积较省,维护检修操作简便,运行费用较低

复习思考题

1. 何谓轧制生产工艺过程?
2. 轧材产品的技术要求是什么?
3. 轧材性能的要求是什么?
4. 轧制工作者的任务是什么?

第❸篇

板、带材生产

板、带材的生产概述

6.1　板、带产品的特点、分类及技术要求

随着经济建设的快速发展，各行业对板带钢的需求量逐年递增，板带钢已成为最主要的钢材产品，在汽车、造船、桥梁、建筑、军工、食品和家用电器等工业上得到广泛应用。另外，板带钢还是生产焊接钢管、焊接型钢及冷弯型钢的原料。

当前，在工业比较发达的几个主要产钢国，板带钢在轧制钢材中所占比重达60%～70%，甚至更高。板带钢的生产技术水平及在轧材中所占的比例，可作为衡量一个国家轧钢生产发展水平的标志，也可作为衡量一个国家国民经济水平高低的指标之一。随着国民经济迅速发展，对板带材的品种规格、尺寸精度及性能等都提出了更为严格的要求。

6.1.1　板、带产品的外形、使用与生产特点

板、带产品外形扁平，宽厚比大，单位体积的表面积也很大，这种外形特点带来其使用上的特点：

① 表面积大，故包容覆盖能力强，在化工、容器、建筑、金属制品、金属结构等方面都得到广泛应用。

② 可任意剪裁、弯曲、冲压、焊接、制成各种制品构件，使用灵活方便，在汽车、航空、造船及拖拉机制造等部门占有极其重要的地位。

③ 可弯曲、焊接成各类复杂断面的型钢、钢管、大型工字钢、槽钢等结构件，故称为"万能钢材"。

板、带材的生产具有以下特点：

① 板、带材是用平辊轧出，故改变产品规格较简单容易，调整操作方便，易于实现全面计算机控制和进行自动化生产。

② 带钢的形状简单，可成卷生产，且在国民经济中用量最大，故必须而且

能够实现高速度的连轧生产。

③ 由于宽厚比和表面积都很大，故生产中轧制压力很大，可达数百万至数千万牛顿，因此轧机设备复杂庞大，而且对产品厚、宽尺寸精度和板形以及表面质量的控制也变得十分困难和复杂。

6.1.2　板、带材的分类及技术要求

（1）板、带材产品分类

一般将单张供应的板材和成卷供应的带材总称为板、带材。板带钢按厚度一般可分为厚板（包括中板、厚板及特厚板）、薄板和极薄带材三大类。我国一般称厚度在 4.0mm 以上的为中厚板（其中 4～20mm 的为中板，20～60mm 的为厚板，60mm 以上的为特厚板），4.0～0.2mm 的为薄板，0.2mm 以下的为极薄带材或箔材。热轧板带钢的厚度和宽度范围见表 6-1。板带钢的这种分类是基于各类产品相似的技术要求和生产工艺与设备的特点，但实际上各国习惯并不一样，其间也无固定的明显界限，如日本规定 3～6mm 为中板，6mm 以上为厚板。

▢　表 6-1　热轧钢板的厚度和宽度范围　　　　　　　　　　　　　　　　　单位：mm

分类	厚度范围	宽度范围
特厚板	>60	1200～5000
厚板	20～60	600～3000
中板	4.0～20	600～3000
薄板	0.2～4.0	500～2500
带材	<6	20～2500

（2）板、带材技术要求

对板带材的技术要求具体体现为产品的标准。板、带材的产品标准一般包括品种（规格）标准、技术条件、试验标准及交货标准等。根据板、带材用途的不同，对其提出的技术要求也各不一样，但基于其相似的外形特点和使用条件，其技术要求仍有共同的方面，归纳起来板带钢主要技术要求有四个方面。

① 尺寸精度要求高。尺寸精度主要是厚度精度，因为它不仅影响到使用性能及连续自动冲压后步工序，而且在生产中的控制难度最大。此外厚度偏差对节约金属影响也很大。板、带钢由于 B/H 很大，厚度一般很小，厚度的微小变化势必引起其使用性能和金属消耗的巨大波动。故在板、带钢生产中一般都要力争高精度轧制以及按负公差轧制。

② 板型要好。板型要平坦，无浪形瓢曲才好使用。例如，对普通中厚板，

其每米长度上的瓢曲度不得大于 15mm，优质板不大于 10mm，对普通薄板原则上不大于 20mm。因此对板、带钢的板型要求是比较严的。但是由于板、带钢既宽且薄，对不均匀变形的敏感性又特别大，所以要保持良好的板型就很不容易。板、带越薄，其不均匀变形的敏感性越大，保持良好板型的难度也就越大。显然，板型的不良来源于变形的不均匀，而变形的不均又往往导致厚度的不均，因此板型的好坏往往与厚度精确度也有着直接的关系。

③ 表面质量要好。板、带钢是单位体积的表面积最大的一种钢材，又多用作外围构件，故必须保证表面的质量。无论是厚板或薄板，表面不得有气泡、结疤、拉裂、刮伤、折叠、裂缝、夹杂和压入氧化铁皮，因为这些缺陷不仅损害板制件的外观，而且往往败坏性能或成为破裂和锈蚀的策源地，成为应力集中的薄弱环节。例如，硅钢片表面的氧化铁皮和表面的光洁度就直接败坏磁性，深冲钢板表面的氧化铁皮会使冲压件表面粗糙甚至开裂，并使冲压工具迅速磨损，对不锈钢板等特殊用途的板、带，还可提出特殊的技术要求。

④ 性能要好。板、带钢的性能要求主要包括力学性能、工艺性能和某些钢板的特殊物理或化学性能。一般结构钢板只要求具备较好的工艺性能，例如，冷弯和焊接性能等，而对力学性能要求不很严格。对甲类钢钢板，则要保证性能，要求有一定的强度和塑性或化学性能。一般结构钢板只要求具备较好的工艺性。对于重要用途的结构钢板，则要求有较好的综合性能，除要有良好的工艺性能、一定的强度和塑性以外，还要求保证一定的化学成分，保证良好的焊接性能、常温或低温的冲击韧性，或一定的冲压性能、一定的晶粒组织以及各相组织的均匀性等。

除了上述各种结构钢板以外，还有各种特殊用途的钢板，如高温合金板、不锈钢板、硅钢片、复合板等，它们或要求特殊的高温性能、低温性能、耐酸耐碱耐腐蚀性能，或要求一定的物理性能（如磁性）等。

6.2 板、带轧制技术的辩证发展

轧件变形和轧机变形是在轧制过程中同时存在的。我们的目的是要使轧件易于变形和轧机难以变形，亦即发展轧件的变形而控制和利用轧机的变形。由于板、带轧制的特点是轧制压力极大，轧件变形难，而轧机变形及其影响又大，因而使这个问题就成为左右板、带轧制技术发展的主要矛盾。

要使板、带在轧制时易于变形，主要有两个途径：一是努力降低板、带本身的变形抗力（可简称内阻），其最有效的措施就是加热并在轧制过程中保温，使轧件具有较高而均匀的轧制温度；二是设法改变轧件变形时的应力状态，努力减小应力状态影响系数，减少外摩擦等对金属变形的阻力（可简称外阻），甚至化害为利以进一步降低金属变形抗力。至于控制和利用轧机的变形，则包括增强和控制机架的刚性和辊系的刚性、控制和利用轧辊的变形以及采用液压弯辊与厚度和板形自动控制等各种实用技术措施。

6.2.1 围绕降低金属变形抗力（内阻）的演变与发展

板材最早都是成张地在单机架或双机架轧机上进行往复热轧的。这种轧制方法只适宜轧制不太长及不很薄的钢板，因为这样才有利于轧制温度的保持，使轧制时有较低的变形抗力。对于轧制厚度4mm以下的薄板，由于温度下降太快及轧机弹跳太大，采用单张往复热轧十分困难。为了生产这种薄板，便只好采用叠轧的方法。因为只有通过叠轧使轧件总厚度增大，并采用无水冷却的热辊轧制，才能使轧制温度容易保持及克服轧机弹跳的障碍，以保证轧制过程的顺利进行。这种叠轧方法直到现今在很多工业落后的国家还仍然采用。这种轧制方法的金属消耗大、产品质量低、劳动条件差、生产能力小，显然满足不了国民经济发展的需要。鉴于单层轧制薄而长的钢板时温度下降太快，如不叠轧，便必须快速操作和成卷轧制，才能争取有较高的和较均匀的轧制温度。这样，人们便很自然地想到采取成卷连续轧制的方法。

第一台板、带钢半连续热轧机在1892年建立，但由于当时技术水平的限制，轧制速度太低（2m/s），使轧件温度下降太快，故并不成功。直到1924年第一台宽带钢连轧机在美国以6.6m/s的速度正式生产出合格产品。20世纪30年代以后，板带钢成卷连续轧制的生产方法得到迅速发展；在工业先进国家中很快占据了板带钢生产的统治地位。

根据1964年日本统计资料（表6-2），将热连轧机和叠轧薄板轧机进行比较，便可看出连轧方法的巨大优点。

▫ 表6-2 热连轧机与叠轧薄板轧机经济指标比较

轧机类型	劳动生产率 /[t/(人·h)]	成材率 /%	叠机生产率 /(t/h)	每吨设备产量 /[t/(t·年)]	热量消耗 /(4.18kJ/t)	电力消耗 /(kW·h/t)	轧辊消耗 /(kg/t)
叠轧薄板轧机	58	84.2	4.1	40	1156	205	22
热连轧机	1336	96.5	235	145	452	87	1.4

连轧方法是一种高效率的先进生产方法，虽然它的出现在很大程度上解决了优质板、带钢的大规模生产问题，但其建设投资大、设备制造难、生产规模只适合于大型钢铁企业的大批量生产。对于批量不大而品种较多的中小型企业，若想采用先进的成卷轧制方法，还必须另寻道路。显然，可逆式轧机更加适合这方面的用途。为了在轧制过程中保温，人们便很自然地提出将板卷置于加热炉内边轧制边加热保温的办法，因而于1932年在美国创建了第一台试验性炉卷轧机，到

1949 年终于正式应用于工业生产。这种轧机的主要优点是可用较少的设备投资和较灵活的工艺道次生产出批量不大而品种较多的产品，尤其适合于生产塑性较差、加工温度范围较窄的合金钢板带。但由于它有着单机轧制的特点，故产品表面质量及尺寸精度都较差，其单位产量的投资要比连轧方法大一倍以上。

为了寻求更好的高效率轧制方法，20 世纪 40 年代以后人们又开始进行着各种行星轧机的试验研究。行星轧机的基本特点是利用分散变形的原理实现金属的大压缩变形。由于大量变形热使轧件在轧制过程中不仅不降低温度，反而可升温 50～100℃，这就从根本上彻底解决了成卷轧制带钢时的温度下降问题。用行星轧机生产带钢与其他板、带钢生产方法的比较如表 6-3 所示。由表可知行星轧机每吨产品的投资和成本与连续式轧机相比都大大地降低了，在经济上行星轧机不仅要比炉卷轧机优越得多，而且甚至有赶上和超过连续式轧机的希望。显而易见，对中小型企业生产热轧板卷而言，行星轧机应该是大有发展前途的。

▣ 表 6-3　各种轧机经济指标比较

项目	半连轧机(190 万吨)	连续轧机(300 万吨)	行星轧机(72 万吨)
全部投资/万美元	6300	8900	960
其中机械设备投资/万美元	1450	2450	415
每吨产品投资/(美元/t)	33.2	29.7	13.3
每吨产品生产成本/(美元/t)	16.4	14.8	9.9

行星轧机虽有很多优点，但也存在一些有待解决的问题。例如，它的设备结构较为复杂，制造与维护较难，要求上、下的各工作辊都必须严格保持同步，轧件严格对中加之轴承易磨损，因而事故较多，作业率不高。此外，这种轧机的原料和产品都较单一，生产灵活性差，并且难以轧得太宽太薄。20 世纪 60 年代出现的单行星辊轧机，免除了上下工作辊严格同步的麻烦，轧机结构大为简化，能承受更大的离心力，因而提高了轧制速度和生产能力。这种轧机若采用连铸薄板坯为原料，其生产灵活性也可增大。

随着所轧板、带钢厚度的不断减小，当厚度小于 0.8～1.0mm 时，若仍成卷热轧，则轧制温度很难保持，并且轧制薄板还必须前后施加较大的张力，才能使板形平直及轧制过程正常进行，因而便只好放弃热轧而采用冷轧的方法。虽然在冷轧之前及冷轧过程中，往往也采用退火来消除加工硬化，以降低钢的变形抗力，但就冷轧生产而言，占主要地位的技术措施已经不是去降低内阻，而是要努力降低外阻，例如努力减小工作辊直径及辊面摩擦系数等。但是冷轧毕竟是金属变形抗力更大、耗能更多而且工序复杂的加工方式。能否不用冷轧而继续采用热轧或温轧的方法生产出厚度在 1mm 以下的薄带钢，这也是近代板、带钢生产技术的一个发展方向，并且一些工业发达的国家已经在着手研究。其生产试验方案之一如图 6-1 所示。在通常的热轧以后追加水冷装置和温轧机架，于铁素体珠光体区域，最好是铁素体单相区进行低温热轧或温轧，由追加的近距离卷取机进行卷取。试验表明，将这种板卷进行再结晶退火以后，具有与通常一次冷轧退火方法所得产品相同的深冲性能，而价格更为便宜。当进行通常的热轧时则停止附加喷水，在附加机列上进行奥氏体领域的热轧，经水冷后进行卷取。近年采用无头轧制技术的热连轧机和薄板坯连铸连轧机都能热轧 1.0mm，甚至 0.8mm 厚的带钢卷，并可以取代大部分的冷轧带钢。

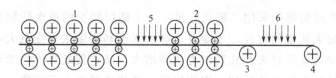

图 6-1 试验轧机布置举例

1—热轧精轧机列；2—附加机列；3—近距离卷取机；4—远距离卷取机；5，6—喷水

　　从降低金属变形抗力、降低能源消耗及简化生产过程出发，近代还出现了连铸连轧及无锭轧制（连续铸轧）等生产方法。这些新工艺在有色金属板、带及线材生产方面早已广泛应用，现正向钢铁生产领域延扩。早在 20 世纪 50~60 年代，苏联和中国即已采用连续铸轧的生产方法生产铁板及试验生产钢板了。1981年日本实现了宽带钢的连铸-直接轧制。1989 年及 1992 年德国 SMS 及 DMH 公司分别在美国和意大利实现了薄板坯连铸连轧和连续铸轧，就是明显例证。图 6-2 为各种金属连续铸轧机示意图。

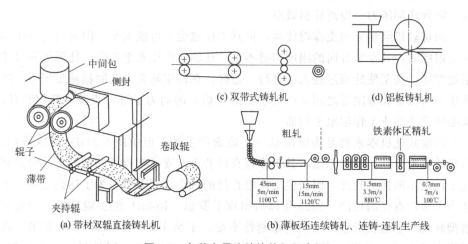

图 6-2 各种金属连续铸轧机示意图

6.2.2 围绕降低应力状态影响系数（外阻）的演变与发展

板带钢热轧时重点在降低内阻，但随着产品厚度减小，降低外阻也愈趋重要。轧制厚度更薄而且又不加热的板、带钢，不仅内阻大，而且外阻更大，此时若不致力于降低外阻的影响，要想轧出合格产品就极其困难。故冷轧板、带时重点在降低外阻。通常降低外阻的主要技术措施就是减小工作辊直径、采用优质轧制润滑液和采取张力轧制，以减小应力状态影响系数。其中最主要、最活跃的是减小轧辊直径，由此而出现了从二辊到多辊的各种形式的板、带钢轧机（图 6-3）。

板带生产最初都是采用二辊式轧机。为了能以较少的道次轧制更薄更宽的钢板，必须加大轧辊的直径，才能有足够的强度和刚度去承受更大的压力，但是轧辊直径增大又反过来使轧制压力急剧增大，从而使轧机弹性变形增大，以致在轧辊直径与板厚之比达到一定值以后，就使轧件根本不可能实现延伸。这样，在减小轧制压力和提高轧辊强度及刚度的两方面要求之间便产生了尖锐的矛盾。

为了解决这个矛盾，采用了大支撑辊与小工作辊分工合作的办法，使矛盾得到解决，最初带有支撑辊的轧机是 1864 年出现的三辊劳特轧机，接着就是 1870 年开始出现的四辊轧机。它采用小直径的工作辊以降低压力和增加延伸，采用大直径的支撑辊以提高轧机的强度和刚度。这样便大大提高了轧制效率和板、带钢的质量，能生产出更宽更薄的钢板。

因此，无论是热轧还是冷轧，这种四辊轧机都能得到广泛的应用。通常四辊轧机多是采用工作辊传动，较大的轧制扭转力矩限制了工作辊直径的继续减小。因而在轧制更薄的板带钢时，还可以采用支撑辊传动，以便进一步减小工作辊直径，降低轧制压力，提高轧制效率。

四辊轧机纵然采用支撑辊传动，但其工作辊也不可能太小。因为当直径小到一定限度时，其水平方向的刚度即感不足，轧辊会产生水平弯曲，使板形和尺寸精度变坏，甚至使轧制过程无法进行。这样，在四辊轧机上轧制极薄带钢时，降低压力与保证轧辊刚度之间又产生了新的矛盾。因而为了进一步减小轧辊直径，就必须设法防止工作辊水平弯曲。

六辊式轧机本来就是为解决这一矛盾而产生的。但由图 6-3(d) 可以看出，六辊轧机由于几何上的原因，其工作辊直径若小于支撑辊直径的四分之一时，将使工作辊不能接触轧件，因而使工作辊直径的减小受到限制。为了达到更进一步减小工作辊直径的目的，1925 年以后出现了罗恩（Rohn）型多辊轧机。但是罗恩型轧机对于宽板带钢的生产还嫌刚性不足，于是 1932 年以后，主要是第二次世界大战末期，又迅速发展了森吉米尔（Sendzimir）型多辊轧机。以十二辊、二十辊轧机为代表的多辊轧机虽然能较好地满足极薄带钢生产的要求，但也存在着缺点，主要是结构复杂，制造安装及调整都较难，一般轧制速度也不高。为了减轻制造和调整操作上的困难，于是又出现不对称式的多辊轧机，它采用直径相差很大的两个工作辊，如图 6-3(g) 所示，以减小轧辊交叉所产生的影响，简化轧机的调整和板形控制。但它毕竟还相当复杂。

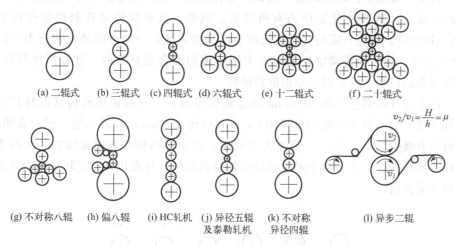

(a) 二辊式　(b) 三辊式　(c) 四辊式　(d) 六辊式　(e) 十二辊式　(f) 二十辊式

(g) 不对称八辊　(h) 偏八辊　(i) HC轧机　(j) 异径五辊及泰勒轧机　(k) 不对称异径四辊　(l) 异步二辊

$$v_2/v_1 = \frac{H}{h} = \mu$$

图 6-3　各种结构轧机的发展

1952 年出现的偏八辊轧机是生产中行之有效并受欢迎的轧机，其主要特点是在采用支撑辊传动的四辊冷轧机的工作辊一侧增加了侧向支撑辊，并将工作辊的轴线偏移于支撑辊轴线的一侧，以防止工作辊的旁弯，从而可使工作辊直径大大减小，如图 6-3(h) 所示。这种轧机由于工作辊游动而使咬入能力减弱，轧辊受力稳定性往往也嫌不够。不对称异径辊轧机采用游动的小工作辊负责降低压力，而用大工作辊提供咬入和传递力矩，避免了上述缺点；如图 6-3(j)、(k) 所示，由于一个工作辊直径的减小，便大大减小了变形区长度和单位压力，从而不仅大幅度降低了轧制压力，而且还大幅度减小了轧制力矩和能耗，并显著改善了产品厚度精度和板形质量。

1971 年苏联发表了拔轧式异步轧机专利，轧制过程如图 6-3(l) 所示，其要点为两辊速度不等，其速度之比等于伸长率，并且轧件对上、下辊有包角，其前、后加张力。上下两辊对接触表面上的摩擦力大小相等、方向相反，快速辊的前滑为零，即其接触弧上全为后滑区，而慢速辊则全为前滑区。再加上前后张力的影响，此时将减轻或消除摩擦力对应力状态的有害影响，在变形区造成相符于平面压缩-拉伸的异步轧制。由塑性变形原理已知，最有利的平面应力状态为所谓"纯剪"，该状态的主应力绝对值相等而符号相反，纯剪时变形抗力理论上约为金属平均屈服极限的 60％，从而使轧制薄板时的压力得以大幅度降低，异步轧制还可以减少薄边和裂边，可进行良好的板形控制，提高厚度精度及轧机的轧薄能力，并可大大简化自动控制系统和提高其快速响应性。近代日本和中国在原有轧制法的基础上进一步研究，在普通四辊带钢轧机上实现了异步轧制，并取得成功。

其实，采用单传动辊轧制（例如，叠轧薄板）也自然地要使两工作辊产生一定的速度差，从而使轧制压力有所降低。例如，当单辊传动轧制两辊速度差 5％～10％时，将在一定的变形区长度上出现搓轧区，一般可能使轧制压力下降 5％～20％。由于单传动辊轧制时上下辊速度的配合是自然的，过程简单易行，无需复杂的控制系统，因而也很值得研究。

日本新日铁室兰厂将 1420mm 热连轧机组最后三架改成单辊传动的异径辊轧机（图 6-4），其工作辊的直径由 665mm 改成 408mm，为游动辊。试验表明，轧制压力减少 20％～40％，薄边大为减少，且小辊磨耗并无明显增加，取得了很好的效果。这主要是由于采用异径辊轧制的作用，与现代有意控制速比的异步轧制并不相同。

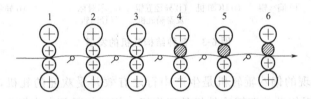

图 6-4　某厂热连轧机不对称异径轧制时轧辊的配置

◎—游动的小工作辊

在改进轧制润滑效率以降低外摩擦影响方面，值得指出的是热轧润滑的发展。如图 6-5 所示，热轧采用润滑后可使轧制压力减小 10％～20％，同时使所轧带钢的断面形状和表面质量得到改善。此外，还可使轧辊的磨损消耗减少约 30％（图 6-6），延长了轧辊的使用寿命，减少了轧辊消耗及换辊的时间。热轧润滑在油种选择上的要求基本上与冷轧相似，即要求其摩擦系数小，难以热分解，价格便宜和来源广泛。在给油的方法上要使油给到轧辊上不被水冲走，以充分发挥润滑效果。一般多在支撑辊出口侧给油，但也可在工作辊入口侧尽量靠近带钢的地方给油，都可收到较好的效果。

6.2.3　围绕减少和控制轧机变形的演变与发展

要减少轧机变形的不利影响，除上面所述的减小轧制压力的种种措施以外，主要就是增强及控制轧机（轧辊）的刚度和变形。

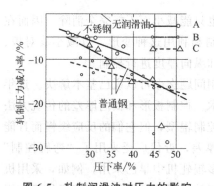

图 6-5　轧制润滑油对压力的影响
A—矿物油＋菜籽油 0.2%；B—矿物油＋
菜籽油 0.3%；C—牛油 0.1%

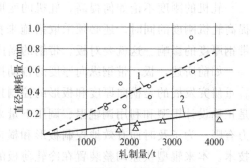

图 6-6　轧制润滑油对轧辊磨耗的影响
1—无润滑油；2—牛油润滑油

　　增大轧机刚度包括加大机架的刚度和辊系的刚度，例如，增大牌坊立柱断面、加大支撑辊直径、采用多辊及多支点的支撑辊、提高轧辊材质的弹性模量及辊面硬度等。由于钢板愈宽愈薄愈难轧，故薄带钢多辊轧机和宽厚板轧机便集中反映了这些特点。如轧机的工作机座为矩形整体铸成，既短又粗，刚性很强。宽厚板轧机牌坊立柱断面现已达 $10000cm^2$ 以上，牌坊重达 $250\sim450t$，轧机刚度系数增至 $8000\sim10000kN/mm$，支撑辊直径达 2400mm。冷轧机的刚度系数则最大达 $30000\sim40000kN/mm$。因此，为了提高轧机刚度，使得板、带钢轧机变得愈来愈粗大而笨重。

　　应该指出，为了提高板、带钢的厚度精度，并不总是要求提高轧机的刚度，而是要求轧机最好做到刚度可控。按此，在连轧机上最好采用所谓"刚度倾斜分配"的轧机，即在来料厚度不均影响较强烈的前几架轧机采用大的刚度，而在以板形和精度要求为主的后几个机架，特别是末架，则采用较小的刚度。例如，某厂五机架冷连轧采用了如图 6-7 所示的刚度分配，结果使板厚精度比一般连轧机有显著的提高。某一轧机的自然刚度系数虽然是不变的，但由于增设了液压装置，实际发生作用的轧机刚度系数随辊缝调节量的不同而不同，故称其为刚度可变，而此时的轧制称为变刚度轧制（此刚度为等效或当量刚度）。

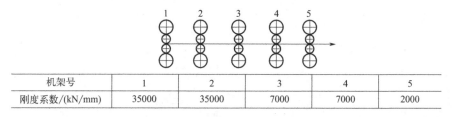

机架号	1	2	3	4	5
刚度系数/(kN/mm)	35000	35000	7000	7000	2000

图 6-7　刚度倾斜分配的冷连轧机

轧机的刚度不论如何提高，轧机的变形也只能减小而不能完全消除。因而在提高轧机刚度的同时，还必须采取措施来控制和利用这种变形，以减小其对板、带钢厚度的影响。这就要对板、带钢的横向和纵向厚度进行控制。

如前所述，板、带钢纵向厚度的自动控制问题迄今可以说已基本解决。近年着重研究发展的是横向厚度和板形的控制技术。控制板形和横向厚差的传统方法是正确设计辊型和利用调辊温、调压下量来控制辊型，但它们的反应缓慢而且能力有限。为了及时而有效地控制板形和横向厚差，近代广泛采用了"弯辊控制"技术。本来辊型快速调整装置在冷轧薄板的多辊轧机中早已采用，例如，采用机械式调支撑辊弯曲变形（弯辊）的装置，使用效果很好。但对大型四辊轧机，辊型快速调整系统却只是 20 世纪 60 年代以来采用了液压弯辊技术以后才发展起来的。到 20 世纪 70 年代新建的大型四辊板带轧机几乎全都装设了液压弯辊装置，这样不仅可有效地提高精度和保证板形，而且还可以延长轧辊寿命，减少换辊次数，提高轧机产量。这种方法存在的问题是在对宽板带钢轧制时，工作辊的弯辊效果不大，而支撑辊的弯辊设备又过于庞大，轧辊轴承和辊颈要承受较大的反弯力，影响其寿命和精度，此外液压装置的使用和维护也较复杂，并且由于板形检测技术尚未过关，目前还很难实现自动控制。因此，人们又进一步研究新的控制板形和厚度的方法，近代出现的 HC 轧机以及很多控制板形的新技术和新轧机就是要更好地解决这个问题。

复习思考题

1. 推动板带轧制方法与轧机型式演变的主要矛盾有哪些？
2. 板带材轧制技术的发展主要集中在哪几个方面？
3. 简述围绕减少和控制轧机变形的演变与发展情况。

第7章

热轧板、带材生产

7.1 中、厚板生产

由于桥梁建筑、船舶制造、石油化工、压力容器等工业的迅速发展，钢板焊接构件、大直径输送管线及型材的广泛应用，特别是海上运输，能源开发与焊接技术的进步，需要大量宽而长的优质中厚板，使中、厚板生产得到迅速发展，同时对中厚板品种质量方面提出了更高的要求。中厚板生产日益趋向合金化和大型化，轧机亦日趋重型化、高速化和自动化。3m 以上的四辊宽厚板轧机已成为生产中厚板的主流设备。新建的中厚板厂年产量高达 200 万～240 万吨。

7.1.1 中、厚板轧机的类型及其布置

中、厚板轧机的型式不一，从机架结构来看有二辊可逆式、三辊劳特式、四辊可逆式、万能式之分；就机架布置而言又有单机架、顺列或并列双机架及多机架连续或半连式轧机之别。

① 二辊可逆式轧机。二辊可逆式轧机如图 7-1（a）所示，轧辊直径一般为 800～1500mm，辊身长度达 3000～5500mm，这种轧机的主要优点是轧辊可以变速、可逆运转，因此可采用低速咬入、高速轧制以提高轧机咬入能力和增大压下量来提高产量，并可选择适当的轧制速度以充分发挥电机的潜力，并且由于它具有初轧机的功能，故对原料种类和尺寸的适应性较大，但这种轧机辊系的刚性较差，而且不便于通过换辊来补偿辊型的剧烈磨损，故轧制精度不高。一般用作粗轧机或开坯机。

② 三辊劳特式轧机。三辊劳特式轧机一般上、下轧辊直径为 800～850mm，中辊直径为 500～550mm，辊身长度为 1800～2800mm，传动功率为 1500～3000kW。这种轧机的主要优点是：采用交流感应电动机传动以实现往复轧制而无需大型直流电动机，并可采用飞轮来减小电机容量，使建设投资大大降低；可以显著降低轧制压力和能耗，并使钢板更易于延伸；由于中辊易于更换，因此便

于采用不同凸度的中辊来补偿轧辊的磨损，以提高产品精度和延长轧辊使用寿命。

但三辊劳特式轧机因中辊是从动辊而降低了其咬入的能力，轧机前后升降台等机械设备也较笨重复杂，且辊系刚性也不够大。所以这种轧机不适于轧制精度要求高或厚而宽的产品，过去常用以生产 4～20mm 的中板，现在由于四辊轧机的发展，此种轧机一般已不再兴建。但由于其投资少，建厂快，故在中小型企业中仍在继续使用。三辊劳特式轧机的轧辊配置如图 7-1(b) 所示。

③ 四辊可逆式轧机。四辊可逆式轧机有直径相等的上下工作辊和上下支承辊［图 7-1(c)］，其直径各在 700～1200mm 和 1100～2400mm 范围内，辊身长度为 1200～5500mm，轧机大多驱动工作辊，轧机转速为 60～120r/min。这种轧机集中了二辊轧机和三辊劳特式轧机的优点，既降低了轧制压力，又大大增强了轧机刚性，可将轧机强度与刚度有效结合。因此这种轧机适合于轧制各种尺寸规格的中厚板，尤其是适合轧制宽度、精度和板形要求较严的厚板。它是现代应用最广泛的中厚板轧机。相对而言这种轧机造价较高，建厂投资较大。

④ 万能式轧机。万能式轧机是在机前或机后具有二对或四对立辊的可逆式轧机（二辊式或四辊式），其轧辊布置如图 7-1(d) 所示。万能式轧机的优点是能轧制出齐边钢板，轧出的成品不需剪边，故降低了金属消耗，提高了成材率。这种轧机也称为"齐边轧机"。

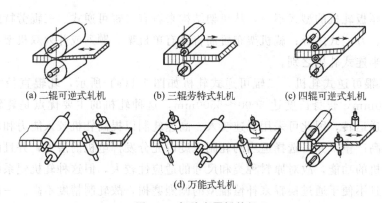

(a) 二辊可逆式轧机　　(b) 三辊劳特式轧机　　(c) 四辊可逆式轧机

(d) 万能式轧机

图 7-1　各种中厚板轧机

实践证明：立辊轧边只是在轧件宽厚比（B/H）值小于 60～70 时应用，例如，热连轧带钢粗轧阶段的轧制情况起作用，而对于宽厚板轧机，立辊轧边时钢板容易产生纵向弯曲，这样不仅起不到轧边的作用，反而使操作复杂，容易造成质量问题，并且立辊与水平辊又难以实现同步运行（即满足金属秒流量相同），要实现同步又必须增加电气控制装置并使操作复杂。

经过多年的生产实践，中厚板轧机得到进一步的发展。新的中厚板轧机的特点是：轧辊直径大、轧制压力极高、轧机刚性大、电机容量大、轧制速度高、轧制宽板的精度高等，且具有板厚、板宽、板温控制手段。

7.1.2 中、厚板轧机的布置

(1) 单机架轧机

单机架布置的中厚板车间投资省、建厂快，适用于产品品种多且生产规模不大的中型钢铁企业。2300mm 中板车间在我国较多，轧机为三辊劳特式，轧辊尺寸为 850mm/550mm/850mm×2300mm，由一台带飞轮的 2000kW 交流电机经人字齿轮座驱动上下轧辊，轧制速度为 2.62m/s，允许最大轧制压力为 15000kN，允许最大轧制力矩为 1200kN·m。轧件由粗轧到精轧均在该轧机上轧成。2300mm 单机座中厚板车间平面布置见图 7-2，车间年产量可达 20 万吨。4200mm 特厚板轧机是我国自行设计、制造的（见图 7-3），轧机采用 8.5～40t 钢锭作原料，轧机是一台四辊万能式轧机，立轧辊尺寸为 ϕ(1000～900mm)×1100mm，最大开口度为 4200mm，最小开口度为 800mm，允许最大轧制压力为 7000kN；四辊轧机支承辊为 ϕ1800mm×4200mm，允许最大轧制压力为 42000kN，最大轧制力矩为 2×2300kN·m，由两台 2300kW 的双电枢直流电机驱动工作辊，轧辊速度为 2～4m/s，可轧制的产品厚度为 8～250mm、宽3900mm，最长达 27m。此外，它也可用钢锭作原料进行开坯生产，以满足本厂的板坯需要。4200mm 轧机轧出的钢板，经侧刀剪剪去头尾部后，送至布置于辊道两侧的两台侧刀剪组成的切边剪处，同时按要求剪去两边，该剪机最大开口度为 4200mm。然后在冷床上进行在线冷却，当冷却至 300℃ 以下时，经翻板检查后，进行精整加工，它可以在线对钢板进行常化处理，即由移送台架将钢板送入常化炉处理作业线，也可以离线进行热处理加工。该车间的设计能力为 40 万～60 万吨。

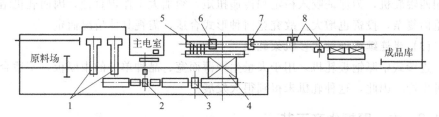

图 7-2　2300mm 单机座中、厚板车间平面布置图

1—加热炉；2—轧钢机；3—11辊矫直机；4—冷床；5—翻板机；

6—划线小车；7—槽切侧刀剪；8—纵切侧刀剪

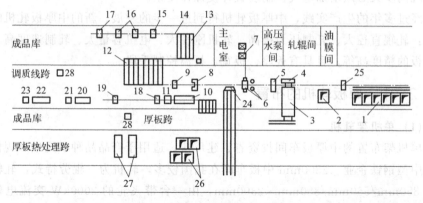

图 7-3 单机座 4200mm 轧机特厚板车间平面图

1—均热炉；2—车底式炉；3—连续式炉；4—出料机；5—高压水除鳞箱；6—4200mm 万能式钢板轧机；
7—发电机-电动机组；8—热剪；9—热矫机；10—常化炉；11—无压力淬火机；12—冷床；13—翻板机、
检查修磨台架；14—辊道；15—双边剪；16—定尺剪；17—打印；18—热矫直机；
19—冷矫直机；20—淬火炉；21、23—淬火机；22—回火炉；24—收集装置；
25—运锭小车；26—缓冷坑；27—外部机械化炉；28—翻板机

（2）双机架轧机

双机架轧机布置是现代中厚板轧机的主要形式。它把粗轧和精轧两个阶段的不同任务和要求分到两台机架上完成。其主要优点是：不仅轧机产量高，而且产品表面质量、尺寸精度或板形都较好，并可延长轧辊使用寿命，减少换辊次数等。双机架轧机的粗轧机可采用二辊可逆式、三辊劳特式或四辊可逆式；精轧机采用四辊可逆式。我国以二辊粗轧加四辊精轧的形式和在原有三辊劳特式轧机的基础上扩建四辊精轧机的改造方案较为普遍，但近年来采用的是四辊粗轧加四辊精轧的形式。美国、加拿大采用二辊加四辊的形式较多，而欧洲和日本则大多采用四辊粗轧加四辊精轧的形式，其优点是：粗、精轧道次分配较合理，产量高；使进入精轧机的来料断面较均匀，质量好；粗轧可以单独生产，较灵活。但粗轧采用四辊轧机，为保证咬入稳定和传递扭矩，须加大工作辊直径，因而轧机结构笨重而复杂，投资也增大。故究竟何种形式合适，需视具体情况而定。

（3）半连续或连续式多机架轧机

连续式中厚钢板轧机，用于大量生产薄而宽、品种单一的中厚板，不适合多品种生产。因此，这种轧机未得到很大发展。

7.1.3 中、厚板生产工艺

轧制中、厚板所用的原料可采用连铸板坯，特厚板也可用扁锭。使用连铸坯已是主流。为了保证板材的组织性能，轧制应该具有足够的压缩比，在美国认为

4~5倍的压缩比已够，日本则要求在6倍以上，而德国则认为3.1倍即可。图7-4为板厚（压缩比）与铁素体晶粒度的关系，可见提高压缩比有利于组织性能的保证。我国生产实践表明，采用厚150mm的连铸坯生产厚12mm以下的钢板较为理想。实际上对一般用途的钢板宜取6~8倍以上，而重要用途者宜8~10倍以上更为可靠。

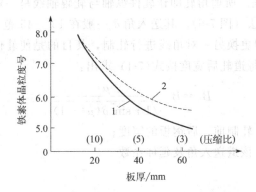

图7-4　板厚（压缩比）与铁素体晶粒度的关系

1—1/2板厚，中部；2—1/2板厚，边部

　　中厚板的轧制过程可分为除鳞、粗轧和精轧几个阶段。除鳞是要将炉生铁皮和次生铁皮除净以免压入表面产生缺陷。这必须在轧制开始趁铁皮尚未压入表面时进行。除鳞方法有多种，例如投以竹枝、食盐等，或采用辊压机、钢丝刷，或用压缩空气、蒸汽吹扫，或用除鳞机和高压水等。

　　实践表明，现代工厂只采用投资很少的高压水除鳞箱及轧机前后的高压水喷头即可满足除鳞要求，其水压过去为12MPa左右，较低，现已采用15~25MPa以上，合金钢则需更高的水压值。

　　粗轧阶段的主要任务是将板坯或扁锭展宽到所需要的宽度并进行大压缩延伸，为此而有多种操作方法，主要的有纵轧法、横轧法、角轧法、综合轧法以及最近日本开发的平面形状控制法（MAS）等。

　　① 全纵轧法。所谓纵轧即钢板轧制的延伸方向与原料（锭、坯）纵轴方向相重合。当板坯宽度大于或等于钢板宽度时，即可不用展宽而直接纵轧成成品，这可称为全纵轧操作方式。其优点是产量高，且钢锭头部的缺陷不致扩展到钢板的长度上，但存在着钢板横向性能太低的缺点，因其在轧制中始终只向一个方向延伸，使钢中偏析和夹杂等呈明显条带状分布，带来钢板组织和性能的严重各向异性，使横向性能往往不合格。故此种操作法实际用得不多。

　　② 横轧-纵轧法或综合轧法。所谓横轧即钢板延伸方向与原料纵轴方向垂直，而横轧-纵轧法则是先进行横轧，将板坯展宽至所需宽度以后，再转90°进行

纵轧，直至完成。故此法又称综合轧法，是生产中、厚板最常用的方法。其优点是：板坯宽度和钢板宽度可以灵活配合，并可提高横向性能，减少钢板的各向异性，因而它更适合于以连铸坯为原料的钢板生产，但它使产量有所降低，并易使钢板成桶形，增加切边损失，降低成材率（图7-5）。此外，由于横向伸长率不大，使钢板组织性能的各向异性改善不多，横向性能往往仍嫌不足。

③ 角轧-纵轧法。所谓角轧即让轧件纵轴与轧辊轴线呈一定角度将轧件送入轧辊进行轧制的方法（图7-6）。其送入角 δ 一般在 $15°\sim45°$ 范围内。每一对角线轧制 $1\sim2$ 道后，即更换另一对角线进行轧制，其目的是使轧件迅速展宽而又尽量保持正方形状。每道轧后宽度按式(7-1) 求出：

$$B_2 = B_1 \frac{\mu}{\sqrt{1+\sin^2\delta(\mu^2-1)}} \tag{7-1}$$

式中　B_1，B_2——轧制前、后钢板的宽度；

　　　δ，μ——该道送入角及延伸系数。

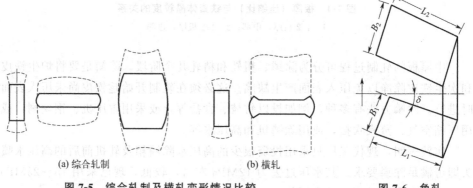

(a) 综合轧制　　　　　　　　(b) 横轧

图 7-5　综合轧制及横轧变形情况比较　　　　　　图 7-6　角轧

角轧的优点是可以改善咬入条件、提高压下量和减少咬入时产生的巨大冲击，有利于设备的维护；板坯太窄时还可防止轧件在导板上"横搁"。缺点是需要拨钢，使轧制时间延长，降低产量，且送入角及钢板形状难以正确控制，使切损增大，使成材率降低；劳动强度大，操作复杂，难以实现自动化。故只在轧机较弱或板坯较窄时才采用。

④ 全横轧法。此法是将板坯进行横轧直至轧成成品，显然，这只有当板坯长度大于或等于钢板宽度时才能采用。若以连铸坯为原料，则全横轧法与全纵轧法一样都会使钢板的组织与性能产生明显的各向异性。但当使用初轧坯为原料时，则横轧法比纵轧法具有更多优点：首先是横轧大大减轻了钢板组织和性能的各向异性，显著提高钢板横向的塑性和冲击韧性（图7-7），因而提高了钢板综

合性能的合格率。此外，横轧比综合轧制可以得到更齐整的边部，钢板不成桶形，因而减少切损，提高成材率。还由于减少一次转钢时间，使产量也有所提高。因此横轧法经常应用于以初轧坯为原料的厚板厂。

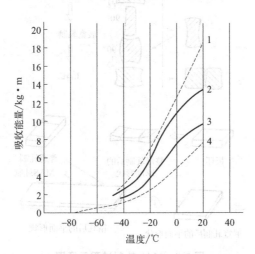

图 7-7　横轧效果举例（2mmV 形缺口冲击值）

1，4—纵轧纵向及横向；2，3—横轧纵向及横向

⑤ 平面形状控制轧法。即 MAS 轧制法及差厚展宽轧制法，综合轧制法是中厚板常用的轧法，一般可分为三步，首先是纵轧 1～2 道以平整板坯，称为整形轧制，然后转 90°进行横轧展宽，最后再转 90°进行纵轧成材。综合轧制易使钢板成桶形，增加切损，降低成材率。日本新开发的平面形状控制轧法就是在成形轧制或展宽轧制时改变板坯两端的厚度形状，以达到消除桶形，提高成材率的目的。

MAS 轧制法是日本川崎制铁所水岛厂钢板平面形状自动控制轧法的简称，由于坯形似狗骨，故又称其为狗骨头轧制（DBR）法。其过程如图 7-8 所示。轧制中为了控制切边损失，在整形轧制的最后一道中沿轧制方向给予预定的厚度变化，称为整形 MAS 轧法；而为了控制头尾切损，在展宽轧制的最后道次沿轧制方向给予预定的厚度变化，则称为展宽 MAS 轧法。

之后日本又开发出新的平面形状控制法，称为差厚展宽轧制法，其过程和原理如图 7-9 所示。如图 7-9(a) 在展宽轧制中平面形状出现桶形，端部宽度比中部要窄 ΔB，令窄端部的长度为 αL（其中 α 为系数，取 0.1～0.12，L 为板坯长度即轧件宽度），若把此部分展宽到与中部同宽，就可得到矩形，纵轧后边将基本平直。为此进行如图 7-9(b) 那样的轧制，即将轧辊倾斜一个角度 θ，在端部多压下 Δh_e 的量，让它多展宽一点，使其成矩形。取微分单元 dx 加以考虑（令 $B=1$）

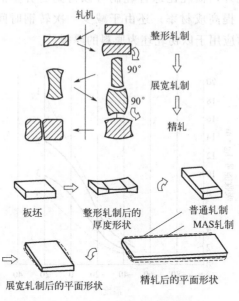

图 7-8　MAS 轧制过程示意图

$$\Delta h_e = h \Delta B / B$$

因此辊倾角 θ 的正切为

$$\tan\theta = \Delta h_e / \alpha L = h \Delta B / \alpha L B \tag{7-2}$$

$$S_1 = h + \left(\frac{L' + L}{2} - \alpha L\right) \tan\theta \tag{7-3}$$

$$S_2 = h - \left(\frac{L' - L}{2} + \alpha L\right) \tan\theta \tag{7-4}$$

式中　L'——两压下螺栓中心距。其余符号见图 7-9。

　　采用 MAS 轧制法或差厚展宽轧制法可以明显减少切边切头损失，提高了成材率。日本水岛制铁所第二厚板厂用 MAS 法可提高成材率 4.4%。在普通轧制法中展宽比愈大，切损愈大，而在 MAS 法中切损与展宽比无关。

　　但是在采用这些新的轧制方法，尤其是 MAS 轧制法时，要求轧机必须高度自动化，并利用平面形状预测数学模型，通过计算机自动控制才能实现。现代厚板轧机都没有液压 AGC 系统来控制厚度精度，一些厂家还利用 AGC 技术生产楔形板或变厚度板。很多中厚板轧机采用工作辊交叉（PC）或窜辊技术（HCW 或 CVC）控制钢板的凸度和板形。

7.1.4　中、厚板轧制—粗轧、精轧

　　中、厚板的粗轧和精轧阶段并无明显的界限。通常双机架式轧机的第一架称

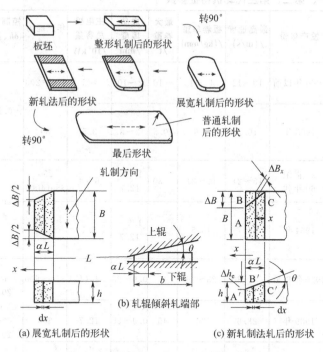

图 7-9　差厚展宽轧制法过程及原理示意图

为粗轧机，第二架为精轧机。粗轧的主要任务是整形、展宽和延伸，精轧则是延伸和质量控制，包括厚度、板形、性能及表面质量的控制，后者主要取决于精轧辊面的精度和硬度。

7.1.5　中、厚板轧制—精整

中、厚板轧后精整包括矫直、冷却、划线、剪切、检查及清理缺陷乃至热处理和酸碱洗等。现代化厚板厂所有精整工序多是布置在金属流程线上，由辊道及移送机进行转运，机械化自动化水平日益提高。

7.2　热连轧带钢生产

自 1924 年第一台带钢热连轧机投产以来，连轧带钢生产技术得到很大的发展，特别是 20 世纪 60 年代以来，由于可控硅供电电气传动及计算机自动控制等新技术的发展，液压传动、升速轧制、层流冷却等新设备新工艺的利用，热连轧机的发展更为迅速。由表 7-1 可以看出热连轧机的历史发展概况。

轧机类别及代表轧机	投产年份	最高速度/(m/s)	板卷单重/(kg/mm)	最大卷重/t	成品厚度/mm	主电机总容量/10^4kW	年产能力/10^4t	控制方式及水平厚差 δh、宽度 Δb、卷温差 δt
第一代热连轧机	1960 年以前	10～12	4～11	～10	2～10	≤5	100～200	手控机械化 ±0.15mm、±15mm、±50℃
鞍钢 2800mm/1700mm 半连轧机	1958 年	10.2	8.6	10.5	2～8	3.5	80	
第二代热连轧机	20 世纪 60 年代	15～21	12～21	～30	1.5～12.7	6～8	250 350(400)	局部自控 ±(0.08～0.10mm)、±(5～10mm)、±30℃
敦刻尔克 2050mm 连轧机	1964 年	16.7	18.5	33	1.5～12.7	7.1	400	
第三代热连轧机	1970 年以后	20～30	23～36	45	0.9～25	≥10(15)	350～600	全线计算机控制 20 世纪 70 年代：±0.05mm、<±5mm、±(10～15℃) 20 世纪 80 年代：±0.03mm、<±5mm、<±10℃
君津 2286mm 全连轧机	1969 年	28.6	36	45	0.9～25	12.7	600	
宝钢 2050mm 3/4 连轧机	1989 年	25.1	23.6	44.5	1.2～25.4	10.21	400	

7.2.1　现代热连轧机的发展趋势和特点

① 为了提高产量而不断提高速度，加大卷重和主电机容量、增加轧机架数和轧辊尺寸、采用快速换辊及换剪刀装置等，使轧制速度普遍超过 15～20m/s，甚至高达 30m/s 以上，卷重达 45t 以上，产品厚度扩大到 0.8～25mm，年产可达 300 万～600 万吨；但到最近，大厂追求产量的势头已见停滞，而转向节约消耗，提高质量方向发展。

② 当前降低成本，提高经济效益，节约能耗和提高成材率成为关键问题，为此而迅速开发了一系列新工艺新技术，突出的是普遍采用连铸坯及热装和连铸连轧工艺、无头轧制工艺、低温加热轧制、热卷取箱和热轧工艺润滑及车间布置革新等。

③ 为了提高质量而采用高度自动化和全面计算机控制，采用各种 AGC 系统和液压控制技术，开发各种控制板形的新技术和新轧机，利用升速轧制和层流冷却以控制钢板温度与性能，使厚度精度由过去人工控制的 ±0.2mm 提高到 ±0.05mm，终轧和卷取温度控制在 ±15℃ 以内。

在工业发达国家中，热连轧带钢已占板带钢总产量的 80% 左右，占钢材总产量的 50% 以上，因而在现代轧钢生产中占着统治地位。现代板带热连轧生产还出现了很多新技术，例如，薄板坯连铸连轧生产技术、无头轧制技术等，全面提高了产量、质量和成材率（表 7-2）。

▫ 表 7-2 热连轧机生产技术（新技术）

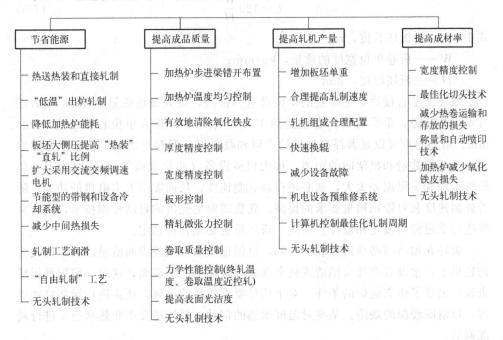

节省能源	提高成品质量	提高轧机产量	提高成材率
热送热装和直接轧制	加热炉步进梁错开布置	增加板坯单重	宽度精度控制
"低温"出炉轧制	加热炉温度均匀控制	合理提高轧制速度	最佳化切头技术
降低加热炉能耗	有效地清除氧化铁皮	轧机组成合理配置	减少热卷运输和存放的损失
板坯大侧压提高"热装""直轧"比例	厚度精度控制	快速换辊	称量和自动喷印技术
扩大采用交流交频调速电机	宽度精度控制	减少设备故障	加热炉减少氧化铁皮损失
节能型的带钢和设备冷却系统	板形控制	机电设备预维修系统	无头轧制技术
减少中间热损失	精轧微张力控制	计算机控制最佳化轧制周期	
轧制工艺润滑	卷取质量控制	无头轧制技术	
"自由轧制"工艺	力学性能控制(终轧温度、卷取温度近控轧)		
无头轧制技术	提高表面光洁度		
	无头轧制技术		

我国自 20 世纪 80 年代后，热连轧带钢生产得到迅速发展，到 2007 年我国宽带钢热轧机已有 70 余套，总生产能力 19500 万吨。其中宽 2000mm 以上热连轧机 11 套，1700～2000mm 的 16 套，1200～1700mm 的 20 套，薄（中）板坯连铸连轧机 20 套及炉卷轧机 4 套。我国热轧带钢生产技术已接近世界先进水平。

7.2.2 热轧带钢生产工艺

热轧带钢生产工艺过程主要包括原料选择、加热、粗轧、卷板、焊接、精轧、冷却及飞剪、卷取等。

(1) 原材料选择

热连轧带钢所用的原料主要是初轧板坯和连铸板坯。由于连铸坯的性能均匀，形状规整，便于加大坯重来提高轧机产量，故它对热带连轧机更为合适，其所占比例也日趋增加，个别厂家采用的连铸坯比例达 100%。热带连轧机所用板坯厚度一般为 150～250mm，多数为 200～250mm，最厚达 300～350mm。热带连轧机采用全纵轧法轧制，故板坯宽度一般与轧成的带钢宽度相同或大于带钢宽度 50～100mm。板坯宽度取决于热带连轧机的辊身长度，一般为 1550～2300mm。板坯长度受加热炉炉膛宽度的限制，还受轧件温降和终轧温度的限制，一般为 9～12m，最长达 15m。对于板坯宽度与带钢宽度相同的情况下，板坯长度与板坯厚度和单位卷重（即板卷单位宽度的质量）的关系如下：

$$L=129\frac{W}{H} \tag{7-5}$$

式中　L——板坯长度，m；

　　　W——板卷单位宽度的质量，kg/mm；

　　　H——板坯厚度，mm。

板坯质量直接决定了带卷的单位卷重。目前，最大板坯质量达 45t，今后还有增大的趋势，带卷的单位卷重达到 15～25kg/mm，最大单位卷重已达 36kg/mm。增加卷重可以显著提高轧机的产量和收得率。但卷重增加，就必须考虑增加工作机架数量和机架间的距离，加大机械设备（如卷取机等），同时为了避免轧件温降和头尾温差太大，就必须提高轧制速度，从而需增大主电机的功率。随着轧制速度和对带钢质量要求的提高，轧机需要更先进的自动控制技术，用计算机进行全过程的设定和监控。因此，板坯质量必须合理选定。

板坯在加热前必须清理表面缺陷，以保证成品带钢的表面质量。在一些板坯初轧机上，常设有在线火焰清理机全面清理板坯上、下表面，这对一般钢种板坯来说，创造了热态装炉的条件。对于质量要求较高的板坯，还需进行局部修磨清理，以清除较深的缺陷。某些对温度敏感的钢种，板坯还要求在热状态下进行局部修磨。

（2）加热

板坯加热工艺及其所采用的连续加热炉型式，基本上与中厚板相类似，由于板坯较长，故炉子宽度一般比中厚板要大得多，其膛内达 9.6～15.6m。为了适应热连轧机产量增大的需要，现代连续式加热炉，无论是热滑轨式或步进式，一方面都采用多段（6～8 段以上）供热方式，以便延长炉子高温区，实现强化操作快速烧钢，提高炉底单位面积产量。另一方面尽可能加大炉宽和炉长，扩大炉子容量。为了增加炉长，最好采用步进式炉，它是现代热连轧机加热炉的主流。

为了节约热能消耗，近年来板坯热装和直接轧制技术得到迅猛发展。热装是将连铸坯或初轧坯在热状态下装入加热炉，热装温度越高，则节能越多。热装对板坯的温度要求不如直接轧制严格。直接轧制则是板坯在连铸或初轧之后，不再入加热炉加热而只略经边部补偿加热，即直接进行的轧制。

（3）粗轧

热带轧制和中、厚板轧制一样，也分为除鳞、粗轧和精轧几个阶段，只是在粗轧阶段的宽度控制不但不用展宽，反而要采用立辊对宽度进行压缩，以调节板坯宽度和提高除鳞效果。板坯除鳞以后，接着进入二辊或四辊轧机轧制（此时板坯厚度大，温度高，塑性好，抗力小，故选用二辊轧机即可满足工艺要求）。随着板坯厚度的减薄和温度的下降，变形抗力增大，而板形及厚度精度要求也逐渐提高，故须采用强大的四辊轧机进行压下，才能保证足够的压下量和较好的板形。为了使钢板的侧边平整和控制宽度精确，在以后的每架四辊粗轧机前面，一般皆设置有小立辊进行轧边。

现代热带连轧机的精轧机组大都是由6～8架组成，并没有什么区别，但其粗轧机组的组成和布置却不相同，这正是各种形式热连轧机主要特征之所在。图7-10为几种典型轧机的粗轧机组布置形式示意图。由图可知，热带连轧机主要区分为全连续式、半连续式和3/4连续式三大类，不管是哪一类，实际上，其粗轧机组都不是同时在几个机架上对板坯进行连续轧制的，因为粗轧阶段轧件较短，厚度较大，温度降较慢，难以实现连轧，也不必进行连轧。因此各粗轧机架间的距离须根据轧件走出前一机架以后再进入下一机架的原则来确定。

① 全连续式轧机　所谓全连续就是指轧件自始至终没有逆向轧制的道次，而半连续则是指粗轧机组各机架主要或全部为可逆式。全连续式轧机粗轧机由5～6个机架组成，每架轧制一道，全部为不可逆式，大都采用交流电机传动。这种轧机产量可高达400万～600万吨/年，适合于大批量单一品种生产，操作简单，维护方便，但设备多，投资大，轧制流程线或厂房长度增大。为了减少粗轧机架，有的连续式轧机第一或第二架设计成下辊，可以利用斜楔自由升降，借以实现空载运回再轧一道，以减少轧机的数目，可称为空载返回连续式轧机。

② 半连续式轧机　半连续式轧机有两种形式：粗轧机组由一架不可逆式二辊破鳞机架和一架可逆式四辊机架组成，主要用于生产成卷带钢，由于二辊轧机破鳞效果差，故现在很少采用；粗轧机组是由两架可逆式轧机组成，主要用于复合半连续轧机，设有中厚板加工线设备，既生产板卷，又生产中厚板。这样，半连续式轧板粗轧阶段道次可灵活调整，设备和投资都较少，故适用于产量要求不高、品种范围又广的情况。

③ 3/4连续式轧机　全连续式轧机的粗轧机组每架只轧一道，轧制时间往往要比精轧机组的轧制时间少很多，亦即粗轧机的利用率并不很高，或者说粗轧机生产能力与精轧机不相平衡。近年来，为了充分利用粗轧机，同时也为了减少设备和厂房面积，节约投资，而广泛发展3/4连续式新布置形式，它是在粗轧机组内设置12架可逆式轧机，把粗轧机由六架缩减为四架。

④ 粗轧机组　粗轧机组各机架都采用万能轧机，轧机前都带小立辊，主要目的是控制板卷的宽度，同时也起着对准轧制中心线的作用。在粗轧机组最后一个机架后面，设有带坯测厚仪、测宽仪、测温装置及头尾形状检测系统，利用较

机架名称	立辊～粗1	粗1～粗2	粗2～粗3	粗3～粗4
间距/m	15～17	18～23	25～30	36～42
机架名称	粗4～粗5	粗5～粗6	粗6～精轧	精轧机架间
间距/m	48～64	73～79	115～135	5.5～6

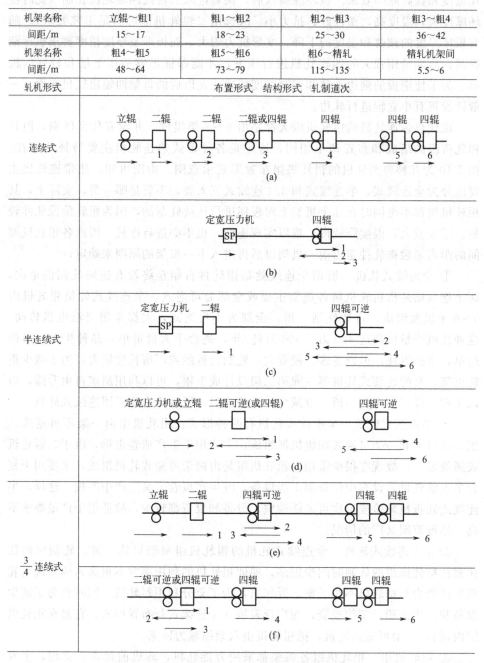

图 7-10   粗轧机组轧制 3～6 道时的典型布置形式

好的测量环境和条件，得出必要的精确数据，以便作为计算机对精轧机组进行前馈控制和对粗轧机组与加热炉进行反馈控制的依据。

（4）精轧

由粗轧机组轧出的带钢坯，经百多米长的中间辊道输送到精轧机组进行精轧。精轧机组的布置比较简单，如图7-11所示。带坯在进入精轧机之前，首先要进行测温、测厚并接着用飞剪切去头部和尾部。切头的目的是除去温度过低的头部以免损伤辊面，并防止"舌头""鱼尾"卡在机架间的导向装置或辊道缝隙中。有时还要把轧件的后端切去，以防后端的"鱼尾"或"舌头"给卷取及其后的精整工序带来困难。现代的切头飞剪机一般装置有两对刀刃，一对为弧形刀，用以切头，这有利于减小轧机咬入时的冲击负荷，也有利于咬钢和减小剪切力；另一对为直刀，用于切尾。两对刀刃在操作上比较复杂，实际上往往都是一对刀刃，切成钝角形或圆弧形。据现场反映，这样做，在尾部轧制后并没有出现燕尾。甚至有的工厂对厚而窄的带钢根本不剪尾部。飞剪形式有曲拐式和转鼓式两种，二者各有利弊，应按其具体情况选型。

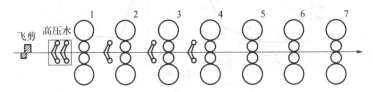

图 7-11　精轧机组布置简图

带钢钢坯切头以后，即进行除鳞。现代轧机已取消精轧水平辊破鳞机，只在飞剪与第一架精轧机之间设有高压水除鳞箱以及在精轧机的前几机架之前设高压水喷嘴，利用高压水破除次生氧化铁皮即可满足要求。除鳞后进入精轧机轧制。精轧机组一般由6～7架组成连轧，有的还留出第8架、第9架的位置。增加精轧机架数可使精轧来料加厚，提高产量和轧制速度，并可轧制更薄的产品。因为粗轧原料增加和轧制速度提高，必然减少温度降，使精轧温度得以提高，减少头尾温度差，从而为轧制更薄的带钢创造了条件。

过去精轧机组速度的提高，主要受穿带速度及电气自动控制技术的限制。为了稳妥安全，防止事故，精轧机穿带速度不能太高，并且在轧件出末架以后，入卷取机以前，轧件运送速度也不能太高，以免带钢在辊道上产生飘浮，故在20世纪60年代以前轧制速度长期得不到提高。随着电气控制技术的进步，出现了升速轧制、层流冷却等新工艺新技术以后，采取了低速穿带然后与卷取机同步升速进行高速轧制的办法，才使轧制速度大幅度提高。

现在一般的精轧速度变化如图7-12所示，图中 A 段从带钢进入 $F_1 \sim F_7$，直至其头部到计时器设定点 P 为止，保持恒定的穿带速度。B 段为带钢前端从 P 点到进入卷取机刀止，进行较低的加速；C 段为从前端进入卷取机卷上后开始到预先给定的速度上限为止，进行较高的加速，此加速主要取决于终轧温度和提高产量的要求；D 段为达到最高速度后，至带钢尾部离开减速开始机架 F_1 为止，维持最高速度；E 段为带钢尾端离开最末机架后，到达卷取机前要使带钢停住，但若减速过急，则会使带钢在输出辊道上堆叠，因此当尾端尚未出精轧机组之前，就应提前减速到规定的速度；F 段为带钢离开最末机架 F_7 以后，立即将轧机转速回复到后续带钢的穿带速度。

　　总之，由于采取升速轧制，可使终轧温度控制得更加精确和使轧制速度大为提高，现在末架的轧制速度一般由过去的 10m/s 左右提高到 24m/s，最高可达 28m/s，甚至 30m/s。可以轧制的带钢厚度薄到 $1.0 \sim 1.2$mm，甚至到 0.8mm。

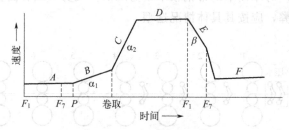

图 7-12　一般精轧速度图

　　提高精轧机组的轧制速度，要求相应增加电机功率。目前，精轧机每架电机功率为 $6000 \sim 12000$kW。由于精轧机架数增多，头几架压下量和轧制力矩增大，为保证扭转强度，要求增大精轧工作辊辊径，而对于后面的轧机，由于压下量变小，可采用 650mm 的工作辊径。日本最近在热连轧机上进行试验，将后几架轧机的上工作辊直径由 650mm 改成 408mm，采用单辊传动的异径辊轧制，使轧制压力降低 $20\% \sim 40\%$。近年国外研究采用将粗轧后的带坯进行卷取再进入精轧机轧制的技术，用以代替升速轧制，已取得良好的经济效果。

　　为适应高速度轧制，必须相应地有速度快、准确性高的压下系统和必要的自动控制系统，才能保证轧制过程中及时而准确地调整各项参数的变化和波动，得出高质量的钢板。精轧机压下装置的形式最常见的是电动蜗轮蜗杆式。近代发展的液压压下装置在热带连轧机上也已开始采用，它的调节速度快，灵敏度高，惯性小，效率高，其响应速度比电动压下的快七倍以上，但其维护比较困难，并且控制范围还受到液压缸的活塞杆限制。因此，有的轧机把它与电动压下结合起来使用，以电动压下作为粗调，以液压压下作为精调。

在精轧机组各机架之间设有活套支持器。其作用，一是缓冲金属流量的变化，给控带调整以时间，并防止成叠进钢，造成事故；二是调节各架的轧制速度以保持连轧常数，当各种工艺参数产生波动时发出信号和命令，以便快速进行调整；三是带钢能在一定范围保持恒定的小张力，防止因张力过大引起带钢拉缩，造成宽度不均甚至拉断。最后几个轧机架间的活套支持器，还可以调节张力，以控制带钢厚度。因此，对活套支持器的基本要求便是动作反应要快，而且自动进行控制，并能在活套变化时始终保持恒张力。活套支持器可分为电动、气动、液压及气-液联合的几种。过去的电动恒力矩活套支持器的缺点是张力变化较大，动作反应慢，控制系统复杂。但近来采用了晶闸管供电并改进了控制系统，这种恒张力电动活套支持器，反应灵活，便于自动控制，故在新建的热带连轧机上得到应用。液压的活套支持器反应迅速，工作平稳，但维护困难；气-液联合驱动的活套支持器，可用在精轧机组最后两台轧机之间调节带钢张力。

为了灵活控制辊型和板形，现代热带连轧机上皆设有液压弯辊装置，以便根据情况实行正弯辊或负弯辊。

近代热连轧机一般约每 4h 换工作辊一次，全年换辊达 2000 次以上。因此为了提高产量，必须进行快速换辊以缩短换辊时间，过去的套筒换辊方式已被淘汰。现在以转搁式和小车横移式换辊机构居多，后者比前者结构简单，工作可靠，但在换支撑辊时需将小车吊走或移走。

为了使带钢厚度及力学性能均匀，必须使带钢首尾保持一定的终轧温度。而控制调整精轧出口速度则是控制终轧温度的最重要、最活跃和最有效的手段。实践表明，只需采用 $0.025 \sim 0.125 \mathrm{m/s}^2$ 的加速度，即可使终轧温度维持恒定范围。除调整轧制速度以外，在各机架之间还设有喷水装置，也可起一定的作用。

为测量轧件的温度，在精轧入口和出口处都设有温度测量装置。为测量带钢宽度和厚度，精轧后设有测宽仪和 X 射线测厚仪。测厚仪和精轧机架上的测压仪、活套支持器、速度调节器及厚度计式厚度自动调节装置组成厚度自动控制系统，用以控制带钢的厚度精度。

当采用无头轧制工艺时，其工艺流程与传统轧制工艺的比较如图 7-13 所示。无头轧制是在传统轧制机组上，仅将经粗轧后的中间坯进行热卷、开卷、剪切头尾、焊接及刮削毛刺，然后进行精轧，精轧后再经飞剪切断然后卷取，其优点是：

① 无穿带问题，按一定速度及恒定张力进行轧制，不受传统轧法的速度限制，不仅可使生产率提高 15%，而且提高厚度精度及改善板形，使成材率也提高 0.5% ~ 1.0%。

② 无穿带、甩尾、飘浮等问题，带钢运行稳定，可生产 0.8 ~ 1.0mm 薄带材。

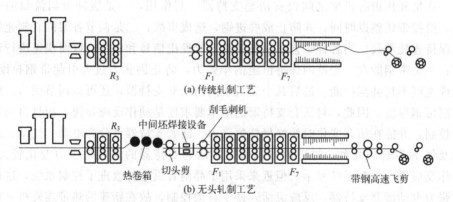

图 7-13   无头轧制与传统轧制的工艺流程比较

③ 有利于润滑轧制、大压下量轧制及进行强力冷却，为生产表面与性能质量好的板带创造了条件。

④ 减少轧辊冲击和粘辊，延长轧辊寿命。

复习思考题

1. 何谓全连续式轧机？

2. 何谓半连续式轧机？

3. 何谓粗轧？

4. 何谓精轧？

5. 当采用无头轧制工艺时，其工艺流程与传统轧制工艺有何不同？

第**8**章

冷轧薄板、带材生产

8.1 冷轧薄板、带钢材生产概述

薄板、带材当其厚度小至一定限度（例如＜1mm）时，由于保温和均温的困难，很难实现热轧，并且随着钢板宽厚比的增大，在无张力的热轧条件下，要保证良好的板形也非常困难。采用冷轧方法可以较好地解决这些问题。

首先，它不存在温降和温度不均的缺点，因而可以生产很薄、尺寸公差很严和长度很大的板卷。其次，冷轧板、带材表面光洁度可以很高，还可根据要求赋予各种特殊表面。这一优点甚至使得某些产品虽然从厚度来看还可采用热轧法生产，但出于对表面光洁度的要求却宁可采用冷轧。此外，近来从降低板卷的热轧和冷轧所需总能耗的观点出发，还有人主张加大冷轧原料板的厚度，扩大冷轧的范围，以便在热轧时实现低温加热轧制，大幅度节约能源的消耗。

冷轧板带钢的产品品种很多，生产工艺流程亦各有特点，具有代表性的冷轧板带钢产品主要有金属镀层薄板、深冲钢板、电工硅钢板、不锈钢板、涂层板、复合板等。成品的供应状态有板、卷或纵剪带形式，外形尺寸及技术性能指标等都有国家标准，涉及出口产品有相关国际或组织通用标准。各种冷轧产品生产流程如图 8-1 所示。

8.1.1 冷轧板、带钢产品工艺特点

冷轧板带钢是由热轧板带钢采用冷轧方式生产出的具有较高性能和优良品质的板带产品。它以其精确的尺寸、光洁的表面、良好的性能，在板带钢领域迅速崛起。较之热轧，冷轧板带生产中的轧制工序主要有以下几个问题。

① 加工硬化。冷轧在金属的再结晶温度以下进行，晶粒被破碎，产生了很高的位错密度，且不能在加工过程中产生回复再结晶，故板带在冷轧过程中必然产生很大的加工硬化，并随着变形的增加而加剧，从而使变形抗力及轧制压力增大，塑性降低。因此钢材经一定的轧制道次以后，往往要经软化热处理（再结晶

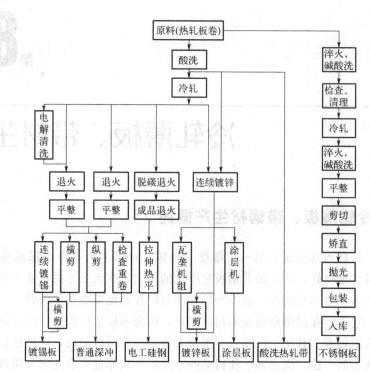

图 8-1　各种冷轧产品生产流程图

退火、固溶处理等），使轧件恢复塑性，降低变形抗力，以便继续轧薄。所以在冷轧时，要根据金属的加工硬化程度，制定压下规程，确定轧制变形量。

② 冷轧中的润滑与冷却。采用工艺冷却和润滑是冷轧工艺中的另一大特点。在冷轧过程中，由于金属的变形及金属与辊面的摩擦而产生的变形热及摩擦热，使轧件和轧辊都要产生较大的温升，而轧件的温度过高会使带钢产生浪形，造成板形不良，因此，润滑对冷轧有十分重要的意义。冷轧中采用的润滑剂兼有润滑和冷却的作用，不仅可以显著减少轧辊和带材间的摩擦，降低轧制压力和能量消耗，同时还能增加金属延伸，提高带材厚度均匀性及表面质量，防止轧件黏附在轧辊上。冷轧板带常用的工艺润滑剂有纱锭油、棕榈油、蓖麻油、棉籽油及各种成分的乳化液等。

③ 冷轧中的张力。采用带张力轧制也是成卷冷轧带钢的主要工艺特点，轧制时所需的张力由位于轧机前后的张力卷筒提供，连续式冷轧机各架之间的张力则依靠控制机架速度来产生。

张力的主要作用有：改变轧件在变形区中的应力状态，降低单位压力，减少能量消耗；改善金属的流动条件，有利于轧件延伸，便于轧制更薄的产品；防止轧件在轧制过程中跑偏，使钢卷紧实齐整，保证冷轧的正常进行；促使带材沿宽度方向的延伸均匀，使所轧带钢保持平直，得到良好的板形。

最大张力值不能大于金属的屈服强度，否则会造成带材在变形区产生塑性变形，甚至断带；最小张力值应保证带材卷紧卷齐。

8.1.2 酸洗工艺

冷轧钢板的原料是热轧钢板，经过热轧的钢带表面会有一层硬而脆的氧化铁皮，它是在高温热轧时生成的，这些氧化物对冷轧是非常有害的，应在冷轧前经过酸洗工艺予以去除。因此酸洗是冷轧生产的第一道工序，酸洗板质量的好坏直接关系到后续深加工工艺的质量。酸洗产品可以用于冷轧、热镀锌或直接作为酸洗卷供货。

目前冷轧生产线主要采用的是连续式盐酸酸洗技术，主要有半连续式（推拉式）酸洗机组、连续塔式酸洗机组和连续卧式酸洗机组三种方式。目前前两种机组已趋淘汰，新建生产线基本采用连续卧式盐酸酸洗机组。连续酸洗生产线的主要工序为：破鳞—酸洗—漂洗—烘干等。

8.1.3 冷轧板带生产设备及工艺流程

（1）冷轧机的分类

冷轧机按轧辊辊系结构分类有二辊式、四辊式和多辊式冷轧机（图 8-2）。二辊轧机是早期出现的比较简单的冷轧机，由于轧机刚度小、产品厚度大、精度差，目前只用于轧制较厚的带钢或作平整机用。四辊式冷轧机是一种多用途的典型冷轧机，实际应用较多。多辊轧机有六辊轧机、十二辊轧机、MKW 偏八辊轧机、HC 轧机（六辊）、泰勒轧机及其他形式的异步轧机等。20 世纪 80 年代以来，不少新建的冷轧机线采用了 HC 轧机。

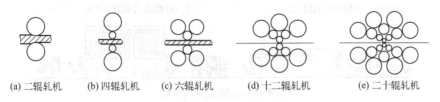

(a) 二辊轧机　　(b) 四辊轧机　　(c) 六辊轧机　　(d) 十二辊轧机　　(e) 二十辊轧机

图 8-2　冷轧机的辊系结构

（2）冷轧机的机架布置

冷轧机按机架布置形式有单机架可逆式和多机架串列式两类（图 8-3）。早期的冷轧机都是单机架形式，生产工艺由单张生产发展为成卷可逆式生产。可逆轧制是带钢在机架上往复地进行多道次轧制，每道次都要启动、加减速、停车、换向并调整压下，因此生产效率较低，产量低。串列式布置的连轧机只需一道次就完成压下变形，是一种高效率的冷轧机，根据轧制品种规格的需要，连轧机的机架数目一般有 2～6 个。

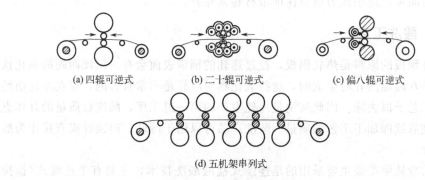

(a) 四辊可逆式　　　　(b) 二十辊可逆式　　　　(c) 偏八辊可逆式

(d) 五机架串列式

图 8-3　冷轧机的机架布置

（3）冷连轧机的发展

20 世纪 60 年代以来，随着液压压下、可控硅调速、厚度自动控制和计算机自动化等技术的发展，冷连轧技术及装备发展迅速，冷连轧机的装备形式经历了三次变化，最早是只有 1 台开卷机和卷取机的常规冷连轧机，以后发展为 2 台开卷机和卷取机的改进形式，同时采用了液压压下、快速换辊、弯辊及自动控制等新技术。第三代全连续冷轧机使冷轧工艺实现了无头轧制，轧机生产能力出现重大突破，产品质量及生产率也大幅度提高。目前全连续冷轧机生产线又有三种形式，如图 8-4 所示。

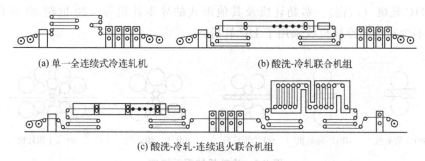

(a) 单一全连续式冷连轧机　　　　　　(b) 酸洗-冷轧联合机组

(c) 酸洗-冷轧-连续退火联合机组

图 8-4　全连续冷轧机生产线的三种连续形式

（4）冷轧带钢的生产工艺

普通薄钢板一般采用厚度为 1.5～6mm 的热轧带钢作为冷轧坯料。冷轧的生产工艺流程是：热轧板卷（原料）—酸洗—冷轧—脱脂—退火—平整—剪切—

成品交货。如果生产镀层板，还有电镀锡、热涂锡、热涂锌等镀层或涂层工序。

冷轧坯料在酸洗之后即可轧制，轧到一定厚度必须进行退火使钢软化。但是轧制过程中，带钢表面有润滑油，而油脂在退火炉中会挥发，挥发物残留在带钢表面上形成的黑斑又很难除去。因此，在退火之前，应洗刷干净带钢表面的油脂，即脱脂工序。脱脂之后的带钢，在保护气体中进行退火。退火后的带钢表面光亮，进一步轧制或平整时就不必酸洗。退火之后的带钢必须进行平整，以获得厚度均匀、表面光洁的产品，并使性能得到调整。平整之后，可根据定货要求对带钢进行剪切。

(5) 镀锌板生产技术

镀锌包括电镀锌和热镀锌两种工艺，目前电镀锌工艺的发展不如热镀锌工艺快，其原因除成本高之外，热镀锌技术发展已使热镀锌产品可以部分取代电镀锌产品。

热镀锌工艺主要有森吉米尔法、改良森吉米尔法和美钢联法等。森吉米尔法是在氧化炉内采用直接火焰清洗方法，将带钢表面轧制油膜去除，带钢表面被氧化，然后带钢进入还原炉加热退火，最后带钢适度冷却后进入锌锅进行热浸镀锌。而改良森吉米尔法是在氧化炉前增设化学清洗段。美钢联法是在全辐射管加热炉前设有化学清洗和电解清洗段，其余的工序和森吉米尔法相同。

8.2 冷轧板带钢生产

8.2.1 冷轧薄钢板生产概述

冷轧板带钢的产品品种很多，生产工艺流程亦各有特点，具有代表性的冷轧板带钢产品主要有金属镀层薄板、深冲钢板、电工硅钢板、不锈钢板、涂层板、复合板等。成品的供应状态有板、卷或纵剪带形式，外形尺寸及技术性能指标等都有国家标准，涉及出口产品有相关国际或组织通用标准。各种冷轧产品生产流程如图 8-5 所示。

8.2.2 冷轧板带钢产品工艺特点

冷轧板带钢是由热轧板带钢采用冷轧方式生产出的具有较高性能和优良品质的板带产品。它以其精确的尺寸、光洁的表面、良好的性能，在板带钢领域迅速崛起。较之热轧，冷轧板带生产中的轧制工序主要有以下几个问题。

(1) 加工温度低，在轧制中将产生不同程度的加工硬化

由于加工硬化，使轧制过程中金属变形抗力增大，轧制压力提高，同时还使金属塑性降低，容易产生脆裂。当钢种一定时，加工硬化的剧烈程度与冷轧变形

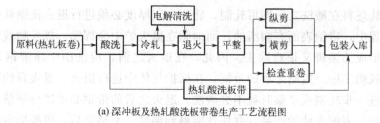

(a) 深冲板及热轧酸洗板带卷生产工艺流程图

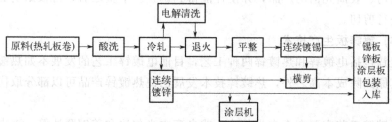

(b) 深镀层薄板生产工艺流程图

(c) 电工硅钢板生产工艺流程图

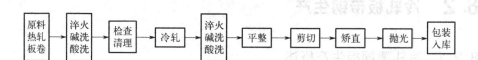

(d) 不锈钢生产工艺流程图

图 8-5　各种冷轧产品生产流程图

程度有关。当变形量加大使加工硬化超过一定程度后，就不能再继续轧制。因此板、带材经受一定的冷轧总变形量之后，往往需经软化热处理（再结晶退火或固溶处理等），使之恢复塑性，降低抗力，以利于继续轧制。生产过程中每两次软化热处理之间所完成的冷轧工作，通常称为一个"轧程"。在一定轧制条件下，钢质愈硬，成品愈薄，所需的轧程愈多。

由于加工硬化，成品冷轧板、带材在出厂之前一般也都需要进行一定的热处理，例如最通常的再结晶退火处理，以使金属软化，全面提高冷轧产品的综合性能，或获得所需的特殊组织和性能。

（2）冷轧中要采用工艺冷却和润滑

① 工艺冷却　冷轧过程中产生的剧烈变形热和摩擦热使轧件和轧辊温度升

高，故必须采用有效的人工冷却。轧制速度愈高，压下量愈大，冷却问题愈显得重要。如何合理地强化冷却成为发展现代高速冷轧机的重要研究课题。

实验研究与理论分析表明，冷轧板带钢的变形功有 84%～88% 转变为热能，使轧件与轧辊的温度升高。我们关心的是在单位时间内发出的热量，即变形发热率，以便采取适当措施及时排除或控制这部分热量。变形发热率是直接正比于轧制平均单位压力、压下量和轧制速度的。因此，采用高速、大压下量的强化轧制方法将使发热率大为增加。如果此时所轧的又是变形抗力较大的钢种，如不锈钢、变压器硅钢等，则发热率就增加得更加剧烈。因而必须加强冷轧过程中的冷却，才能保证过程的顺利进行。

水是比较理想的冷却剂，因其比热容大，吸热率高且成本低廉。油的冷却能力则比水差得多。表 8-1 中给出了水与油的吸热性能的比较资料。由表可知，水的比热容要比油大一倍，热导率水为油的 3.75 倍，挥发潜热水比油大 10 倍以上。由于水具有如此优越的吸热性能，故大多数轧机皆采用水或以水为主要成分的冷却剂。只有某些特殊轧机（如 20 辊箔材轧机），由于工艺润滑与轧辊轴承润滑共用一种润滑剂，才会采取油冷，此时为保证冷却效能，需要供油量足够大。

◻ 表 8-1 水与油的吸热性能比较

项目	比热容[J/(kg·K)]	热导率/[W/(m·K)]	沸点/℃	挥发潜热/(J/kg)
油	2.093	0.146538	315	209340
水	4.197	0.54847	100	2252498

应该指出，水中含有百分之几的油类即足以使其吸热能力降低三分之一左右。因此，轧制薄规格的高速冷轧机的冷却系统往往就是以水代替水油混合液（乳化液），以显著提高吸热能力。

增加冷却液在冷却前后的温度差也是充分提高冷却能力的重要途径。若用高压空气将冷却液雾化，或者采用特制的高压喷嘴喷射，则大大提高其吸热效果并节省冷却液的用量。

实际测温资料表明，即使在采用有效的工艺冷却的条件下，冷轧板卷在卸卷后的温度有时仍达到 130～150℃，甚至还要高。辊面温度过高会引起工作辊淬火层硬度的下降，并有可能促使淬火层内发生组织分解（残余奥氏体的分解），使辊面出现附加的组织应力。

综上所述，为了保证冷轧生产的正常，对轧辊及轧件应采取有效的冷却与控温措施。

② 工艺润滑 冷轧采用工艺润滑的主要作用是减小金属的变形抗力，这不但有助于保证在已有的设备能力条件下实现更大的压下，而且还可使轧机能够经

济可行地生产厚度更小的产品。此外，采用有效的工艺润滑也直接对冷轧过程的发热率以及轧辊的温升起到良好影响。在轧制某些品种时，采用工艺润滑还可以起到防止金属粘辊的作用。

实际上只需事先用喷枪往板面上喷涂一层薄薄的油层就能满足要求。尽管如此，在大规模的冷轧生产中，油的耗用量还是相当可观的，进一步节约用油仍然大有可为。

通过乳化剂的作用把少量的油剂与大量的水混合起来，制成乳状的冷却液（简称"乳化液"）可以较好地解决油的循环使用问题，既能有效地吸收热量，又能保证油剂以较快的速度均匀地从乳化液中离析并黏附在板面与辊面之上。

(3) 冷轧中要采用张力轧制

所谓"张力轧制"就是轧件的轧制变形是在一定的前张力和后张力作用下实现的。张力的作用主要有：防止带材在轧制过程中跑偏；使所轧带材保持平直和良好的板形；降低金属变形抗力，便于轧制更薄的产品；可以起适当调整冷轧机主电机负荷的作用。

轧制带材在张力作用下，若轧件出现不均匀延伸，则沿轧件宽向上的张力分布将会发生相应的变化，即延伸较大一侧的张力减小，而延伸较小的一侧则张力增大，结果便自动地起到纠正跑偏的作用。这种纠偏作用是瞬时反应的，同步性好，无控制时滞，在某些情况下，它可以完全代替凸形辊缝法与导板夹逼法，使轧件在基本上平行的辊缝中轧制时仍有可能保证稳定轧制。这就有利于轧制更精确的产品，并可简化操作。张力纠偏的缺点是张力分布的改变不能超过一定限度，否则会造成裂边、轧折甚至引起断带。

由于轧件的不均匀延伸将会改变沿带材宽度方向上的张力分布，而这种改变后的张力分布反过来又会促进延伸的均匀化，故张力轧制有利于保证良好的板形。此外，在轧制过程中，当未加张力时，不均匀延伸将使轧件内部出现残余应力。加上张力后，可以大大削减甚至消除压应力，这就大大减轻了在轧制中板面出现浪皱的可能，保证冷轧的正常进行。当然，所加张力的大小也不应使板内拉应力超过允许值。

带材在任何时刻下的张应力 σ_z，可用下式表示

$$\sigma_z = \sigma_{z0} + \frac{E}{l_0} \int_{t_0}^{t_1} \Delta v \, \mathrm{d}t \qquad (8\text{-}1)$$

同理，设带材断面积为 A，则总张力 $Q = A\sigma_{z0}$ 或

$$Q = A\sigma_{z0} + \frac{AE}{l_0} \int_{t_0}^{t_1} \Delta v \, \mathrm{d}t \qquad (8\text{-}2)$$

式中　　l_0——带材上 a、b 两点间的原始距离；

　　　　σ_{z0}——带材原始张应力；

Δv——b 点速度 v_b 与 a 点速度 v_a 之差，$\Delta v = v_b - v_a$；

E——带材的弹性模量。

若把 a、b 两点分别看成是连轧机中前架的出口点与后架的入口点，l_0 近似地视为机架间的距离，则式(8-1)、式(8-2) 即表示了机架间张力的建立与变化的规律。当原始张力等于零，则式(8-1) 表示张力的建立过程；若张力不为零，则该式表示张力从一个稳定态到另一个稳定态的变化规律。由式(8-1) 可知，张力的产生归根结底是速度差的产生与变化规律决定的。

8.3 冷轧板、带材生产工艺流程

8.3.1 冷轧板、带材的主要品种和工艺流程

具有代表性的有色金属板、带产品是铝、铜及其合金的板、带材和箔材。

铝箔生产的技术难度较大，工艺流程较为复杂。例如厚度为 0.007mm 的纯铝箔材的生产工艺流程为：坯料带卷→重卷或剪切→坯料退火→粗轧→精轧→合卷并切边→中间退火→清洗→双合轧制→分卷→成品退火→剪切→检查→包装。

而铝合金箔材（LF21、LF2、LY12 合金）的生产工艺流程为：坯料卷筒→重卷或剪切→坯料退火→粗轧→精轧→切边→中间退火→清洗→精轧→剪切→成卷退火→检查→包装。

铝和铝合金塑性好，轧制时加工率大，轧纯铝箔材时总加工率可达 99%，且其变形抗力也低，故轧制时一般多采用二辊或四辊轧机，很少选用多辊轧机，箔材轧制时对辊型要求极为精确，轧制不同厚度的坯料，需要采用不同的辊型，否则将产生各种缺陷甚至拉断。在一台轧机上往往只轧一道，只有在粗轧（厚 0.8~0.04mm）时，才在一台轧机上进行多道次轧制。但也有的粗轧精轧各道次全在一台轧机上进行。或粗轧一台，而精轧各道分别在几台或一台轧机上进行。由于塑性高，对于厚 0.007mm 以上的产品可不用中间退火。纯铝箔材一般中间退火在 150~180℃ 范围，达到温度后即出炉，不用保温，这样强度降低不大，有利于张力轧制，若温度过高及进行保温，则强度降低太多反而不利于轧制。故计算轧制时的总加工率可不考虑中间退火的影响。为使箔材表面不留下润滑剂残余物，成品退火的保温要久些（4~8h）。当采用低闪点润滑剂时，在双合前可不进行清洗。清洗工序也有很小的加工率（<7%），但对这点小加工率往往忽略不计。

具有代表性的冷轧板、带钢产品是：金属镀层薄板（包括镀锡板与镀锌板等）、深冲钢板（以汽车板为其典型）、电工用硅钢板与不锈钢板等。

镀锡板是镀层钢板中厚度最小的品种。过去曾经一度流行的热浸镀锡法被较先进的电镀锡工艺所取代。电镀锡板的锡层厚度较小而且外表美观。镀锌板厚度

大于镀锡产品，其抗大气腐蚀性能相当好。连续镀锌工艺适于处理成卷带钢，表面美观，铁锌合金过渡层很薄，故加工性能很好。镀锌板经辊压成瓦垄形后作为屋面瓦使用；其他用途还有用来制造日用器皿、汽油桶、车辆用品以及农机具等。

非金属镀层的薄钢板除搪瓷板外，还有塑料覆面薄板以及各种化学表面处理钢板，其用途甚广。前者可以代替镍、黄铜、不锈钢等制造抗腐蚀部件或构件，多用于车辆、船舶、电气器具、仪表外壳以及家具的制造。

深冲钢板的典型代表是汽车钢板，它是薄钢板的另一重要类型，其厚度多在0.5～0.6mm范围内。在汽车工业发达的国家中，此类钢板的产量约占全部薄钢板的三分之一以上。汽车钢板的特点是宽度较大（达2000mm以下），并且对表面质量与深冲性能要求较高，是需求量庞大而且生产难度也较高的优质板品种。

镀层钢板和深冲钢板两大类产品，再加上其他一些一般结构用途的普通薄钢板，在产量上占了全部薄板的大部分。余下的便是各种特殊用钢与高强钢等品种。这主要包括电工用硅钢板（电机、变压器钢板），耐热、不锈钢板等。这些品种虽然需要量不算很大，却多是国民经济发展与国防现代化所急需的关键性产品。

一般可以认为冷轧薄板、带钢中有四大典型产品，即涂镀层板、汽车板、不锈钢板与电工硅钢板，其生产工艺流程大致如图8-6所示。

8.3.2 原料板卷的酸洗与除鳞

为了保证板带的表面质量，带坯在冷轧前必须去除氧化铁皮，即除鳞。除鳞的方法目前还是以酸洗为主，其次为喷砂清理或酸碱混合处理。近年还在试验研究无酸除鳞的新工艺，在高温下利用HCl将氧化铁皮还原成铁粉和水，并被水冲洗掉，但生产能力较低。此外，日本利用高压水喷铁矿砂以除铁皮（NID法），已取得了很好的效果。

热轧带钢盐酸酸洗的机理有别于硫酸酸洗，首先在于前者能同时较快地溶蚀各种不同类型的氧化铁皮，而对金属基体的侵蚀却大为减弱。因此，酸洗反应可以从外层往里进行。

因此，盐酸酸洗的效率对带钢氧化铁皮层的相对组成并不敏感，它不像硫酸酸洗那样，在酸洗反应速率方面相当程度受制于氧化铁皮层在酸洗前的松裂程度。实验表明，盐酸酸洗速率约等于硫酸酸洗的两倍，而且酸洗后的板带钢表面银亮洁净，深受欢迎。

为了提高生产效率，现代冷轧车间一般都设有连续酸洗加工线。20世纪60年代以前，由于盐酸酸洗的一些诸如废酸的回收与再生等技术问题未获解决，带钢的连续酸洗几乎毫无例外地均采用硫酸酸洗。以后，随着化工技术的发展，盐酸酸洗在大规模生产中应用的主要关键技术已被攻克，故新建的冷轧车间普遍采用效率高而且质量好的盐酸酸洗工艺。图8-7为本钢浦项冷轧薄板有限责任公司平面布置图。

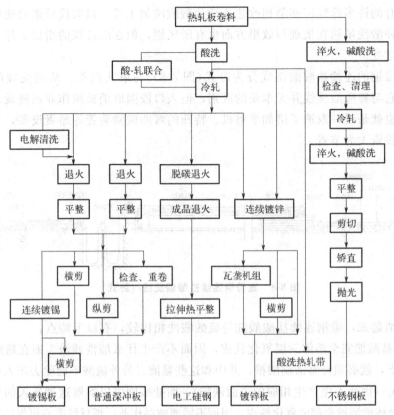

图 8-6 冷轧板带钢生产工艺流程

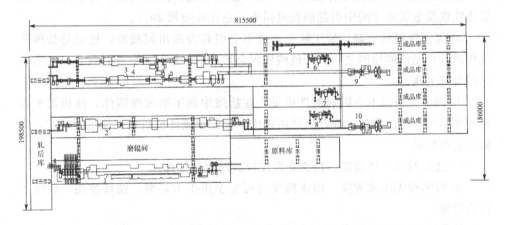

图 8-7 本钢浦项冷轧薄板有限责任公司平面布置图

1—酸洗轧机联合机组；2—连续退火机组；3—1号连续热镀锌机组；4—2号连续热镀锌机组；
5—彩色涂层机组；6—1号重卷检查机组；7—重卷/剖分机组；8—2号重卷检查机组；
9—1号半自动化包装机组；10—2号半自动化包装机组

现有的许多冷轧厂亦争相改建连续盐酸酸洗加工线，以取代原来的硫酸酸洗线。两种酸洗虽然在机理与效果方面也有所区别，但在酸洗线的组成上却有许多的共同之处。

宽带钢的连续盐酸酸洗线分为卧式（图 8-8）与塔式两类。从酸洗线的组成来看，它与硫酸酸洗线并无本质的区别，但入口段因取消破鳞作业而使设备大为简化。也就是说，取消了诸如平整机、特殊的弯曲破鳞装置等昂贵设备，因而也使原始投资大为节省。

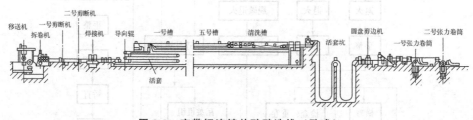

图 8-8 宽带钢连续盐酸酸洗线（卧式）

归纳起来，带钢连续盐酸酸洗与硫酸酸洗相比较，有以下特点：

① 盐酸能完全溶解三层氧化铁皮，因而不产生什么酸洗残渣。而在硫酸酸洗的情况下，就必须经常清刷酸槽，并中和这些黏液。另外硫酸不能除去压入板面上的 Fe_2O_3（因此不免产生相应的表面缺陷），而盐酸则可以溶解这种轧入的氧化铁皮。因盐酸能溶解全部的氧化铁皮，因而不需要破鳞作业，板材硬度亦可保持不变。

② 盐酸基本不腐蚀基体金属，因此不会发生过酸洗和氢脆，化学酸损（因氧化铁皮及金属溶于酸中引起的铁量损失）也比硫酸低 20%。

③ 氯化铁很易溶解，易于除去，故不会引起表面出现酸斑，这也是盐酸酸洗板面特别光洁的原因之一。而硫酸铁因会形成不溶解的水化物，往往有表面出现酸斑等毛病。

④ 钢中含铜也不会影响酸洗质量，在盐酸中铜不形成渗碳体，故板面的银亮程度不因含铜而降低。而在硫酸酸洗中，因铜渗碳体的析出而使板面乌暗，降低了表面质量。

⑤ 盐酸酸洗速率较高，特别在温度较高时更是如此。

⑥ 可实现无废液酸洗，即废酸废液可完全再生为新酸，循环使用，解决了污染问题。

早期带钢酸洗生产线采用深槽酸洗，酸液深达 1000～1200mm，槽高近2000mm；20 世纪 70 年代中期发展了浅槽酸洗，酸液深为 400～600mm；1983年德国 MDS 公司开发了紊流酸洗，酸液深仅 150mm，槽高只有 1000mm 左右，带钢在酸洗槽中处于张力状态，酸液在带钢表面上形成急速紊流，流向与带钢运动方向相反。由于酸洗效率高、酸洗时间短、酸洗质量好、带钢表面洁净、废酸少、设备轻、投资少等诸多优点，近代连续浅槽紊流盐酸酸洗技术得到迅速普遍的发展。而正是由于有了高效的浅槽紊流酸洗，便有现代酸洗与冷连轧连成一体进行无头轧制的可能。

8.3.3 冷轧

现代冷轧机按辊系配置一般可分为四辊式与多辊式两大类型，按机架排列方式又可分为单机可逆式与多机连续式两种。前者适用于多品种、小批量或合金钢产品比例大的情况，虽其生产能力较低，但投资小、建厂快、生产灵活性大，适宜于中小型企业。连续式冷轧机生产效率与轧制速度都很高，在工业发达国家中，它承担着薄板、带材的主要生产任务。相对来说，当产品品种较为单一或者变动不大时，连轧机最能发挥其优越性。从 20 世纪 60 年代以后，轧制较薄规格产品的冷连轧机逐渐形成通用五机架式、专用六机架式及供二次冷轧用的三机架与双机架式等数种。通用五机架式的产品规格较广，厚为 0.25～3.5mm，辊身长为 1700～2135mm。专用六机架式冷连轧机专门用来生产镀锡原板，产品厚度可小至 0.09mm，辊身长一般不大于 1450mm。为生产特薄镀锡板（厚 0.065～0.15mm），近年来在冷轧车间还专门设置了二机架式或三机架式的"二次冷轧"用的轧机，由 5～6 机架的冷连轧机供坯，总压下率不超过 40%～50%，其辊身长很少超过 1400mm。厚度较小的特殊钢及合金钢产品则经常在多辊（如二十辊）式轧机上生产，或为单机轧制，或为多机连轧，甚至近代还出现完全连续式的多辊轧机。轧制速度决定着轧机的生产能力，也标志着连轧的技术水平。通用五机架式冷连轧机末架轧速为 25～27m/s，六机架末架最大轧速一般为 36～38m/s，个别轧机的设计速度达 40～41m/s。现代冷连轧机的板卷重量一般均为 30～45t，最大达 60t。

一般冷连轧机的操作过程也较复杂。板卷经酸洗工段处理后送至冷连轧机组的入口段，在此处于前一板卷轧完之前要完成剥带、切头、直头及对正轧制中心线等工作，并进行卷径及带宽的自动测量。之后便开始"穿带"过程，这就是将板卷前端依次喂入机组的各架轧辊之中，直至前端进入卷取机芯轴并建立起出口张力为止的整个操作过程。在穿带过程中，操作工必须严密监视由每架轧机出来的轧件的走向有无跑偏和板形情况。一旦发现跑偏或板形不良，则必须立即调整轧机予以纠正。在人工监视穿带过程的条件下，穿带轧制速度必须很低，否则发现问题就来不及纠正，以致造成断带、勒辊等故障；穿带操作自动化至今尚未获得圆满解决，经常还离不开人工的干预。

穿带后开始加速轧制。此阶段任务是使连轧机组以技术上允许的最大加速度迅速地从穿带时的低速加速至轧机的稳定轧制速度，即进入稳定轧制阶段。由于供冷轧用的板卷是由两个或两个以上的热轧板卷经酸洗后焊接而成的大卷，焊缝处一般硬度较高，厚度亦多少有异于板卷的其他部分，且其边缘状况也不理想，故在冷连轧的稳定轧制阶段，当焊缝通过机组时，一般都要实行减速轧制（在焊缝质量较好时可以实现过焊缝不减速）。在稳定轧制阶段中，轧制操作及过程的控制已完全实现了自动化，轧钢工人只起到监视的作用，很少有必要进行人工干预。

　　板卷的尾端在逐架抛钢时有着与穿带过程相似的特点，故为防止事故和发生操作故障，亦必须采用低速轧制。这一轧制阶段称为"抛尾"或"甩尾"。甩尾速度一般相同于穿带速度，这样一来，当快要到达卷尾时，轧机必须及时从稳轧速度降至甩尾速度。为此必须经过一个与加速阶段相反的减速轧制阶段。冷连轧的这几个轧制阶段可由图 8-9 中所示的轧制图表及速度图清楚地看出。

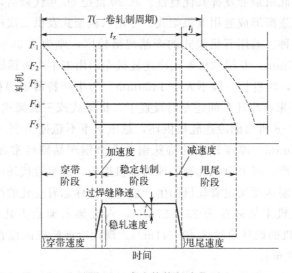

图 8-9　冷连轧轧制阶段

　　当前，冷轧板、带钢生产的主流是采用连轧，其最大特点就是高产。近年来由于实现了计算机控制，改变轧制规格的轧机调整也有可能在高速与可靠的基础上实现，冷连轧机所能生产的规格范围也不像开始发展时期那样受到较大的限制了。此外，围绕着轧制速度的不断提高，冷连轧机在机电设备性能的改善以及高效 AGC 系统和板形控制系统的发明和发展等方面也取得了飞速的发展，同时还促进了各种轧制工艺参数改进，产品质量的检验与各种机、电参数检测仪表的发展。所有这些给薄板生产解决了很大的问题，基本上满足了国民经济在相当长的一段时期里对薄板带钢在产量上与质量上的要求。常规的冷轧生产于是也就经历了一段相对稳定的发展阶段。常规的冷连轧生产由于并没有改变单卷生产的轧制方式，故虽然就所轧的那一个板卷来说构成了连轧，但对冷轧生产过程的整体来讲，还不是真正的连续生产。事实上，在相当长的一段时期内，常规冷轧机的工时利用率只有 65%（或者稍高一些），这就意味着还有 35% 左右的工作时间轧机是处于停车状态，这与冷连轧机所能达到的高轧速是极不相称的。一些年来，通过采用双开卷、双卷取，以及发明快速的换辊装置等技术措施，卷与卷间的间隙时间已经缩减了很多，换辊的工时损失也大为削减（缩减至原来指标的 1/3），这就使轧机的时间利用率提高到了 76%～79%，然而，上述的措施并不能消除单卷轧制所固有的诸如穿带、甩尾、加减速轧制以及焊缝降速等过渡阶段所带来的不利影响。为了控制一个过渡阶段而采用非常复杂和昂贵的控制系统看来并非根本之计，与其费尽心机，千方百计加以控制或补偿，不如创造条件一举取消之。全连续冷轧的出现解决了这个难题，并为冷轧板带钢的高速发展提供了广阔的前景。

图 8-10 所示即为某厂的一套五机架式全连续冷轧机组的设备组成。其中五机架式冷连轧机组中所有各机架均采用全液压式轧机，第一机架刚性系数调至无限大，最末两机架之刚性系数则很小，这样有利于厚度自动控制。原料板卷经高速盐酸酸洗机组处理后送至开卷机，拆卷后经头部矫平机矫平及端部剪切机剪齐在高速闪光焊接机中进行端部对焊。板卷焊接连同焊缝刮平等全部辅助操作共需 90s 左右。在焊卷期间，为保证轧钢机组仍按原速轧制，需要配备专门的活套舱。该厂的活套舱采用地下活套小车式的，可储存超过 300m 以上的带钢，可在连轧机维持正常入口速度的前提下允许活套舱入口端带钢停走 150s。在活套舱的出口端设有导向辊，使带钢垂直向上经由一套三辊式的张力导向辊给第一机架提供张力，带钢在进入轧机前的对中工作由激光准直系统完成。在活套储料舱的入口与出口处装有焊缝检测器，若在焊缝前后有厚度的变更，则由该检测器给计算机发出信号，以便对轧机作出相适应的调整。这种轧机不停车调整的先进操作称为"动态规格调整"，它只有借助计算机的控制才能实现。进行这种动态规格调整后不同厚度的两卷间的调整过渡段为 3～10m。

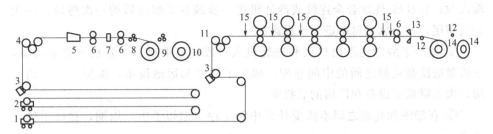

图 8-10　五机架式全连续冷轧机组设备组成示意图

1，2—活套小车；3—焊缝检测器；4—活套入口导向装置；5—焊缝机；6—夹送辊；

7—剪断机；8—三辊矫平机；9，10—开卷机；11—机组入口导向装置；

12—导向辊；13—分切剪断机；14—卷取机；15—X 射线测厚仪

与常规冷连轧相比较，全连续式冷轧的优点为：由于消除了穿带过程、节省了加减速时间、减少了换辊次数等，从而大大提高了工时利用率；由于减少首尾厚度超差和剪切损失而提高了成材率；由于减少了辊面损伤和轧辊磨损而使轧辊使用条件大为改善，并提高了板带表面质量；由于速度变化小，轧制过程稳定而提高了冷轧变形过程的效率；由于全面计算机控制并取消了穿带、甩尾作业而大大节省了劳动力，并进一步提高了全连续冷轧的生产效率，充分发挥计算机控制快速、准确的长处，即实现机组的不停车换辊（即动态换辊），这些将使连轧机组的工时利用率突破90%的大关。

把酸洗机组与连续冷连轧机近距离布置在同一条生产线上，组成酸洗-轧机联合全连续式冷轧机，简称酸-轧连续式冷轧机，如图8-11所示。

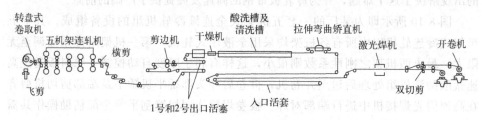

图 8-11　酸洗-轧机联合全连续式冷轧机

轧机由平槽紊流酸洗工艺及设备的连续式酸洗机组和五机架冷连轧机组成。在两个机组之间设有活套装置储存一定数量的带钢，协调酸洗机组和冷连轧机之间的速度；在连轧机的入口侧设有张力装置和事故剪；在连轧机组的出口设有高速分卷飞剪和双卷筒转盘式卷取机。

酸洗-轧机连续式冷轧机的优点是：

① 与全连续式冷轧机一样，只需要一次穿带和甩尾的操作，提高了轧机的作业率和生产能力；提高了产品质量和金属成材率；降低了轧辊消耗，减少了换辊次数；并且酸-轧联合全连续式冷轧机进一步减少了酸洗后的一次剪切、一次切头切尾，使金属成材率进一步提高。

② 减少了酸洗机组出口段和连轧机入口段的卷取机、开卷机等诸多设备，不需要酸洗和轧制之间的中间仓库，减少了起重和运输设备，缩短了工厂的厂房，大大降低了设备和厂房的总投资。

③ 在酸洗和轧制之间不需要任何中间工序，缩短了生产周期，提高了生产效率。

④ 由于生产的连续化和自动化，减少了操作人员。

酸-轧连续式冷轧机对生产管理、操作、维护检修提出了更高的要求；高水平的生产管理和组织是大型连续化、自动化机组的生产保证；任何的操作失误所造成的后果，都对全作业带来影响；高水平的设备维护检修才能保证最低的故障率，发挥出联合机组的优势；对热轧带卷提出了更为严格的要求，不允许有严重缺陷的热轧带卷进入联合机组。由于酸-轧连续式冷轧机所具有的巨大优势，自20世纪80年代以来，世界上迅速改造和新建了20余套。我国21世纪以后所建的冷连轧机几乎皆为这种酸-轧全连续式冷轧机。

8.3.4 冷轧板、带钢的精整

冷轧板、带钢的精整一般主要包括表面清洗、退火、平整及剪切等工序。

板、带钢在冷轧后进行清洗的目的在于除去板面上的油污（故又称"脱脂"），以保证板带退火后的成品表面质量。清洗的方法一般有电解清洗、机上洗净与燃烧脱脂等数种。前者采用碱液（硅酸钠、磷酸钠等）作为清洗剂，外加界面活性剂以降低碱液表面张力，改善清洗效果。通过使碱液发生电解，放出氢气与氧气，起到机械冲击作用，可大大加速脱脂进行的过程。对于一些使用以矿物油为主的乳化液作冷润剂的冷轧产品，则可在末道喷以除油清洗剂，这种处理方法称为"机上洗净法"。

退火是冷轧板带生产中最主要的热处理工序，冷轧中间退火的目的一般是通过再结晶消除加工硬化以提高塑性及降低变形抗力，而成品热处理（退火）的目的则除了通过再结晶消除硬化以外，还可根据产品的不同技术要求以获得所需要的组织（如各种织构等）和性能（如深冲、电磁性能等）。

在冷轧板、带钢热处理中应用最广的是罩式退火炉。罩式炉的退火周期太长（有的长达几昼夜），其中又以冷却时间占比例最大，采用"松卷退火"代替常用的紧卷退火可以大大缩短退火周期，但其工序烦琐，退火前后都需重卷，故未能推广应用。近年紧卷退火本身也经历了很多革新，例如采用了平焰烧嘴以提高加热效率，采用了快速冷却技术以缩短退火周期。快速冷却法主要有两种：一种是使保护气体在炉内或炉外循环对流实现一种热交换式的冷却，它可使冷却时间缩短为原来的三分之一；另一种是在板卷之间放置直接用水冷却的隔板，它可使退火时间较原来缩短二分之一。

冷轧带钢成品退火的另一新技术便是在20世纪后期发展起来的连续式退火，其特点是把冷轧后的带卷要进行的脱脂、退火、平整、检查和重卷等多道工序合并成一个连续作业的机组。实现了生产连续化，使生产周期由原来的10天缩短到1天，使物流运转大为加速，节能降耗，避免中间储存生锈。图8-12为近代连续式退火机组工艺流程和设备布置图。应用初期，带钢连续退火后，硬度与强度偏高而塑性与冲压性能则较低，故很长时期内连续退火不能用于处理深冲钢板和汽车钢板。日本通过对连续退火的大量工业研究，证明用连续退火方法处理铝镇静深冲用钢是可能的，条件是需要十分准确地保证锰和硫的含量,并且热轧后卷取温度应高于700℃。实验表明,经连续退火处理的带钢力学性能同于甚至优于罩式退火处理者,连续退火生产出来的深冲板的特点是塑性变形比值特别高。

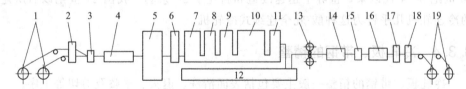

图 8-12　连续式退火机组工艺流程和设备布置图

1—开卷机;2—双层剪;3—焊接机;4—脱脂;5—活套塔;6—预热段;7—加热段;8—均热段;
9—一次冷却段;10—过时效段;11—二次冷却段;12—活套车;13—平整机;14—拉伸矫直机;
15—圆盘剪;16—检查台;17—涂油机;18—飞剪;19—卷取机

这样一来,冷轧板、带钢的主要品种(如镀锡板、深冲板直到硅钢片与不锈钢带),甚至许多过去罩式退火炉难以生产或不能生产的品种都可以采用经济、高效的连续退火处理,这也是近年在冷轧薄板热处理技术方面的一个突破。

在冷轧板、带材的生产工序中,平整处理占有重要的地位。平整实质上是一种小压下率(1%～5%)的二次冷轧,其功能主要有三点:

① 供冲压用的板带钢事先经过小压下率的平整,就可以在冲压时不出现"滑移线"(亦即吕德斯线),以一定的压下率进行平整后,钢的应力-应变曲线即可不出现"屈服台阶",而理论与实验研究证明,吕德斯线的出现正是与此屈服台阶有关的。

② 冷轧板、带材在退火后再经平整,可以使板材的平直度(板形)与板面的光洁度有所改善。

③ 改变平整的压下率,可以使钢板的力学性能在一定的幅度内变化,这可以适应不同用途的镀锡板对硬度和塑性所提出的不同要求。除此之外,经过双机平整或三机平整还可以实现较大的冷轧压下率,以便生产超薄的镀锡板。

值得特别指出的是,近年国外不仅已将酸洗与冷轧过程联结起来实现了全连续生产,而且已将酸洗-冷轧-脱脂-退火-平整等所有这些生产工序串联起来,实现了整体的全过程连续生产线,使板、带钢生产效益得到了更大幅度的提高。图 8-13 为日本新日铁公司 1986 年投产的世界第一套酸洗-冷轧-连续退火及精整的全过程联合无头连续生产线(FIPL)示意图。冷轧段由四架六辊式 HC 轧机组成,总压下率达到一般六机架四辊轧机的水平。平整机亦为六辊式。该厂 FIPL 线投产后产量激增,工时利用率达 95%,收得率达 96.9%,能耗降低 40%。

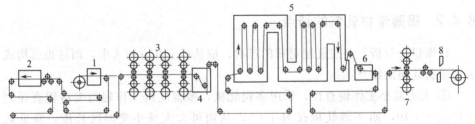

图 8-13 酸洗-冷轧-连续退火及精整的全过程联合无头连续生产线（FIPL）

1—入口段；2—酸洗除鳞段；3—冷轧段；4—清洗段；5—连续退火段；

6—后处理段；7—平整段；8—出口段

8.4 极薄带材生产

极薄带材大量用于仪器仪表、电子、电讯、精密仪器及电视、电脑等工业技术部门。

8.4.1 关于轧机最小可轧厚度问题

实践表明，在同一轧机上轧制板带时，随着轧件变薄，变形抗力在增大，使压下越来越困难，当厚度薄到某一限度时，不管如何加大压力和反复轧制多少次，也不可能再使产品轧薄，这一极限厚度称为轧机最小可轧厚度。这是生产现场客观存在的现象。实际生产中工作辊径（D）与成品带材厚度（h）的比例关系为

$$D \leqslant 1000h$$

在理论上根据 M. D. Stone 的平均单位压力公式及轧辊弹性压扁的变形区长度可找出最小可轧厚度的定量关系式：

$$h_{\min} = \frac{Df(1.15\sigma_s - \overline{q})}{E}c \tag{8-3}$$

式中　$h_{\min}$——最小可轧厚度，mm；

　　　D——工作辊直径，mm；

　　　E——轧辊弹性模量，MPa；

　　　f——轧辊与带材间的摩擦系数；

　　　$\overline{q}$——带材平均张应力，MPa；

　　　σ_s——平均屈服极限，MPa；

　　　c——比例常数，M. D. Stone 提出 $c=3.58$，也有人认为过大或过小。

此关系式明确指出，最小可轧厚度正比于工作辊直径、摩擦系数及轧件的变

形抗力，而反比于轧辊材质的弹性模量和前后张力。这是完全符合实际的。

8.4.2 极薄带材轧制的特点

根据以上分析，要想轧制更薄的带材，应从以下几方面入手，而这也就构成为薄带材轧制的特点：

① 大力减小工作辊直径，采用多辊轧机，多辊轧机工作辊与支持辊直径之比可达 1∶10，而 4 辊轧机仅为 1∶5，从而可大大减小变形区长度，降低轧制力。

② 采用大的张力轧制，实质上，多辊轧机轧制时，金属的变形是靠轧辊压下和拉拔共同进行的，实现稳定的轧制过程必须有较高的单位张力，因而要求在多辊轧机上装有较大功率的卷取机，其功率值为轧机主传动功率的 $70\% \sim 80\%$。

③ 采用高效率的工艺润滑剂以降低摩擦系数。

④ 适当对带材进行退火软化处理，减小金属变形抗力。

⑤ 增加轧辊刚性，如采用模量 E 值高的碳化钨工作辊。

⑥ 采用高刚度的轧机，如短应力线轧机或六辊、十二辊、二十辊、三十辊、三十六辊多辊轧机及异步异径不对称轧机等。

8.4.3 极薄带材轧制生产工艺

极薄带材的轧制大多在多辊冷轧机上进行，其产品主要有冷轧硅钢、不锈钢及高温合金等特种合金带材，故其生产工艺亦有其独自的特点。其生产工艺过程一般由原料准备、（退火）酸洗、冷轧、热处理、精整等几个基本工序组成。

① 带坯准备。准备机组一般由开卷机、夹送矫直辊、液压剪、张力辊、焊机、圆盘剪、卷取机等设备组成。其任务是把几个热轧板卷拼成大的带卷坯，以提高生产率。在带坯的两端还要焊上引带，以提高成材率。

② 带坯退火与酸洗。为了消除热轧残余应力，热轧带需进行预处理，为冷轧作好组织准备。一般奥氏体不锈钢通过连续淬火炉进行淬火软化，而铁素体和马氏体不锈钢则需在罩式炉内进行退火。但前者退火后要在空气中迅速冷却，以防脆化。退火后进行酸、碱洗或中性盐电解和 $HNO_3 + HF$ 混合酸酸洗，然后冷轧。除高磁感取向硅钢外，现代热轧硅钢带多采用直接进行抛丸、酸洗和冷轧。精密合金带一般不再退火。

③ 冷轧。由于变形抗力大且需轧得极薄，故通常要在多辊轧机上进行冷轧，而且往往要进行多次冷轧。在每一次轧程后要进行中间退火（或淬火）和酸洗（或碱洗、混合酸洗），以消除加工硬化及清理表面，然后再进行冷轧。

④ 退火。轧成成品后要进行最终热处理，一般在保护气氛下或真空中进行退火。

⑤ 精整。不锈钢带最后进行平整、抛光修磨；硅钢带则要经拉伸矫直及涂绝缘膜。最后，成卷或切成单张供应用户。

复习思考题

1. 简述冷轧薄板、带钢材生产工艺特点。
2. 简述冷轧板带生产工艺流程。
3. 简述冷轧板带钢产品工艺特点。
4. 冷轧板带生产中的轧制工序主要有哪几个问题？
5. 为什么冷轧中要采用工艺冷却和润滑？
6. 何谓"张力轧制"？为什么冷轧中要采用张力轧制？
7. 为什么冷轧前要对板卷原料酸洗与除鳞？
8. 与常规冷连轧相比较，全连续式冷轧的优点是什么？
9. 酸洗-轧机连续式冷轧机的优点是什么？
10. 冷轧板、带钢的精整主要包括哪些内容？
11. 极薄带材轧制的特点是什么？
12. 简述极薄带材轧制生产工艺。

第❹篇

型材和棒线材生产

　　经过塑性加工成型、具有一定断面形状和尺寸的直条实心金属材称为型材。通常将棒线材复杂断面型材和棒线材统称型材。本篇分两章分别介绍截面为圆形的棒材、线材和常见的截面为非圆形，即称型材的轧制工艺。

　　世界上最早出现轧制型材是在1783年，由英国创造的第一台带孔型二辊式轧机轧制出各种规格的扁钢、方钢、圆钢和半圆钢。到19世纪中叶，由于工业革命的兴起，大量修建铁路，需要很多的钢轨及其配件，进一步促进轧制型材的迅速发展。

　　自20世纪30年代开始，世界上轧制板带材的产量和生产技术水平逐渐超过了型材。但由于型材品种繁多、规格齐全、用途广泛，在很多领域都是不可替代和生产方式最经济的，所以在金属材料的生产中型材占有非常重要的地位。目前在世界上，工业发达国家轧制型材的总产量约占轧材总产量的1/3。

棒、线材生产

9.1　棒、线材的种类和用途及质量要求

9.1.1　棒、线材的品种和用途

棒材是一种简单断面型材，一般是以直条状交货。棒材的品种按断面形状分为圆形、方形和六角形以及建筑用螺纹钢筋等几种，后者是周期断面型材，有时被称为带肋钢筋。线材是热轧产品中断面面积最小、长度最长而且呈盘卷状交货的产品。线材的品种按断面形状分为圆形、方形、六角形和异形。棒、线材的断面形状最主要的还是圆形。

国外通常认为，棒材的断面直径是 9～300mm，线材的断面直径是 5～40mm，呈盘卷状交货的产品最大断面直径规格为 40mm。随着大功率吐丝机能力的提高，盘状交货的最大断面直径已达到了 52mm。国内约定俗成地认定为：棒材车间的产品范围是断面直径为 10～50mm，线材车间的产品断面为 5～10mm。而随着棒、线材生产装备水平的提高，其棒、线材的产品范围会有所变化。棒、线材的产品分类及用途见表 9-1。

▫ 表 9-1　棒、线材的产品分类及用途

钢种	用途
一般结构用钢材	一般机械零件、标准件
建筑用螺纹钢筋	钢筋混凝土建筑
优质碳素结构钢	汽车零件、机械零件、标准件
合金结构钢	重要的汽车零件、机械零件、标准件
弹簧钢	汽车、机械用弹簧

钢种	用途
易切削钢	机械零件和标准件
工具钢	切削刀具、钻头、模具、手工工具
轴承钢	轴承
不锈钢	各种不锈钢制品
冷拔用软线材	冷拔各种丝材、钉子、金属网丝
冷拔轮胎用线材	汽车轮胎用帘线
焊条钢	焊条

棒、线材不仅用途很广，而且用量也很大，它在国民经济各部门占有重要地位。棒、线材的用途概括起来可分为两大类：一类是产品可被直接使用，主要用在钢筋混凝土的配筋和焊接结构件方面。另一类是将棒、线材作为原料，经再加工后使用，主要是通过拉拔成为各种钢丝，再经过捻制成为钢丝绳，或再经编制成钢丝网；经过热锻或冷锻成铆钉；经过冷锻及滚压成螺栓，以及经过各种切削加工及热处理制成机器零件或工具；经过缠绕成形及热处理制成弹簧等。

9.1.2 市场对棒、线材的质量要求

由于棒、线材的用途广泛，因此市场对它们的质量要求也是多种多样的，根据不同的用途，对力学强度、冷加工性能、热加工性能、易切削性能和耐磨耗性能等也各有所偏重。总的要求是：提高内部质量，根据深加工的种类，材料本身应具有合适的性能，以减少深加工工序，提高最终产品的使用性能。

用作建筑材料的螺纹钢筋和线材，主要是要保证化学成分并具有良好的可焊性，要求物理性能均匀、稳定，以利于冷弯，并有一定的耐蚀性。

作为拔丝原料的线材，为减少拉拔道次，要求直径较小，并保证化学成分和物理性能均匀、稳定，金相组织尽可能索氏体化，尺寸精确，表面光洁，对脱碳层深度、氧化铁皮等均有一定要求。脱碳不仅使线材的表面硬度下降，而且使其疲劳强度也降低。减少热轧线材表面氧化不但可提高金属收得率，而且还可以减少二次加工前的酸洗时间和酸洗量。近年来，线材轧后冷却较普遍地采用了控制冷却法，使氧化铁皮厚度大大减少，降低了金属消耗，从而提高了成材率。

市场对棒、线材产品的质量要求及生产的对策见表9-2。

钢种	市场需求、发展动向	对应的生产措施
建筑用螺纹钢筋	高强度、低温韧性、耐盐蚀	严格控制成分
机械结构用钢	淬火时省去软化退火,调质可以提高强度	软化材料(控制成分,控制轧制,控制冷却)、减少偏析
弹簧钢	高强度、耐疲劳	严格控制成分减少夹杂
易切削钢	提高车削效率和刀具寿命	控制夹杂物
冷加工材	减少冷锻开裂 减少拉拔道次 省略软化退火	消除表面缺陷 高精度轧制 软化材料
硬线、轮胎用线材	减少断线 提高强度	消除表面缺陷和内部偏析 控制冷却 严格控制成分

9.2　棒、线材的生产特点和生产工艺

9.2.1　棒、线材的生产特点

棒、线材的断面形状简单,用量巨大,适于进行大规模的专业化生产。我国棒、线材的总产量在钢材总量中的比例超过 40%,在世界上是最高的。随着我国经济现代化程度的逐渐提高,棒、线材在钢材总量中的比例将会逐步降低。线材的断面尺寸是热轧材中最小的,所使用的轧机也应该是最小型的。从钢坯到成品,轧件的总延伸非常大,需要的轧制道次很多。线材的特点是断面小,长度大,要求尺寸精度和表面质量高。但增大盘重、减小线径、提高尺寸精度之间是有矛盾的。因为盘重增加和线径减小,会导致轧件长度增加,轧制时间延长,从而轧件终轧温度下降,头、尾温差加大,结果造成轧件头、尾尺寸公差不一致,并且性能不均。正是由于上述矛盾,推动了线材生产技术的发展。

9.2.2　棒、线材的生产工艺

(1) 坯料

棒、线材的坯料现在各国都以连铸坯为主,某些特殊钢种有使用初轧坯的情况。目前生产棒、线材的坯料断面形状一般为方形,边长 120～150mm。生产棒、线材的坯料一般较长,最长达 22m。

连铸可以明显节能、提高产品质量和收得率,有巨大的经济效益,这已经在普通钢种中得到了广泛应用,也正在向高档钢材和特殊钢种的生产迅速扩大。对

硬线产品和机械结构用钢，由于中心偏析和延伸比等问题，连铸质量较难保证，由于电磁搅拌、低温铸造等技术的明显进步，使这些钢种也难以采用连铸坯进行生产了。

当采用常规冷装炉加热轧制工艺时，为了保证坯料全长的质量，对一般钢材可采用目视检查、手工清理的方法。对质量要求严格的钢材，则采用超声波探伤、磁粉或磁力线探伤等进行检查和清理，必要时进行全面的表面修磨。棒材产品轧后还可以探伤和检查，表面缺陷还可以清理。但是线材产品以盘卷交货，轧后难以探伤、检查和清理，因此对线材坯料的要求应严于棒材。采用连铸坯热装炉或直接轧制工艺时，必须保证无缺陷高温铸坯的生产。对于有缺陷的铸坯，可进行在线热检测和热清理，或通过检测将其剔除，形成落地冷坯，进行人工清理后，再进入常规工艺轧制生产。

（2）加热和轧制

加热和轧制的工艺流程如下：

冷坯加热 ⟶ 粗轧 → 中轧 → (预精轧) → 精轧 → 冷却 → 精整
连铸坯热装加热 ⟶   （线材）

① 加热。在现代化的轧制生产中，棒、线材的轧制速度很高，轧制中的温降较小甚至还出现升温，故一般棒、线材轧制的加热温度较低。加热要严防过热和过烧，要尽量减少氧化铁皮。对易脱碳的钢种，要严格控制高温段的停留时间，采取低温、快热、快烧等措施。对于现代化的棒、线材生产，一般是用步进式加热炉加热，由于坯料较长，炉子较宽，为保证尾部温度，采用侧进侧出的方式。为适应热装热送和连铸直轧，有的生产采用电感应加热、电阻加热以及无氧化加热等。

② 轧制。为提高生产效率和经济效益，适合棒、线材的轧制方式是连轧，尤其在采用 CC-DHCR 或 CC-DR 工艺时，就更是如此。连轧时一根坯料同时在多机架中轧制，在孔型设计和轧制规程设定时要遵守各机架间金属秒流量相等的原则。在棒、线材轧制的过程中，前后孔型应该交替地压下轧件的高向和宽向，这样才能由大断面的坯料得到小断面的棒、线材。轧辊轴线全平布置的连轧机在轧制中将会出现前后机架间轧件扭转的问题，扭转将带来轧件表面易被扭转导致划伤、轧制不稳定等问题。为避免轧件在前后机架间的扭转，较先进的棒材轧机，其轧辊轴线是平、立交替布置的，这种轧机由于需要上传动或者下传动，故投资明显大于全平布置的轧机。生产轧制道次多，而且连轧，一架轧机只轧制一个道次，故棒、线材车间的轧机架数多。现代化的棒材车间机架数一般多于 18 架。线材车间的机架数为 21～28 架。

③ 线材的盘重加大，线材直径加大。线材的一个重要用途是为深加工提供原料，为提高二次加工时材料的收得率和减少头、尾数量，生产要求线材的盘重越大越好，目前 1~2t 的盘重都已经算是较小的了，很多轧机生产的线材盘重达到了 3~4t。由于这一原因，线材的直径也越来越粗，2000 年后，国外已经出现了直径 60mm 的盘卷线材。

④ 控制轧制。为了细化晶粒，减少深加工时的退火和调质等工序，提高产品的力学性能，采用控制轧制和低温精轧等措施，有时在精轧机组前设置水冷设备。

9.2.3 棒、线材冷却和精整

棒材一般的冷却和精整工艺流程如下：

精轧→飞剪→控制冷却→冷床→定尺切断→检查→包装
（余热淬火）　　　　　　　（探伤）

由于棒材轧制时轧件出精轧机的温度较高，对优质钢材，为保证产品的质量，要进行控制冷却，冷却介质有风、水雾等。即使是一般建筑用钢材，冷床也需要较大的冷却能力。

有些棒材轧机在轧件进入冷床前对建筑用钢筋进行余热淬火。余热淬火轧件的外表面具有很高的强度，内部具有很好的塑性和韧性，建筑钢筋的平均屈服强度可提高约 1/3。

线材一般的精整工艺流程如下：

精轧→吐丝机（线材）→散卷控制冷却→集卷→检查→包装

线材精轧后的温度很高，为保证产品质量要进行散卷控制冷却，根据产品的用途有珠光体型控制冷却和马氏体型控制冷却。

9.3 棒、线材轧制的发展方向

9.3.1 连铸坯热装热送或连铸直接轧制

由于实现了连铸，棒、线材生产可以不经过开坯工序。目前，即使是对于高档钢材也可以使用连铸坯生产，但是连铸还是无法保证提供无缺陷坯料，为了保证产品质量，需要在冷状态下对坯料进行表面缺陷和内部质量检查。因此加热炉还要对冷坯重新加热再进行轧制。随着精炼技术、连铸无缺陷坯技术、坯料热状态表面缺陷和内部质量检查技术的发展，连铸坯热装热送将会很快应用于生产实践，以充分利用能源。对于一般材质以及高档钢材的棒、线材连铸坯直接轧制技术仍在研究之中。连铸坯以 650～800℃ 热装热送，可提高加热炉的能力 20%～30%，比冷装减少坯料的氧化损失 0.2%～0.3%，节约加热能耗 30%～45%。同时可减少钢坯的库存量，减少设备和操作人员，缩短生产周期，可见有巨大的经济效益。

9.3.2　柔性轧制技术

实现了连铸热装热送甚至连铸坯直接轧制等先进的工艺以后，对于小批量、多品种的生产，在规格和品种改变时，会增加轧机停机的时间。为减少停机，人们研究了柔性轧制技术，该技术利用无孔型轧制、共用孔型等手段迅速改变轧制规程，改变产品规格。随着三维轧制过程解析手段的进步，柔性轧制技术已经达到实用阶段。另外，长寿命轧辊、快速换辊技术等的日趋成熟都为棒、线材的柔性轧制提供了条件。

9.3.3　高精度轧制

棒、线材的直径公差大小对深加工的影响较大，故用户对棒、线材的尺寸精度要求越来越高。棒、线材在轧制时，轧件高度上的尺寸是由孔型控制，可以有保证，但宽度上的尺寸却是算出来的或者是根据经验确定的，孔型不能严格限制宽度方向的尺寸。另外机架间的张力和轧件的头、尾温差也会明显地对轧件的尺寸产生影响。为确保轧件的尺寸精度，目前常见的办法是采用圆孔型和三辊孔型严格控制轧件的高向和宽向尺寸，或在成品孔型后设置专门的定径机组以及采用尺寸自动控制 AGC 系统等。棒、线材产品的尺寸精度，目前可以达到 ±0.10mm。发展的目标是使棒、线材产品的尺寸精度达到 ±0.05mm。

9.3.4　继续提高轧制速度

线材要求盘重大，但是其断面积又很小，因此一卷线材的长度很长。如此之长的小断面轧制产品，为保证头、尾温差，只有采用高速轧制，先进线材轧机的成品机架的轧制速度一般都超过了 100m/s，高者则超过 120m/s。如此高的轧制速度，对轧制设备提出了一些特殊要求。小辊径而又要求高轧速，因此线材轧机的转速很高，高者可达 9000r/min 以上。先进棒材轧机的终轧速度一般是 17～18m/s，线材的终轧速度一般是 100～120m/s，随着飞剪剪切技术、吐丝技术和控制冷却技术的完善，棒、线材的终轧速度还有继续提高的趋势。线材的终轧速度达到 150m/s 的研究已在进行中。

9.3.5　低温轧制

在棒、线材连轧机上，从开轧到终轧，轧件温降很小，甚至会升温。在生产实践中经常出现因终轧温度过高而导致产品质量下降或螺纹钢成品孔型不能顺利咬入等问题，故棒、线材连轧机具有实现低温轧制的条件。低温轧制不仅可以降低能耗，还可以提高产品质量，可创造很大的经济效益。

棒、线材的低温轧制规程一般有两种。一种是利用连轧机轧件温降很小或升温的特点，降低开轧温度，从 1050～1100℃降至 850～950℃，终轧温度与开轧温度相差不大，主要目的是节能。在扣除因变形抗力增大导致电机功率消耗增加的因素，节能可达到 20% 左右。另一种是不仅降低开轧温度，并且将终轧温度降至再结晶温度（700～800℃）以下，除节能外，还明显提高产品的力学性能，效果优于任何传统的热处理方法。目前对低温轧制实施的主要限制是，由于轧机和驱动主电机是按传统的设计参数设计的，因此设备能力不足。

9.3.6 无头轧制

在传统的轧制生产线上，坯料是一根一根地由加热炉出来至 11 号轧机，坯料之间有几秒钟的间隔。多年来，在棒、线材轧制方面，人们一直都在致力于如何提高轧机生产率、金属收得率以及生产的自动化，诸如提高终轧速度或采用多线切分轧制技术等，这些方法已经在棒、线材生产中得到了充分的应用。提高轧机产量和金属收得率的另一个途径是增大轧件的重量，具体可从以下两个方面操作：

① 采用更大断面尺寸的坯料，但这会增加轧线机架数目，另外这样做还受到另一些因素的限制，如：车间场地限制，加热炉能力限制，过低的 1 号轧机轧制速度等。

② 采用更长的坯料，但这会增加坯料运输、储存设备的投资，以及增加加热炉的投资等。

显而易见，上述两种方法都是着眼于坯料的实物尺寸方面，而这又恰恰限制了这种技术的广泛应用。20 世纪 50 年代，苏联就开发出了棒、线材无头轧制技术，但由于相关的技术没有跟上，因此没有得到有效的应用。由于技术螺旋式的发展特性，具体地说是由于连铸和连轧技术的成熟，近年来，又重新刺激了棒、线材无头轧制技术的发展。无头轧制的优点是：减少切损，棒、线材连轧需多次切头，第一次切头断面较大，若不切头可提高成材率 1%～2%；100% 定尺；生产率提高；对导辊和孔型无冲击，不缠辊；尺寸精度高。据意大利 DANIELI 公司测算，采用方坯无头轧制技术，年产 38 万吨棒、线材的车间，年增效益约合人民币为 1600 万元。方坯焊接的位置是设在出炉辊道上，在进入粗轧机组前。

要实现棒、线材的无头轧制，焊接部位具有与成品同样的品质是必要条件。日本钢管公司（NKK）从 1992 年开始着手研究开发棒、线材的无头轧制技术，

1997 年开发成功后命名为 EBROS (endless bar rolling system)，并为东京制铁高松工厂设计制造了世界上第一条棒、线材无头轧制生产线。该生产线 1998 年 3 月投产，设备布局如图 9-1 所示。

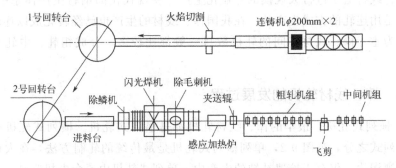

图 9-1　东京制铁高松工厂无头轧制生产线

该生产线采取连铸坯红送直接轧制的生产方式，坯料为 $\phi200mm$ 圆坯。因为炼钢生产线和轧制线的位置原因，从连铸机出来的坯料须经两个回转台转 $180°$ 后进入轧制线。轧制线的进料台有高压水除鳞装置，清除焊接部位和焊机夹钳的氧化铁皮。焊机随钢坯一起运动，将前面一根已进入粗轧机组轧制的坯料尾部和后面一根刚从进料台出来的坯料头部焊接起来。焊接毛刺由布置在焊机后面的清毛刺装置来清除，该装置也是移动式，随钢坯一起运动。在除鳞机和感应加热炉之间是活动的坯料支撑辊道。感应加热炉在坯料通过的同时，将坯料快速加热到开轧温度。坯料通过夹送辊进入 1 号粗轧机。除日本外，意大利的棒、线材无头轧制技术也已经达到了实用水平。

9.3.7　切分轧制

目前切分轧制的主要方法是轮切法和辊切法。轮切法是用特殊的孔型将轧件轧成预备切分的形状，在轧机的出口安装不传动的切分轮，利用侧向力将轧件切开，这种方法在连轧机上普遍采用。辊切法是利用特殊设计的孔型，在变形的同时将轧件切开。

切分轧制的优点如下：

① 大幅度提高产量，如轧制 $\phi8mm$ 和 $\phi10mm$ 的单产比单根轧制提高 $88\%\sim91\%$。

② 扩大产品规格范围，如原有最小生产规格为 $\phi14mm$，采用切分后可生产 $\phi10mm$。

③ 在相同条件下，采用切分轧制可将钢坯的加热温度降低 $40℃$ 左右，燃料消耗可降低 15% 左右，轧辊消耗可降低 15% 左右。

9.4 棒、线材轧机的布置形式

棒、线材适于进行大规模的专业化生产。在现代化的钢材生产体系中，棒、线材都是用连轧的方式生产的。在我国棒、线材的生产也已经转化成以连轧的方式生产为主。棒、线材车间的轧机数目一般都比较多，分成粗轧、中轧和精轧机组。

9.4.1 棒、线材轧机的发展过程

① 横列式轧机。最早的棒、线材轧机都是横列式轧机。横列式轧机有单列式和多列式之分，见图 9-2，单列横列式轧机是最传统的轧制方法，在大规模生产中已遭淘汰，仅存于拾遗补缺的生产中。单列式轧机由一台电机驱动，轧制速度不能随轧件直径的减小而增加，这种轧机轧制速度低，线材盘重小，尺寸精度差，产量低。

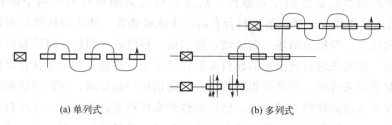

(a) 单列式   (b) 多列式

图 9-2 单列式和多列式棒、线材轧机的布置示意图

为了克服单列式轧机速度不能调整的缺点，出现了多列式轧机，各列的若干架轧机分别由一台电机驱动，使精轧机列的轧制速度有所提高，盘重和产量相应增大，列数越多，情况越好。一般线材轧机多超过 3 列。即使是多列，终轧速度也不会超过 10m/s，盘重不大于 100kg。

② 半连续式轧机。半连续式轧机是由横列式机组和连续式机组组成的。早期的形式见图 9-3。其初轧机组为连续式轧机，中、精轧机组为横列式轧机，是横列式轧机的一种改良形式。其连续式的粗轧机组是集体传动，设计指导思想是：粗轧对成品的尺寸精度影响很小，可以采用较大的张力进行拉钢轧制，以维持各机架间的秒流量，这种方式轧出的中间坯的头尾尺寸有明显差异。

改进的半连续式线材轧机为复二重式轧机，其粗轧机组可以是横列式、连续式或跟踪式轧机，中、精轧机组为复二重式轧机，见图 9-4。复二重式线材轧机按其工艺性质属于半连续式轧机。它的特点是：在轧制过程中既有连轧关系，又有活套存在，各机架的速度靠分减速箱调整，取消了横列式轧机的反围盘，活套

长度较小，因而温降也小，终轧速度可达 12.5～20m/s，多线轧制提高了产量，一套轧机年产量可达 15 万～25 万吨，盘重为 80～200kg。

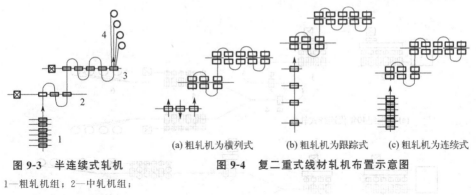

图 9-3　半连续式轧机
1—粗轧机组；2—中轧机组；
3—精轧机组；4—卷线机

(a) 粗轧机为横列式　(b) 粗轧机为跟踪式　(c) 粗轧机为连续式

图 9-4　复二重式线材轧机布置示意图

复二重式轧机是两两一组，一组内的两台轧机连轧，为避免机架间堆钢并保证小断面轧件的稳定轧制，在两机架间应人为地造成拉钢，实现微张力轧制。而相邻两组间保持微堆钢。为提高轧制效率和保证稳定，复二重式线材轧机适于使用延伸系数较大的孔型系统。

相对于横列式线材轧机，复二重式轧机是一个进步，它基本上解决了轧件温降问题，并且由于取消了反围盘，轧制时工艺稳定，便于调整。但是与高速无扭线材轧机相比，其工艺稳定性和产品精度都较差，而且劳动强度大，盘重小。因此，它已经退出了大生产。1960～1980 年间，我国的复二重式轧机曾经在技术上和产量上达到一个高峰。根据我国的技术政策规定，在 2003 年已取消横列式和复二重式轧机。

③ 传统连续式轧机。棒、线材轧制从横列式过渡到连续式是从 20 世纪 40 年代开始的。与横列式轧机相比，连续式轧机的优点是：轧制速度高，轧件沿长度方向上的温差小，产品尺寸精度高，产量高，线材盘重大。连续式轧机一般分为粗、中、精轧机组，线材轧机常常有预精轧机组，预精轧机组其实也是一组中轧机。

20 世纪 40 年代的连续式轧机主要是集体传动的水平辊机座，对线材则是进行多线连轧。其基本形式见图 9-5(a)。在中轧机组和精轧机组间设置两台单独传动的预精轧机。由于这类轧机在轧制过程中轧件有扭转翻钢，故轧制速度不能高，一般是 20～30m/s，年产量为 20 万～30 万吨。20 世纪 50 年代中期开始采用直流电机单独传动和平、立辊交替布置的连轧机进行多路轧制，见图 9-5(b)。线材的平、立辊交替精轧机组，轧制速度可提高到 30～35m/s，盘重可达

800kg。由于机架间距大，咬入瞬间各架电机有动态速降，影响了其速度的进一步提高。因此，线材生产从 20 世纪 60 年代起逐渐被 45°高速无扭精轧机组和 Y 型精轧机所取代。

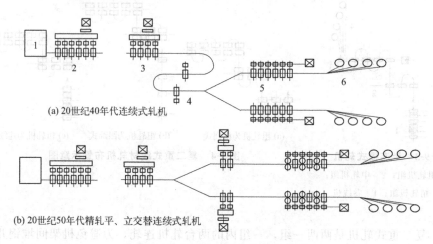

图 9-5　连续式线材轧机布置示意图

1—加热炉；2—粗轧机组；3—中轧机组；4—预精轧机组；5—精轧机组；6—卷线机

④ Y 型三辊式线材精轧机组。Y 型精轧机组由 4～14 架轧机组成，每架由 3 个互成 120°的盘状轧辊组成，相邻机架相互倒置 180°轧制时轧件无需扭转，轧制速度可达 60m/s。Y 型轧机由于轧辊传动结构复杂，不用于一般钢材轧制，多用于难变形合金和有色金属的轧制。Y 型三辊式线材精轧机组的孔型系统如图 9-6 所示。一般是三角形-弧边三角形-弧边三角形-圆形。对某些合金钢亦可采用弧边三角形圆形孔型系统，轧件在孔型内承受三面加工，其应力状态对轧制低塑性钢材有利。进入 Y 型轧机的坯料一般是圆形，也有六角形坯。轧件的变形比较均匀，在孔型的断面面积较为准确，因此各机架间的张力控制也较为准确。轧制中轧件角部位置经常变化，故各部分的温度比较均匀，易去除氧化铁皮，产品表面质量好，而且轧制精度也高。

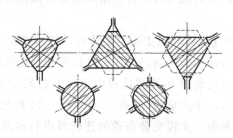

图 9-6　Y 型线材精轧机组的孔型系统

9.4.2 现代化棒材轧机

近年来，国外新建的棒材轧机大都采用平、立交替布置的全线无扭轧机。同时在粗轧机组采用易于操作和换辊的机架，中轧机组采用短应力线的高刚度轧机，电气传动采用直流单独传动或交流变频传动。采用微张力和无张力控制，配合于合理的孔型设计，使轧制速度提高，产品的精度提高，表面质量改善。在设备上，进行机架整体更换和孔型导辊的预调整并配备快速换辊装置，使换辊时间缩短到5～10min，轧机的作业率大为提高。

9.4.3 型、棒材一体化连铸-连轧节能型轧机

型、棒材短流程节能型轧机是当今型、棒材一体化轧机发展的重要趋势。在这方面意大利、德国等均开展了大量的研制工作。至今，意大利达涅利公司已生产了4台这种类型的轧机，其中1台建于我国某钢铁厂。这4台轧机的布置形式虽各有不同，但其基本设计思想是一致的。图9-7示出了我国某厂所建的型、棒材一体化轧机，它采用了直接热装（DHCR）的短流程节能型轧机的设备布置。

图 9-7　我国某钢铁厂型、棒材一体化节能型轧机车间平面布置图
0—钢包炉；1—钢包回转台；2—连铸机；3—钢坯冷床；4—热存储装置；5—冷上料台架；
6—步进式加热炉；7—粗轧机；8—中轧机；9—精轧机；10—水冷装置；11—分段剪；
12—冷床；13—多条矫直机和连续定尺冷飞剪；14—非磁性全自动堆垛机；
15—打捆机和称重装置

图9-7所示的厂房设备布置的主要参数为，原料规格：120mm×120mm×120mm，150mm×150mm×12000mm。产品规格：圆钢ϕ12～60mm，螺纹钢ϕ0～50mm，扁钢（25mm×5mm）～（120mm×12mm），角钢（25mm×5mm）～（100mm×12mm），槽钢（50mm×37mm）～（126mm×74mm），六角钢13～53mm，方钢12～50mm，工字钢100～126mm。钢种：低碳钢、中碳钢、低合金钢、弹簧钢、齿轮钢。年产量：40万吨。

连铸机为4流（预留第5流），拉速2.2m/min，产量90.8t/h，步进式加热炉，燃料为重油，炉底有效面积12000mm×14500mm，最大生产能力120t/h。

粗轧机：6架悬臂式，轧辊尺寸ϕ685mm/590mm×300mm（1～3架），4585mm/590mm×300mm（4～6架），电机功率450kW。中轧机：6架短应力

线式，轧辊尺寸 $\phi470mm/405mm\times700mm$，电机功率750kW。精轧机：6架短应力线式（13～18架），轧辊尺寸 $\phi470mm/405mm\times700mm$（13～15架），4370mm/320mm×600mm（16～18架），电机功率750kW，轧机产量约为100t/h。全部机架配有辊缝自动控制装置（AGC），出口装有余热淬火-回火装置。齿条步进式冷床尺寸为96m×14.6m，配有堆垛退火装置。具有一套全目标自动化系统，保证恒定的产量和产品质量。

连铸坯被切成长度为12m的定尺后送至加热炉。运输辊道带有可开启的保温罩。可根据不同的条件将隔热罩打开或关闭，以控制入炉温度。在运送过程中通过红外测温仪对连铸机进行温度测量和控制。用光电测长装置测量坯料长度，对其中不符合要求者剔除，使进入加热炉的坯料完全满足温度和长度的要求。加热炉配有先进的优化燃料系统，使加热炉能在不同坯料入炉温度条件下，不降低炉子的产量。加热好的坯料用高压水除鳞后，经粗轧、中轧和精轧，轧成所需的规格。粗轧机只有一套孔型系统，共用于全部产品。中、精轧机的轧型系统是按产品分组对应的。每一组轧机后设有飞剪，对轧件进行切头和切尾。由精轧机后的飞剪切成定尺。在精轧机后设有在线淬火-回火装置，对钢筋轧后进行余热淬火-回火处理。步进式冷床对轧件进行冷却，同时对轧件进行矫直。在冷床的堆垛缓冷装置上，使弹簧扁钢缓慢冷却，使其最终硬度适合冷剪。冷却后轧件经全自动的多条矫直，连续定尺飞剪，非磁性堆垛，棒材计数，短尺收集，打捆，称重和贴标签等一系列现代化处理。

综上所述，这种型、棒材一体化节能型轧机在生产中优点包括设备先进，自动化程度高，在一台轧机上可以生产质量高的多种产品，金属的收得率高，生产率高，生产周期短，操作人员少。

9.4.4 现代化线材轧机

线材生产发展的总趋势是在提高轧速、增加盘重、提高尺寸精度及扩大规格范围的同时，向改善产品的最终力学性能、简化生产工艺、提高轧机作业率的方向发展。20世纪的后30年，线材生产在不断地改进和更新换代，特别是20世纪80年代以来，由于各项制造技术的进步，自动化控制技术的发展，以及检测元件质量的提高，线材的精轧出口速度已经达到120m/s。坯料断面尺寸扩大到边长150～200mm。

线材轧机的粗轧和中轧机组与棒材轧机区别不大。现代化的线材轧机大都采用平、立交替布置的全线无扭轧制。线材轧机与棒材轧机的主要区别在于高速无扭精轧机组。

高速无扭线材精轧机组是指轧制时轧件不扭转，成品的出口速度在50m/s以上，成组配置的线材轧机。高速无扭精轧机组的主要机型是摩根型轧机，目前世界上已建成的约350套线材轧机中有2/3是摩根型轧机。其他机型有德马克型轧机、阿希洛型轧机、Y型轧机以及泊米尼型轧机等。此外，还有克房伯型、摩格斯哈玛型、达涅利型和台尔曼型等机组。

提高线材精轧机组的轧制速度可以得到很高的经济效益：

① 大幅度提高产量，随轧制速度提高，线材的小时产量增加，线材轧机成品轧制速度与产量的关系见表9-3。

② 可提高质量，高速线材轧机采用的单线轧制可保证线材成品精度，成品尺寸偏差可控制在±0.1mm。

③ 可增大盘重，线材坯料断面尺寸是成品线速度的函数，坯料断面与其重量又是平方关系，故提高轧制速度是增大盘重的重要途径。

④ 能降低产品成本，由于产量和质量的提高以及盘重和坯料断面尺寸的增加，因而降低了产品的成本。

▫ 表9-3 轧制速度与产量的关系表

轧制速度/(m/s)	收得率/%	小时产量/t	年产量/万吨		
			单线	双线	四线
30	80	22~28	10	20	40
40	80	30~37	13	25	50
50	80	37~46	16	32.5	65
60	80	45~56	19	37.5	75
70	75	50~66	21	42.5	85
80	75	58~76	25	50	100
90	70	60~85	25	50	100
100	70	66~94	27.5	55	100

复习思考题

1. 试述棒、线材的品种和用途。
2. 试述市场对棒、线材的质量要求。
3. 试述棒、线材的生产特点。
4. 试述棒、线材的生产工艺。
5. 试述棒材一般的冷却和精整工艺流程。
6. 试述线材一般的精整工艺流程。
7. 什么是柔性轧制技术？

8. 什么是低温轧制技术？

9. 什么是无头轧制技术？

10. 什么是切分轧制技术？

11. 什么是现代化棒材轧制技术？

12. 什么是现代化线材轧制技术？

型钢生产的一般问题

10.1　型钢的分类和用途及质量要求

　　型钢是经过塑性加工成形、具有一定断面形状和尺寸的直条实心钢材。型钢的范围比较广，产品品种规格众多，断面形状和尺寸的差异大。型钢广泛应用于国民经济的各个部门，如机械、金属结构、桥梁建筑、汽车、铁路车辆制造和造船等部门，在国民经济领域占有不可缺少的地位。

10.1.1　型钢的分类

　　按生产方式分，型钢有热轧型钢、冷弯型钢、挤压型钢、锻压型钢、拔制型钢、焊接型钢及特殊轧制型钢等，后者包括火车车轮、轮箍、钢球、变断面阶梯轴、齿轮、钻头等。目前的型钢品种规格已多达万余种。

　　热轧型钢生产具有规模大、效率高、能耗少和成本低等优点，故为型钢生产的主要方式。

　　按断面形状分，型钢品种可分为简单断面和复杂断面两类。简单断面型钢没有明显的凸凹分支部分，外形比较简单，包括方、圆、扁及六角等。简单断面型钢又称为棒材。复杂断面（或异形）型钢有明显的凸凹分支部分，成形比较困难，包括槽钢、工字钢及其他异形钢等。

　　按使用部门分，型钢有铁路用型钢（钢轨、鱼尾板、道岔用轨、车轮、轮箍）、汽车用型钢（轮箍、轮胎挡圈和锁圈）、造船用型钢（L型钢、球扁钢、Z字钢、船用窗框钢）、结构和建筑用型钢（H型钢、工字钢、槽钢、角钢、吊车钢轨、窗框和门框用钢、钢板桩等）、矿山用钢（U型钢、Π型钢、槽帮钢、矿用工字钢、刮板钢）、机械制造用异形钢材等。

　　按断面尺寸和单位长度的质量分，型钢可分为钢轨、钢梁、大型材、中小型材。

　　为了提高金属利用率、降低建筑结构和机器的重量与成本，目前普遍开始重视经济断面型钢和高精度型钢的发展。所谓"经济断面型钢",就是指其断面类似普通型钢,但壁薄,断面金属分配得更加合理,从而使之重量轻而截面模数大,既省金属又有较大的承载能力,便于拼装组合。其中 H 型钢(亦称平行宽缘工字钢)是各国大力发展的一种型钢。其特点是 H/B 值较小,腿宽而腰薄,腿内外侧边平行,腿端呈直角,这使其便于拼装组合成各种构件,从而节约焊接、铆接工作量 25% 左右。另外 H 型钢的断面模数、惯性矩均较大,故强度和刚度较高,常用于要求承载能力大、截面稳定性好的大型桥梁、高层建筑、重型设备、高速公路等,因此 H 型钢近年来发展很快。几个主要产钢国家的 H 型钢占大型型材产量的 30%~45%,H 型钢按其腰高与腿宽之比为 1:1、3:2、2:1,分别称为宽、中、窄幅 H 型钢。所谓"高精度型钢"是指其二次加工余量极少,或轧后可直接代替机械加工零件使用的轧材,如汽轮机叶片,各种冷轧、冷拔型材等,见图 10-1。

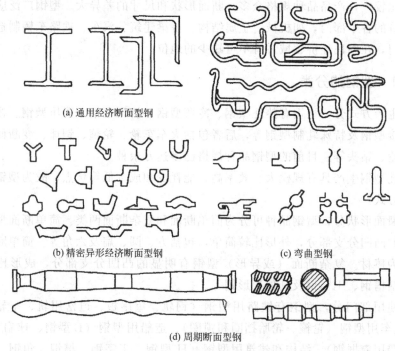

(a) 通用经济断面型钢

(b) 精密异形经济断面型钢　　　　　　　　　　(c) 弯曲型钢

(d) 周期断面型钢

图 10-1　经济断面型钢

10.1.2　热轧型钢的表示方法、规格范围和用途

热轧型钢形状各异,其表示方法也各不相同。表 10-1～表 10-3 分别列出了

上述各类热轧型钢部分产品的断面形状、规格范围、表示方法和用途。

☑ 表 10-1 部分简单断面型钢

名称		断面形状	表示方法	规格/mm	交货状态	用途
圆钢			直径	10～50 50～350	条(卷) 条	钢筋、螺栓、冲或锻零件、无缝管坯、轴
线材			直径	4.6～12.7	卷	钢筋、二次加工丝
方钢			边长	4～250	条(卷)	零件
扁钢			厚×宽	(3～60)×(10～240)	条(卷)	焊管坯、薄板坯
弹簧扁钢			厚×宽	(7～13)×(63～120)	条	车辆板簧
三角钢			边长	9～30	条	零件、锉刀
弓形钢			宽×厚	(15～20)×(5～12)	条	零件、锉刀
椭圆钢			宽×高	(10～26)×(4～10)	条(卷)	零件、锉刀
六角钢			内接圆直径	7～80	条	螺母、风铲、工具
角钢	等边		边长的 1/10	No. 2～ No. 25	条	建筑、造船、机械、车辆、结构件等
	不等边		长边长/短边长的 1/10	No. 2.5/1.6～ No. 25/16.5	条	建筑、造船、结构件

☑ 表 10-2 部分异形断面型钢

名称	断面形状	表示方法	规格/mm	用途
工字钢		以腰高的 1/10 表示,如腰高为 200mm,则为 20 号	80～630 (8 号～63 号)	建筑、造船、金属结构件

名称	断面形状	表示方法	规格/mm	用途
H 型钢		以腰高的 1/10 表示,如腰高为 200mm,则为 20 号	80～630 (8 号～63 号) 80～1200 (8 号～120 号)	土建、桥梁、建筑、支护
槽钢		以腰高的 1/10 表示,如腰高为 200mm,则为 20 号	50～400 (5 号～40 号)	建筑、车辆制造、金属结构件
钢轨		以每米单位重量表示,如 50kg/m	5～24kg/m 38～75kg/m 80～120kg/m	轻轨,矿山用 重轨,铁路用 起重机轨,吊车用
T 字钢		以腿宽表示,如腿宽 200mm,则表示为 T_{200}	20～400	结构件、铁路车辆
Z 字钢		以高度表示,如高 310mm,为 Z_{310}	60～310	结构件、铁路车辆
窗框钢			品种规格 20 余种	钢窗
钢桩			槽型、Z 型、板型、U 型	矿山、码头、海港、井下工程
球扁钢		宽×厚	(50×4)～(270×14)	造船
履带钢				拖拉机、电铲等链板
鱼尾板		以对应的钢轨号表示		钢轨接头
轮辋钢		以对应的汽车号表示		汽车轮辋
其他小型异型钢				纺织、轻工、化工、船舶等

名称	形状	轧法	用途
螺纹钢		二辊纵轧	建筑、地基、混凝土结构
梨铧钢	*A—A*　*B—B*	二辊纵轧	犁铧
轴承座圈		二辊斜轧	轴承外座圈
交断面轴		三辊楔横轧	各种轴类
犁刀型钢		二辊纵轧	犁刀坯

10.1.3　热轧型钢钢种及质量要求

根据国家标准,用于生产型钢的钢种有非合金钢、低合金钢和合金钢三类。

(1) 用于生产型钢的非合金钢

用于生产型钢的优质非合金钢主要有:以规定最低强度为主要特征的优质碳素结构钢 65Mn、70Mn、55Ti、60Ti、70Ti 等,U71、U74 重轨等优质碳素钢,16q 桥梁用钢,12LW、15LW、08Z~25Z 汽车用钢;以碳含量为主要特征的焊条用钢,如 H08、H15Mn、ML10~ML45、ML25Mn~ML45Mn 冷镦用钢,25~65、40Mn~60Mn 冷拔用盘条,Y12~Y35、Y12Pb、Y15Pb、Y45Ca 易切削结构钢等。

特殊质量非合金钢是指在生产过程中需要特别严格控制钢的质量和性能(例如控制钢的淬透性能和钢质的纯净度),钢材要进行热处理,限制非金属夹杂物含量和改善内部材质均匀性等的非合金钢。生产特殊质量非合金钢型钢的钢种主要有:以规定最低强度为主要特征的 65Mn、70Mn、70~85 优质碳素结构钢,CL60A 级、LG60 与 LG65A 级铁道用钢,所有航空专用非合金结构钢以及各种兵器用非合金钢;以氧含量为主要特征的 H08E、H08C 焊条用钢,65~68、65Mn 碳素弹簧钢,65~80、60~70Mn、T8MnA、T9A 特殊盘条钢,非合金调质钢,冷顶锻和冷挤压钢;要求测定热处理后冲击韧性的 Y75 易切削钢;碳素工具钢。

（2）用于生产型钢的低合金钢

用于生产型钢的低合金钢，在国家标准中将低合金钢作为一种分类规定下来。在我国，已经形成完整的低合金钢钢号系列和标准体系。牌号系列中以锰系为主，有些钢中加入微量元素钼、铌、镉、稀土等，重点牌号为16Mn。用于生产型钢的低合金钢也分为普通质量低合金钢、优质低合金钢和特殊质量低合金钢3个质量等级。

① 普通质量低合金钢。在生产中不规定进行专门的质量控制，如不规定对钢材进行热处理等，但应满足有关标准中所规定的技术条件。用于生产型钢的普通质量低合金钢主要包括：以规定最低强度为主要特征的 Q195、Q215、Q235、Q255 中的 A、B 级和 Q275 碳素结构钢，Q235 碳素钢钢筋、50Q、55Q、Q235 A 及一般工程用不进行热处理的钢；以碳含量为主要特征的普通碳素钢盘条、一般用途低碳钢钢丝等。

② 优质低合金钢。要在生产中有目的地进行钢的质量控制，降低钢中硫、磷含量，控制晶粒度，改善表面质量，增加工艺控制等，以达到比普通质量低合金钢高一个级别的质量要求。

用于生产型钢的优质低合金钢主要包括：屈服强度大于 360MPa 并小于 420MPa 的可焊接低合金高强度结构钢，如 15MnV、15MnTi、16MnNb、15MnVNb 等，造船、汽车、桥梁和自行车用低合金钢，如 AH36、DH36、EH36、06～10TiL、16Mnq、15MnVq；铁道用低合金重轨钢，如 U71Cu、U71Mn、U70MnSi、U71MnSiCu；铁路用异形钢，如 09CuRe、90V；矿用低合金结构钢，如调质的 20Mn2K、20MnVK、34SiMnK；易切削结构钢，如 Y40Mn。

③ 特殊质量低合金钢。除满足合金成分在限定范围内之外，在生产中还要严格控制非金属夹杂物含量，钢材内部质量要均匀，控制硫、磷含量（质量分数）小于或等于0.025%，铜（质量分数）≤0.10%。用于焊接的高强度钢屈服强度不小于 420MPa，更应满足钢材的低温（低于−40℃）冲击性能。

用于生产特殊质量低合金钢型钢的钢种主要有：焊接用低合金钢、船舰兵器用低合金钢；铁道用低合金车轮钢，如 CIA5MnSiV；低温用低合金钢。

（3）用于生产型钢的合金钢

用于生产型钢的合金钢的质量等级分为优质合金钢、特殊质量合金钢两类，均可用于生产各种品种规格的型钢。用合金钢生产的型钢多以棒材、线材和丝材为主。

优质合金钢是在满足合金成分要求的条件下，在生产过程中对其钢的质量和性能进行必要的控制，但其要求低于特殊质量合金钢。例如，生产可焊接的高屈服强度合金结构钢规定，其屈服强度值不大于420MPa，耐磨钢和硅锰弹簧钢中的磷、硫含量（质量分数）不大于 0.035％等。

用于生产型钢的优质合金钢钢种主要包括：一般工程结构用合金钢，主要为高强度合金钢，但屈服强度值小于 420MPa，如生产履带板用热轧型钢；合金工具钢，除要求高强度外，还有硬度的要求，如各种刀具和模具用热轧型钢。

10.2　型钢的轧制方法与生产的特点

10.2.1　型钢轧制方法

热轧型钢具有生产规模大、效率高、能量消耗少和成本低等优点，是型钢生产的主要方式。其轧制方法有以下几种：

（1）普通轧法

一般在二辊或三辊轧机上进行的轧制叫普通轧法。孔型由两个轧辊的轧槽所组成，能生产一般的简单断面、异形断面和纵轧周期断面型钢。当轧制异形断面产品时，不可避免地要用闭口轧槽，此时轧槽各部分存在明显的辊径差，见图 10-2，因此无法轧制凸缘内外侧平行的经济断面型钢；而且轧辊直径还限制着所轧型钢的凸缘高度，辊身长度限制着轧件宽度，因此轧制 60 号以上工字钢和大型钢桩等感到困难。辊径差和不均匀变形的存在，引起孔型内各部分金属的相对附加流动，从而增加轧制能耗，加速孔型磨损，且成品内部产生较大的残余应力，影响轧材质量。但这种轧法设备比较简单，故目前大多数型钢生产仍然采用这种方法。

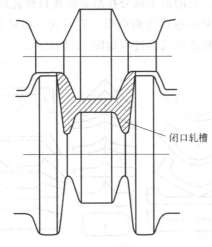

闭口轧槽

图 10-2　闭口轧槽和辊径差

（2）多辊轧法

多辊轧法的特点是：孔型由 3 个以上轧辊的轧槽所组成，从而减少闭口槽的不利影响，辊径差也减少，可轧出凸缘内外侧平行的经济断面型钢，轧件凸缘高度可以增加，还能生产普通轧法不能生产的异形断面产品。这种轧法比普通轧法轧制精度高，且轧辊磨损、能量消耗、轧件内残余应力均减少。其中 H 型钢即属这一类。图 10-3 为采用多辊轧法轧制角、槽、T 字钢的示意图。

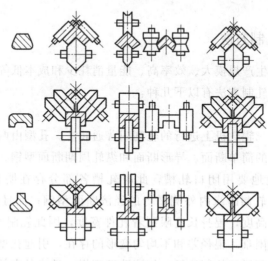

图 10-3　多辊轧法示意图

（3）热弯轧法

这种轧法的特点是：它的前半部分孔型是将坯料热轧成扁带或接近成品断面的形状，然后在后续孔型中趁热弯曲成形，它可在一般轧机或顺列布置的水平-立式轧机上生产，热弯轧法的成形过程如图 10-4 所示。

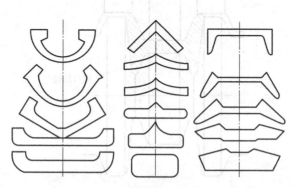

图 10-4　热弯型钢成形过程

（4）热轧纵剖法

它的特点是：将较难轧的非对称断面产品先设计成对称断面，或将小断面产品设计成并联形式的大断面产品，以提高轧机能力，然后在轧机上或冷却后用圆盘剪进行纵剖，这种方法可以提高轧机的生产能力。

（5）热轧-冷拔法

先在热轧机上轧制成形，但留有一定的冷加工余量，然后经冷拔加工成材。这种方法可生产力学性能和表面质量均高于一般热轧型钢的产品，可直接加工成机械零件。

10.2.2 型钢生产的特点

（1）产品断面复杂

产品的断面比较复杂，除方、圆、扁等简单断面产品外，大多数为异形断面产品，这就给轧制生产带来以下影响：

① 严重不均匀变形。由于坯料大多为方形、矩形，因此轧制异形钢材，必然产生严重的不均匀变形，因而带来相应的不良后果。另外在孔型各部分存在明显的辊径差，使轧辊各点线速度与轧件速度不一致。断面各部分不是同一时间与轧辊接触变形，使本来变形不均匀的现象更加严重，非对称断面在孔型内受力、变形更为不均。某些产品在轧制过程中存在热弯变形等，使轧型内变形规律更加复杂化。

② 轧件各部的温度、变形程度、轧辊直径的不同，使型钢生产中的前滑等参数计算要比板生产中困难得多。

③ 孔型限制宽展或强迫宽展的作用，使本来计算困难的宽展值更加难以计算。因而目前有许多方面仍靠经验解决，其中有不少问题必须今后在理论上加以研究解决。

④ 严重的不均匀变形，对轧制产品的质量、能耗、轧辊消耗、孔型的调整、轧机的产量等都有不利影响。

⑤ 由于轧件断面复杂，各部分轧制条件不同，所以轧件轧后各部分温度不同，且冷却条件也不同，因此轧件各部分冷缩不一致，造成轧件内部存在较大的残余应力和成品尺寸的变形。如何防止异形断面轧后冷却不均造成弯曲扭转，也是一个必须解决的问题。

⑥ 型钢生产中如何防止异形端面剪切过程中轧件端部走形，控制矫直质量，特别是矫直侧向弯曲问题，如何实现成品机械化包装等问题，都具有一定困难。

⑦ 组织连轧生产较困难。由于断面复杂，连轧中的推拉关系的控制难度较大，断面形状尺寸很难保证。断面各部分尺寸不同，使连续测量和连续探伤困难。因此使异形型钢连轧发展缓慢，近年才有少数国家出现复杂断面的连轧生产。

（2）产品品种多

除少数专业化型钢轧机外，大多数型钢轧机生产的品种规格繁杂而多样，因此造成坯料的品种规格多、轧辊储备量大、导卫装置数量多，使生产管理工作大为复杂。并且换辊次数频繁，轧机安装调整技术要求较高，从而大大影响轧机有效生产时间。因此对于多品种型钢车间来说，如何加强孔型和备件的共用性；如何加强管理；如何调配生产计划，实现快速换辊；如何使精整工艺流程合理，使各品种精整流线互不干扰，实现机械化代替繁重的体力劳动，这些都是型钢生产正在不断完善的地方。

（3）轧机结构和类别多

型钢品种、规格很多，尺寸相差很大，加上各自生产要求不同，使得型钢轧机类型很多，包括各种轧机类型和布置形式。

在轧机结构形式上有二辊式轧机、三辊式轧机、四辊万能孔型轧机、多辊孔型轧机、Y型轧机、45°轧机和悬臂式轧机等。轧机布置形式上有横列式轧机、顺列式轧机、棋盘式轧机、半连续式轧机和全连续式轧机等。

采用何种轧机和布置形式，需视生产品种、规格及产品技术条件而定。一般将轧机分为大批量、专业化轧机和小批量、多品种轧机两类，以便发挥各类轧机之所长。专业化轧机包括H型钢轧机、重轨轧机、钢筋轧机和线材轧机以及特殊型钢轧机等。这几种轧机产品专业化强、批量大，并有配套的专用设备。其优点是：轧机作业率与设备利用率高、技术容易熟练、易于实现机械化和自动化，对提高产品质量、产量、劳动生产率，降低成本均有好处。专业化轧机一般采用连续式或半连续式轧机。多品种轧机可采用联合型钢轧机，以适应多品种生产，满足国民经济各部门的需要。

10.3 热轧型钢生产工艺

10.3.1 热轧型钢生产系统

生产各种热轧型钢产品的轧钢系统叫热轧型钢生产系统。一般热轧型钢生产系统的年产量不超过3万吨，但许多国家的热轧型钢在热轧钢材中都占有较大比例（一般占30%～35%），加上连铸连轧技术的发展，使得型钢生产的原料不再完全依赖于初轧和开坯，因此，热轧型钢生产系统仍是最常见的一种单一化的轧钢生产系统，系统图示如图10-5所示。

组成型钢生产系统的基本轧机是方坯初轧机、中小型钢坯连轧机和各类成品型钢轧机。其所用坯料除由系统内的初轧机、中小型钢坯连轧机供应外，各种规格的方形或矩形连铸坯已成为各类钢成品轧机的主要坯料来源。

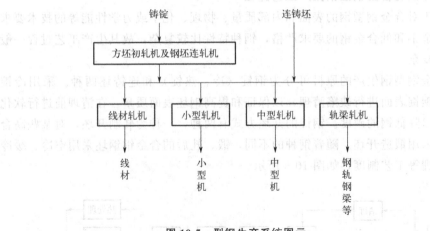

图 10-5 型钢生产系统图示

钢铁生产规模的大小以及对型钢钢种、品种规格的要求是选择和决定型钢生产系统轧机组成的基本依据。

10.3.2 热轧型钢的生产工艺过程

(1) 热轧非合金钢和低合金钢型钢的生产工艺过程

根据所采用的原料和型钢生产系统，热轧非合金钢和低合金钢型钢生产工艺过程可分为以下三种类型：

① 连铸坯直接轧制系统。其特点是连铸设备和轧钢设备紧凑，充分利用连铸坯的热量，坯料不重新加热或仅角部局部加热后直接进入轧机，轧制成成品。这一工艺不需要建立大的开坯机，但要求连铸质量有所保证，连铸速度和轧制速度要匹配、协调。

② 连铸坯采用一次加热，轧制成成品。连铸坯既可以是冷料，也可以热送热装。在热送连铸坯过程中，采取保温措施，减少热量损失。这种生产工艺已在型钢生产中得到广泛应用。

③ 以钢锭和连铸坯为原料的大型生产系统。其特点是有能力强大的初轧机或开坯机。以钢锭为原料时，既可以用热锭，也可以用冷锭在均热炉中加热。原料经加热之后初轧成坯，经二次加热甚至三次加热轧成成品。由于多次加热，增加了燃料和金属消耗，所以除特殊要求外，一般新建型钢轧机都不采用这一工艺。

以上三种类型的型钢生产工艺的基本工序是相同的，即：原料—加热—轧制（或控制轧制）—冷却（或控制冷却）—精整—表面清理—打印、标记—包装—入库。

（2）热轧合金钢型钢生产工艺过程

由于对合金钢型钢的表面和内部质量、物理、化学或力学性能等的技术要求比非合金钢和低合金钢的要求严格，钢种特性比较复杂，故其生产工艺过程一般也比较复杂。

合金钢型钢生产的原料可分为钢锭（冷、热锭）和连铸坯两种。采用冷锭时，对钢锭表面进行缺陷清理，以保证和提高钢坯表面质量。在清理前进行软化退火，以降低钢的硬度。钢锭的开坯方式有两种，一种为轧制开坯，对某些高合金钢则采用锻造开坯。随着钢种的不同，锻、轧后的合金钢钢坯采用空冷、缓冷和热处理等工艺制度，如图 10-6 所示。

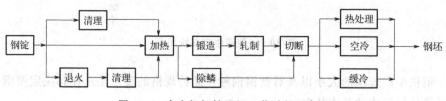

图 10-6 合金钢钢锭开坯工艺过程示意图

由于合金钢的钢种、型钢尺寸和用途的不同，合金钢型钢的生产工艺过程也有所不同，基本生产工艺如图 10-7 所示。

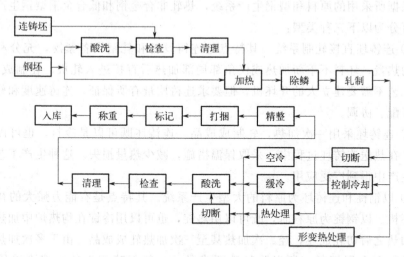

图 10-7 合金钢型钢生产工艺过程示意图

为了清除合金钢表面缺陷，通常先对所用原料连铸坯和轧（锻）坯进行酸洗，然后进行表面检查和清理，接着在连续式加热炉中加热，经高压水除鳞后轧制。轧后合金钢型钢进行控制冷却或变形热处理等工艺，控制型钢的组织状态和性能。然后进行表面检查、缺陷清理、精整，一些合金钢进行必要的热处理，最后进行打捆、标记、打印和入库。与非合金钢和低合金钢相比，合金钢轧制时，除各工序的具体工艺规程会因钢种的不同而不同外，在工序上多了原料准备中的退火和酸洗，轧制后的热处理和酸洗等工序。

10.3.3　型钢轧制工艺

（1）坯料

型钢在材质上的要求一般并不特殊，在目前的技术水平下，几乎可以全部使用连铸坯。连铸坯的断面形状可以是方形、矩形，目前正在开发和使用异形坯。坯料的检查一般依靠肉眼，采用火焰清理。用连铸坯轧制普通型钢，绝大多数可以不必检查和清理，从这个角度上说，大、中型型钢最容易实现连铸坯热送热装，甚至直接轧制。

（2）加热、轧制

现代化型钢生产的加热一般使用步进炉，以避免水印对产品质量的不利影响。

通用型钢的轧制工艺并不复杂，工艺流程如图 10-8 所示。型钢轧制分为粗轧、中轧和精轧。粗轧的任务是将坯料轧成适用的雏形中间坯。在粗轧阶段，轧件温度较高，应该将不均匀变形尽可能放在粗轧孔型轧制阶段。中轧的任务是令轧件迅速延伸，接近成品尺寸。精轧是为保证产品的尺寸精度，延伸量较小，成品孔和成前孔的延伸系数一般为 1.1～1.2 和 1.2～1.3。

(两辊孔型)　　　　　　(两辊孔型或万能孔型)

图 10-8　通用型钢的轧制工艺流程

现代化的型钢生产对轧制过程有以下要求。

一种规格的坯料在粗轧阶段轧成多种尺寸规格的中间坯。如果型钢坯料全部使用连铸坯，从炼钢和连铸的生产组织来看，连铸坯的尺寸规格是愈少愈好，最好是只要求一种规格。而型钢成品尺寸规格却是愈多，企业开拓市场的能力就愈强，这就要求粗轧具有将一种坯料开成多种坯料的能力。另外粗轧还可以对异形坯进行扩腰扩边轧制和缩腰缩边轧制。型钢的粗轧一般都是在两辊孔型中进行。

对于异形型材，在中轧和精轧阶段尽量多使用万能孔型和多辊孔型。由于多辊孔型和万能孔型有利于轧制薄而高的边，并且容易单独调整轧件断面上各部分的压下量，可以有效地减少轧辊的不均匀磨损，提高尺寸精度。原则上，轧制凸缘型钢，多使用万能孔型和多辊孔型是有好处的。

在万能轧机上连轧 H 型钢在设备和技术上不断成熟。型钢连轧由于轧件的断面截面系数大，不能使用活套，机架间的张力控制一般是采用驱动主电机的电流记忆法或者是力矩记忆法进行。

对于绝大多数型钢，在使用上一般都要求低温韧性好和具有良好的可焊接性，为保证这些性能，在材质上就要求碳当量低。对这些钢材，实行低温加热和低温轧制可以细化晶粒，提高材料的力学性能。在精轧后进行水冷，对于提高材料性能和减少在冷床上的冷却时间也有明显好处。

(3) 精整

型钢的轧后精整有两种工艺，一种是传统的热锯切定尺，定尺矫直工艺；一种是较新式的长尺冷却、长尺矫直、冷锯切工艺，其工艺流程如图 10-9 所示。

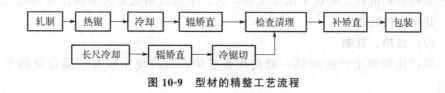

图 10-9　型材的精整工艺流程

型钢精整，较为突出之处就是矫直。型材的矫直难度大于板材和管材，原因是：其一在冷却过程中，由于断面不对称和温度不均匀造成的弯曲大。其二是型材的断面系数大，需要的矫直力大。由于轧件的断面较大，因此矫直机的辊距也必须大，矫直的盲区大，在有些条件下，对钢材的使用造成很大影响。减少矫直盲区，在设备上的措施是使用变节距矫直机，在工艺上的措施就是长尺矫直。

10.3.4　型材轧机的典型布置形式

(1) 大型型钢轧机的布置形式

大型型钢轧机的布置形式，绝大多数是横列式和串列式布置，以生产 H 型钢为主的万能轧机有少量的半连续式布置，中、小型型材轧机则有全连续式和棋盘式的布置。

① 串列式　典型的串列式大型型钢轧机多数是万能轧机，其轧机组成最常见的方式是：粗轧机为一台或两台二辊可逆开坯机（BD 机），中轧机是一组万能-轧边端-万能 3 机架可逆连轧机组（UEU 机组）或者是一组或两组万能-轧边端可逆连轧机组（UE 机组），精轧机是一台成品万能轧机（U_f 轧机），如图 10-10 所示。

大型型钢轧机在布置形式上近年来有以下发展：

a. 各架万能轧机可根据需要很方便地转换成两辊轧机。

b. 以生产 H 型钢为主时，不设置万能精轧机，UEU 机组形成 X-H 系孔型直接轧成品，优点是大大缩短厂房长度。

BD₁ 　　 BD₂ 　　　　 U₁EU₂ 　　　　 Uf

图 10-10　串列式大型型钢轧机的典型布置

② 横列式　横列式大型型钢轧机以一列式和两列式最多，见图 10-11。横列式布置的优点是：厂房的长度短；产品灵活；设备简单；造价低，操作方便，便于生产断面形状复杂的产品，对小批量、多品种的生产适应性强。对于产品品种较多的情况，横列式大型轧机有其优越性，即使在工业先进国家，这种布置形式也还有广阔的生存空间。如果在多列的横列式布置的轧机中再装备 1～2 架万能轧机，则横列式布置的轧机将具有很强大的市场竞争力。

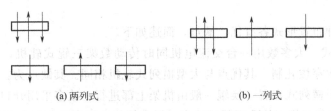

(a) 两列式 　　　　　　　　　　 (b) 一列式

图 10-11　横列式大型型钢轧机的两种布置

③ 半连续式　大型型钢半连续式布置的轧机多见于万能连轧机，其布置如图 10-12 所示。在万能连轧机组前有一台或两台二辊可逆开坯机，万能连轧机由 5～9 架万能轧机（U）和 2～3 架轧边端机（E）组成，万能轧机数目较多时，则分成两组。从设备条件上看，万能连轧机由于是连续布置，应该最适合于生产轻型薄壁的 H 型钢。但实际上，H 型钢在连轧时，由于轧件形状的限制，在整个连轧线的长度上，轧辊冷却水充满了由轧件腰部、两条上腿和上、下游轧辊所组成的空间，无法排出，轧件腰部温降很快，故万能连轧机轧制轻型薄壁型材的优点并不明显。另外，由于型材的市场常常要求多规格、小批量，因此连续式布置满足这种要求既有困难也不经济。故在世界范围内，万能型钢连轧机的数量并不多。

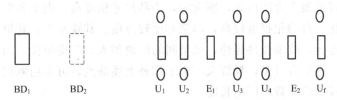

BD₁ 　　 BD₂ 　　　 U₁ 　 U₂ 　 E₁ 　 U₃ 　 U₄ 　 E₂ 　 Uf

图 10-12　半连续式万能型钢轧机的典型布置

（2）中型型钢轧机的典型布置形式

中型型钢轧机的布置形式主要有横列式、顺列式和连续式 3 种，此外还有所谓的棋盘式、半连续式等布置形式，后者可视为前者的变种或者组合。前三种布置形式的机架排列如图 10-13 所示。

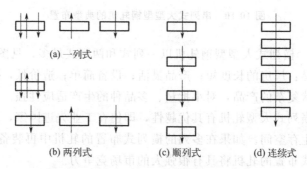

图 10-13　中型型钢轧机的典型布置示意图

以上各种布置形式各有优、缺点，简述如下。

① 横列式　大多数用一台交流电机同时传动数架三辊式轧机，在一列轧机上进行多道次穿梭轧制。其优点与大型横列式轧机相同。其缺点为：产品尺寸精度不高，由于横列式布置，换辊一般由机架上部进行，故多采用开口式或半闭口式机架，由于每架排列的孔型数目较多，辊身较长，辊身长与辊直径比 $L/D=3$，因而轧机刚度不高，这不但影响产品尺寸精度，而且也难以轧制宽度较大的产品；轧件需要横移和翻钢，故长度不能大，间隙时间长，轧件温降大，因而轧件长度和壁厚均受限制；不便于实现自动化，第一架轧机受咬入条件限制，希望轧制速度低，末架轧机为保证终轧温度和减少轧件头尾温差，又希望轧制速度高，而各架轧机辊径差受辊轴的倾角限制不能过大。这种矛盾只有速度分级后才能解决，从而促使横列式轧机向二列式、多列式发展。产品规格越小，轧机列数就越多。

② 顺列式　各架轧机顺序布置在 1～3 个平行纵列中，各架轧机单独传动，每架只轧一道，但机架间不形成连轧。这种布置的优点是：各机架的速度可单独设置或调整，使轧机能力得以充分发挥。由于每架只轧一道，故轧辊 $L/D=$ 1.5～2.5，且机架多为闭口式，刚度大，产品尺寸精度高。由于各架轧机互不干扰，故机械化、自动化程度较高，调整亦比较方便。其缺点为：轧机布置比较分散，由于不连轧，故随轧件延伸，机架间的距离加大，厂房很长，因此，轧件温降仍然较大。机架数目多，投资大。为了弥补上述缺点，可采用顺列布置，可逆轧制，从而减少机架数和厂房长度。

③ 连续式　各架轧机纵向紧密排列成为连轧机组，每架轧机可单独传动或

集体传动，每架只轧一道。一根轧件可在数架轧机上同时轧制，各机架间的轧件秒流量保持相等。其优点是：轧制速度快，产量高；轧机紧密排列，间隙时间短，轧件温降小，可尽量增大坯料重量，提高轧机产量和金属收得率。其缺点是：机械和电器设备比较复杂，投资大，并且所生产的品种受限制。目前，产量较高的中型连轧车间的年产量可达 160 万吨。

各种布置形式都有明确的优、缺点。为了兼顾各种不同的条件，可采用半连续式、棋盘式布置等形式。

④ 半连续式　它介于连轧和其他型式轧机之间。常用于轧制合金钢或旧有设备改造。其中一种粗轧为连续式，精轧为横列式，另一种粗轧为横列式或其他型式，精轧为连续式。其设备布置比较紧凑，调整较为方便。此种轧机往往采用多根轧制，故产量亦较高。其缺点：由于多根轧制，产品精度难以提高，轧件经正围盘转向 180°，使轧制速度提高受到限制。

⑤ 棋盘式　它介于横列式和顺列式之间，前几架轧件较短是顺列式，后几架精轧机布置成两横列，各架轧机互相错开，两列轧辊转向相反，各架轧机可单独传动或两架成组传动，轧件在机架间靠斜辊道横移。这种轧机布置紧凑，适于中小型型钢生产。

(3) 生产小型异型材的轧机布置形式

以生产小型异型材为主的轧机一般都不是以追求产量为目标，而是以多品种、小批量来填补市场空白，故这种轧机的适用布置形式是横列式。

10.4　型钢生产的发展

型钢生产的发展主要表现在以下几个方面：

化学成分更加纯净。通过炼铁、炼钢和炉外精炼等新技术的采用，对钢的成分、有害气体和夹杂物等进行严格的控制，净化了钢质，改善和提高了钢材的内部质量。

生产日趋连续化。为了提高轧机产量及成品精度，型钢生产趋向采用连续生产方式，特别是轧制小断面型材时，连续生产具有特殊的优越性。

轧制速度不断提高。生产过程的连续化为提高轧制速度提供了有利的条件。连续式中小型轧机的轧制速度达到 14～36m/s。

轧机的强度和刚度不断提高。为了提高型钢的断面形状和尺寸精度，对轧机结构进行更新和改造，采用各种类型的短应力线轧机、预应力轧机等。

广泛采用连铸坯，同时为满足异形型钢生产，近终形连铸坯也正在开发并得到一定的应用。国外一些型钢厂连铸比在 90% 以上。连铸坯热送热装和直接轧制技术或短流程技术的采用，将连铸坯直接热送到轧钢车间，稍进行加热、均温后即可进行轧制，简化了工艺，节省了热能。

柔性轧制设备的发展，目前已投产多种具有柔性轧制能力的新型型钢轧机机组，开发了 H 型钢自由尺寸轧制、延伸道次无孔型轧制、多辊万能孔型轧制等柔性轧制新技术。

切分轧制技术的推广应用和发展，广泛采用切分辊和切分轮设备，具有提高产量、减少道次、降低能耗和轧辊消耗等优点。

采用低温轧制、控制轧制、控制冷却和形变热处理技术。根据热变形物理冶金理论，通过控制轧制工艺参数和轧后冷却速度来控制钢材组织变化规律，改善和提高型钢的性能。

开发新品种和经济断面型钢。复杂断面型钢向着轻型薄壁型材和平行宽腿钢梁即 H 型钢的方向发展，以提高型钢的承载能力，减轻钢结构件的自重。用冷弯型钢和热弯型钢替代一些热轧型钢产品。

生产趋向专业化。采用专用设备，如型钢万能轧机、H 型钢轧机以及专用加工线进行生产，以提高轧机产量、产品质量和降低成本。

发展低合金钢和合金钢型钢。利用铌、钒、钛等合金化元素，配合控制轧制、控制冷却和形变热处理工艺，生产低合金钢和合金钢型钢，能显著地提高型钢的性能，延长使用寿命。

复习思考题

1. 什么是型钢？试述型钢的应用。
2. 型钢是如何分类的？
3. 型钢轧制方法有哪几种？
4. 热轧型钢轧制方法有哪几种？
5. 简述热轧非合金钢和低合金钢型钢的生产工艺过程。
6. 型钢生产的发展主要表现在哪几个方面？

第**5**篇

管材生产工艺

　　管材的用途涉及所有的工业部门，所以各国对它的发展都十分重视，各主要工业国家的钢管产量一般占钢材总产量的10%～15%，我国占8%～10%。

　　管材生产基本有两大类：一类为无缝管，无缝钢管以轧制方法生产为主，高合金钢种用挤压方式生产，有色金属无缝管以挤压方法生产为主；另一类为焊接管，这种管材生产的连续性强，效率高，成本低，单位产品的投资少，加之带材生产迅速发展，使得它在管材产量中的比重不断增长。目前，焊接钢管在各主要工业国家占钢管总产量的50%～70%，我国的焊接钢管比重约为55%。随着焊接钢管的质量不断改善，现在已经不只是用于一般的输送管道，而且已用做锅炉管、石油管，并部分地取代了无缝钢管。

热轧无缝管材生产工艺

11.1 无缝钢管的用途与分类

按照用途，无缝钢管可以分为以下几类。

① 输送管。用于输送液体、煤气等。

② 锅炉管和蒸汽输送管。用于蒸汽锅炉的管系、结构和输汽，包括输送高温高压的蒸汽。

③ 仪器用管。

④ 结构管。广泛用于航空、汽车、拖拉机等工业部门。

⑤ 石油工业用管。主要用于石油和天然气的开采，如套管、钻杆和管，以及石油提炼加工用管等。

⑥ 机械制造用管。用这种钢管来制造滚珠轴承的座圈、空气泵和液压泵的柱塞、转动轴和机体等。

⑦ 高压容器。用于制造瓶、锅炉及外壳等。

11.2 无缝钢管生产工艺

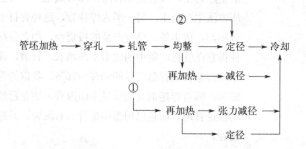

无缝钢管生产工艺根据各轧管机组的类型而定。热轧无缝钢管机组主要包括

自动轧管机组、连轧管机组、三辊轧管机组、圆盘（狄塞尔）或精密轧管机组、周期轧管机组、顶管机组。各类型机组基本生产工艺流程概述如下。

（1）自动轧管、连轧管、三辊轧管、圆盘轧管或精密轧管机组工艺流程

① 周期轧管机组工艺流程如下。

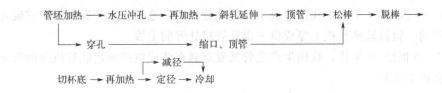

② 顶管机组工艺流程如下。

管坯加热 ⟶ 水压冲孔 ⟶ 再加热 ⟶ 斜轧延伸 ⟶ 顶管 ⟶ 松棒 ⟶ 脱棒 ⟶

穿孔 ⟶ 缩口、顶管 ⟶

减径 ⟶
切杯底 ⟶ 再加热 ⟶ 定径 ⟶ 冷却

③ 大型顶管机组工艺流程如下。

钢锭加热 ⟶ 水压冲孔 ⟶ 再加热 ⟶ 水压顶管 ⟶ 冷却

（2）挤压管机组的工艺流程

管坯加热 ⟶ 液压冲孔 ⟶ 感应加热 ⟶ 液压挤管 ⟶ 定径 ⟶ 冷却

再加热 ⟶ 减径 ⟶

上述无缝钢管生产的工艺流程，基本上可分为三个主变形工序：穿孔（轧制）成管状毛坯的"毛管"；轧制成热成品管要求壁厚的"荒管"；轧制成热成品管要求外径的"成品管"。

① 穿孔（轧）毛管。毛管是无缝钢管生产流程中的第一道变形工序，是将经过加热的管坯在穿孔机上穿孔成厚壁毛管，毛管应无内外表面缺陷，以便在下一工序中轧制。对于那种在水压冲孔机上只能冲制成厚壁杯型坯（一端被封死）的管料，还需要再加热后继续在延伸机上减壁延伸，延伸的同时也将杯型坯的杯底延穿成毛管。但是，老式顶管机组的工艺有所不同，由于顶管工序的特殊需要（冲孔杯型的杯底承受顶推力），在延伸机上只减壁延伸而不延穿杯底。

生产毛管的方法有：二辊或三辊斜轧穿孔；水压冲孔并延伸；推轧穿孔并延

伸。我国各个时期生产毛管的方法如下。

a. 我国最早生产毛管的时间是 20 世纪 50 年代初期，毛管由自动轧管机组的二辊斜轧穿孔机生产，为自动轧管机提供轧制坯料。50 年代后期，我国又建设了多套穿孔机组、自动轧管机组，利用穿孔机或自动轧管机组中的穿孔机组来生产毛管。

b. 20 世纪 60 年代，顶管机组和周期轧管机组投产，加热后的方坯和钢锭分别在立式和卧式水压冲孔机上冲成厚壁杯型坯，经再加热后在延伸机上减壁延伸在顶管机上轧制的"带底的毛管"，或减壁延伸并延穿杯底后在延伸机上轧制的毛管；挤压管机组投产后，在立式水压冲孔机上冲制或扩制成毛管，再加热后供挤压机挤压成管。

c. 20 世纪 70 年代，我国建成了三辊轧管机组，毛管的生产发展到在三辊轧管机组的三辊斜轧穿孔机上穿成供三辊轧管机轧管的毛管。

d. 20 世纪 80 年代，我国生产毛管又发展到在建成投产的连轧管机组的狄塞尔穿孔机上轧制。

e. 20 世纪 90 年代，在我国自行开发研制的 50mm 三辊联合穿孔无缝钢管机组的联合穿孔机上，直接穿轧出荒管，可直接供定径机加工成品管。

同时，毛管还在建成的其他轧管机组的锥形辊穿孔机上生产。

② 轧制荒管。轧制荒管是无缝钢管生产流程中的第二道变形工序，主要是将厚壁毛管在保证质量的前提下，轧制到成品管要求（并要考虑后面工序的影响）的壁厚尺寸和精度。壁厚轧薄的变形主要是使钢管在长度方向延伸（变长），并伴随着直径方向的缩小、扩大的变形。直径方向的变形与轧管机机型有关，但荒管外径一定要保证大于热成品管的外径。

自动轧管机轧制荒管，因减壁量较小（一般延伸系数不超过 2.1），则直径方向的变形量也较小。荒管外径由轧管机轧辊孔型决定，调整范围较小。这种轧管机轧后的钢管存在对称性壁厚不均，所以后续工序必须经过均整机均整，以消除壁厚不均。

顶管机和周期轧管机轧制荒管时，减壁量大（最大延伸系数可达到 6～12），其直径方向的变形量也较大。荒管外径由轧辊孔型决定，调整范围也不大。由于顶管机是三辊或四辊，周期轧管机虽是二辊，但其壁厚的重轧次数多（3 次以上），所以轧制后荒管的壁厚不均程度比自动轧管机的好，不再需要均整工序。但是顶管后因荒管紧抱顶杆，并带有杯底，所以必须松棒、脱棒和锯切杯底。

连轧管机轧制荒管减径量和减壁量大，荒管的外径及壁厚由轧辊孔型和芯棒直径决定。在同一孔型中通过一定量的径向调整或更换芯棒规格，可轧制出不同壁厚的钢管。连轧管机轧制荒管的工艺在我国已经有数套机组采用。

由于斜轧管机（三辊、圆盘狄塞尔或精密轧管机）轧制荒管的方式是斜轧，所以在轧制过程中金属的流动方向是斜向，即分为纵向和横向，纵向是钢管的长度方向，横向是钢管的直径方向。斜轧的主方向是横向，这对扩径轧制非常有利，而对等径和减径轧制则是极其不利的。三辊轧管机轧管时控制钢管的直径，主要是选择芯棒直径、轧辊孔喉设计及调整；圆盘狄塞尔和精密轧管机轧管时钢管直径的控制主要是确定芯棒直径、轧辊和导盘的孔喉设计、孔喉调整及其转速的选配。

③ 热轧成品管。热轧成品管是无缝钢管生产流程的最后一道工序，是将外径大于成品管但达到壁厚尺寸和精度要求的荒管，通过定减径机定减径成符合产品标准的成品管；或是将荒管通过扩径达到产品标准要求的成品管。

11.3　无缝钢管的质量及其保证

目前在管材生产中的重要任务就是在运用钢材生产的先进方法和扩大轧材、钢管及金属制品品种的基础上，根本改善钢材的质量，以提高钢材在国民经济中的使用效果，提高钢铁企业在市场经济中的竞争力。

产品的质量仅仅依靠最后检查来保证是靠不住的，这不仅是因为任何检查技术的手段都有出错的可能，而且各生产工序都有可能出废品或次品，如果前一工序出现的缺陷或废品不及时检查出来，在后面的工序中将继续加工，这不仅不能提高设备的有效利用率，而且浪费能源，增加产品成本。因此，产品质量的控制必须从原料开始，各工序环节都要加强产品质量的管理和监测，以保证后一工序生产出质量合格的产品。

对热轧钢管来说，钢管厂所采用的质量控制系统，是根据存在于钢坯质量、钢管质量和生产工艺过程控制程度之间的定量关系来确定的，目前已经建立的质量控制系统主要包括：

① 原料（管坯）质量要求的定量限定。

② 对始终需要满足的要求进行检查的系统。

③ 对生产工艺过程的定量控制。

④ 中间过程的检查。

⑤ 最后保证成品质量的检查。

根据钢管的用途和生产方法，热轧无缝钢管使用铸锭（或连铸坯）、轧坯或锻坯作原料，有时也用经过剥皮、定心的管坯作原料。不管钢管生产的方法如何，管坯质量是决定成品钢管质量的主要因素。所以，对于管坯钢的冶炼浇铸和轧制都必须进行严格的质量控制。

当然，正确地选择在轧管机组上轧制钢管的工艺参数（首先是穿孔过程的参数，如顶头、压下量、送进角和辊型等），对获得高质量的钢管具有重要意义。

因此，只有在综合确定由管坯质量和轧制过程参数的最佳值决定的因素的情况下，才能达到改善钢管质量的目的，同时应该确定这些因素的相互联系及其对钢管质量影响的程度。

11.4　热轧无缝管的加工过程

热轧无缝管的加工过程基本可分为三步。

（1）穿孔

穿孔是将实心管坯制作成空心毛管。毛管的内外表面质量和壁厚均匀性，都将直接影响成品质量的好坏。所以根据产品技术条件要求，考虑可能的供坯情况，正确选用穿孔方法是重要的一环。

（2）轧管

轧管是将穿孔后的毛管壁厚轧薄，达到成品管所要求的热尺寸和均匀性。轧管是制管的主要延伸工序，它的选型，它与穿孔工序之间变形量的合理匹配，是决定机组产品质量、产量和技术经济指标好坏的关键。所以，目前机组皆以选用的轧管机型式命名，以其设计生产的最大产品规格表示其大小。

（3）定（减）径

定径是毛管的最后精轧工序，使毛管获得成品管要求的外径热尺寸和精度。减径是将大管径缩减到要求的规格尺寸和精度，也是最后的精轧工序。为使在减径的同时进行减壁，可令其在前后张力的作用下进行减径，即张力减径。

另外，400mm外径以上钢管，设有扩径机组，扩径有斜轧和顶、拔管方式。

穿孔方法主要有斜轧穿孔和压力挤孔，下面分别进行介绍。

11.4.1　斜轧穿孔

自1885年发明二辊斜轧穿孔机以来，至今仍不失为穿孔的主要方法之一。其工作运动情况如图11-1所示。

这种穿孔方法的优点是对心性好，毛管壁厚较均匀，一次延伸系数在1.25～4.5，可以直接从实心圆坯穿成较薄的毛管。问题是这种加工方法变形复杂，容易在毛管内外表面产生和扩大缺陷，所以对管坯质量要求较高，一般皆采用锻、轧坯。由于对钢管表面质量要求的不断提高，合金钢比重不断增长，尤其是连铸圆坯的推广使用，现在这种送进角小于13°的二辊斜轧机，已不能满足无缝钢管生产在生产率和质量上的要求，因而新结构的斜轧穿孔机相继出现，这其中有三辊斜轧穿孔机、主动导盘大送进角二辊斜轧穿孔机等。前者因只能穿制外径与壁厚之比小于10的厚管，限制了自己的推广，后者目前则发展较快。

主动旋转导盘大送进角二辊斜轧穿孔机1972年始见于德国，送进角18°左右，导板被两主动旋转导盘所替代，导盘的切线速度在变形区压缩带比轧辊切线速度在轧制轴线上的分量大 20%～25%。孔喉椭圆度可调近 1.0，这样使最大延伸系数达到 5.0，轴向金属滑动系数增加，毛管内外表面质量大为改善，从而提高了生产率，降低了单位能耗。新设计的这类轧机，机后第一组定心辊设在出口牌坊上，缩短与穿孔机中心的距离，以增强顶杆的稳定性，改善毛管壁厚均匀性。顶杆采用线外循环冷却，在机架出口，向一侧循环运送冷却，冷却后送回穿孔轧制线，由于是线外脱出穿孔毛管送往下道工序，避免了顶杆小车的往复运动，缩短穿孔周期，提高了效率。

在上述结构特点的基础上，出现了主动旋转导盘、大送进角的锥形二辊斜轧穿孔机，如图 11-2 所示。轧辊为锥形，轧辊轴线与轧制线间除了有 18°左右的送进角 β 外，还有一个 15°左右的辗轧角 γ。这样不仅使穿孔轴向滑动系数达到了 0.9，而且改善了斜轧穿孔的变形，降低变形过程中的切向剪切应力，抑制旋转横锻效应，改善了毛管内外表面质量，使得许多难穿的高合金钢管坯都可以在这种轧机上顺利轧制。该类型穿孔机在变形量的分配上，可承担较大变形，从而减少了轧管机的变形，减少管坯规格，简化管理。

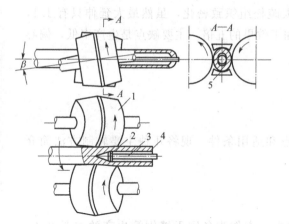

图 11-1　二辊斜轧穿孔工作运动示意图

1—轧辊；2—顶头；3—顶杆；4—轧件；5—导板

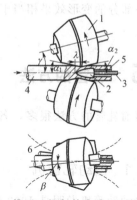

图 11-2　锥形二辊斜轧穿孔机工作示意图

1—轧辊；2—顶头；3—顶杆；4—管坯；

5—毛管；6—旋转导盘

11.4.2　压力挤孔

图 11-3 为压力挤孔操作过程示意图，1891 年问世，它是将方形或多边形钢锭放在挤压缸中，挤成中空杯体，延伸系数为 1.0～1.1，穿孔比（空心坯长度与内径比）为 8～12。

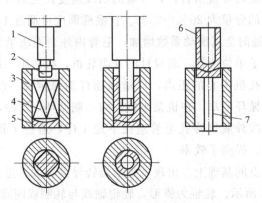

图 11-3 压力挤孔操作示意图
1—挤压杆；2—挤压头；3—挤压模；4—方锭；5—模底；6—穿孔坯；7—推出杆

与二辊斜轧相比，这种加工方法的坯料中心处于不等轴全向压应力状态，外表面承受着较大的径向压力，因内、外表面在加工过程中不会产生缺陷，对来料没有苛刻要求，可用于钢锭、连铸方坯和低塑性材料的穿孔。此法加工主要是中心变形，特别有利于钢锭中心的粗大疏松组织致密化，虽然最大延伸只有 1.1，但中心部分的变形效果相当于外部加工效果的五倍。主要缺点是生产率低，偏心率较大。

11.5 轧管的方法

目前轧管的方法很多，各有特点和适用条件，现将几种主要轧制方法简介如下。

11.5.1 自动轧管机

自动轧管机发明是 1903 年，过去一直作为各国无缝钢管生产的主要方法，它能生产外径在 400mm 以下的中小直径钢管。操作过程见图 11-4，钢管在轧机上一般轧制两道，变形集中在第一道，第二道用于消除上道孔型开口处管的偏厚量，所以第二道轧制前毛管需翻 90°。两次总延伸系数不大于 2.3。

自动轧管机的主要优点是：机组全部采用短芯头，生产更换规格时安装调整方便，易掌握，生产的品种规格范围广。缺点是：轧管机延伸率低，只能配以允许延伸较大的穿孔机；轧管孔型开口处毛管沿纵向的壁较厚，其后必须配以斜轧均整机；轧制管体长度受到顶杆的限制；突出的问题是短芯头轧制管体内表面质量差，尺寸精度差，辅助操作的间隙时间长，占整个周期的 60% 以上。这类轧机现已停止发展。

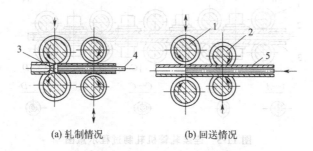

(a) 轧制情况　　　　　(b) 回送情况

图 11-4　自动轧管机操作示意图

1—轧辊；2—回送辊；3—芯头；4—顶杆；5—轧制毛管

11.5.2　连续轧管机

1932 年张力减径机在美国问世后，随着张力减径技术的不断完善和电气控制技术的发展，连续轧管机首先在小型机组中迅速发展起来。现在连续轧管机只生产一两种规格的毛管，由张力减径机完成全部产品规格的生产，从而大幅度减少了连续轧管机的工具储备量。

图 11-5 为连续轧管机轧制过程示意图，连轧管的最大延伸系数可达 5.0，机架数 7～9 架，后部均设有张力减径机。它的主要优点是：长芯棒轧制，钢管内表面质量好；便于机械化、自动化生产，效率高；不要求大延伸穿孔，可降低对管坯塑性的要求。第一代钢管连轧机的芯棒随轧件运行，称为全浮动芯棒连续轧管机，它的主要缺点是芯棒长而重，生产时一般 12 根一组循环使用，所能生产的钢管的最大外径为 φ177.8mm，所以早期只能在小型机组中推广采用。另外壁厚均匀性无论是横剖面上还是纵向都很不理想。为克服这个缺点及扩大产品规格范围，1978 年，限动芯棒连续轧管机出现，其轧制过程如图 11-6 所示。限动芯棒就是轧制时芯棒自己以规定速度控制运行，它的操作过程如下：穿孔毛管送至连轧管机前台后，将涂好润滑剂的芯棒快速插入毛管，再穿过连轧机组直至芯棒前端达到成品前机架中心线，然后推入毛管轧制，芯棒按规定恒速运行。毛管轧出成品机架后，直接进入与它相连的三机架定径机脱管，当毛管尾端一离开成品机架，芯棒即快速返回前台，更换芯棒准备下一周期轧制。生产时只需四五根芯棒为一组循环使用。

与全浮动芯棒连轧管机相比，它具有以下优点：

① 缩短了芯棒长度和同时运转的芯棒根数，降低了工具的储备和消耗，使得中等直径的钢管有可能在这种类型的轧机上生产。

② 连轧管机与脱管定径机直接相连，无需专设脱棒工序。

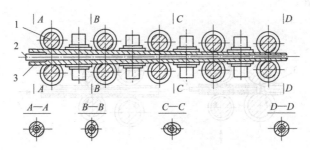

图 11-5　连续轧管机轧制过程示意图

1—轧辊；2—浮动芯棒；3—毛管

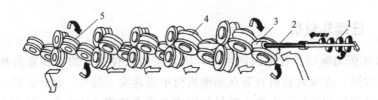

图 11-6　限动芯棒连续轧管轧制过程示意图

1—限动装置齿条；2—芯棒；3—毛管；4—连续轧管机；5—三机架脱管定径机

③ 轧制时芯棒恒速运行，各机架轧制条件始终稳定，改善了毛管壁厚、外径的竹节性"鼓胀"。

④ 无需松棒、脱棒，可将毛管内径与芯棒间的空隙减小，使孔型开口处不易出缺陷，可提前使用椭圆度小的高严密性孔型，控制金属的横向流动，提高轧制产品的尺寸精度；可实现较大变形，使轧机延伸系数达到 6.0；可采用较厚的穿孔毛管，提高轧后毛管的温度和均匀性。

主要缺点是回退芯棒延误时间，降低生产率，只适于中型以上机组使用。

1978 年在法国投产了一台半限动芯棒的小型连续轧管机，管坯在卧式大送进角狄塞尔穿孔机上穿成毛管后与顶杆一起拔出，送往七机架连续轧管机，17m长的穿孔顶杆在此即作为轧管机的限动芯棒，轧制时芯棒以恒速运行，轧制结束时限动装置松开，让芯棒与毛管一起浮动轧出，线外脱棒。这样既可以节省芯棒回退时间，又利用了限动芯棒在轧制过程中的优点。用穿孔顶杆作轧管机芯棒，还可使穿孔毛管内径和芯棒间的空隙更小，使连轧机第一架孔型便采用了小椭圆度的严密性高的孔型，提高钢管尺寸精度。该机组年产量 33.3 万吨。

1992 年南非托沙厂建了一台少机架限动芯棒连续轧管机组（MINI-MPM），其特点是：适当加大斜轧穿孔的变形量，连轧机减到 4～5 架，机架数量的减少使得设备重量显著减小，电机容量减小，降低了建设投资；采用液压压下装置，可以实现辊缝的动态调整，提高了钢管尺寸精度，改善了表面质量；机架由45°倾斜交叉布置改为平立交叉布置，主传动电机等设备布置在机架同一侧，减少土建工程及管线敷设费用，使连轧管机结构更为合理；采用快速换辊装置，只需更换轴承座和轧辊，而机架固定不动，更换全套轧辊只需15min，无需成套备用机架。MINI-MPM机组提高机组灵活性，能即时变换生产的品种规格，适应市场变化，年产量为7万～20万吨。

为进一步提高钢管尺寸精度，意大利因西公司新开发了φ426mm三辊限动芯棒连续轧管机。三辊可调式连轧管机PQF（premium quality finishing）以三辊孔型设计工艺为核心，结合了典型二辊MPM限动芯棒技术，使热轧无缝钢管在轧制工艺上取得了重大的技术突破。

为了充分利用限动芯棒轧制壁厚精度高的优点，同时考虑提高机组生产能力，PQF芯棒的操作方式是：在连轧管机轧制过程中，采用限动芯棒操作方式，整个轧制过程中芯棒速度是恒定的，从而确保管子壁厚的精度，轧制不同的管子时芯棒的速度可在一定范围内调节；轧制结束后，即荒管尾部出精轧机后，芯棒停止前进，荒管在脱管机内继续前进，由脱管机将荒管从芯棒中抽出，芯棒不是回送，而是向前运行，穿过脱管机后，拔出轧辊线，再回送、冷却、润滑循环使用。为此机组需要配置具备辊缝快速打开/闭合功能的三辊可调辊缝脱管/定径机型的脱管机，以确保在轧制薄壁管时芯棒安全通过脱管机。其优势是保留了原有MPM工艺轧管壁厚精度高的特点，又提高了轧制节奏，提高了生产率。

与二辊MPM限动芯棒连轧管机相比，PQF三辊连轧管机有以下几点主要优势。

① 壁厚精度更高。轧辊的三辊布置使金属变形更加均匀、芯棒在孔型中的对中性更好、轧辊的磨损更加均匀，这些均使得钢管的壁厚精度得到明显提高。另外采用三辊可调技术，使得用同一规格芯棒轧制多种壁厚规格时引起的壁厚偏差有明显降低。

② 钢管表面质量更高。由于三辊轧管机孔型轧槽底部与顶部各点间线速度差小，从而能够在稳定的条件下使金属不均匀流动减小，使不均匀变形产生的波纹状缺陷得到有效改善，加之金属的横向变形减小，大大减缓了因轧辊侧壁结瘤现象而在金属表面上留下压痕缺欠，使钢管表面更加光洁。

③ 可轧制变形抗力更高的钢种。由于采用三辊轧制工艺和机架采用圆形结构设计，使机架的刚性更高、受力均匀、单辊受力减小。另外三辊形成封闭的孔型，使辊身长度变短，使轧制时的轧辊横向刚度增大，弯曲力矩减小。轧制时辊缝处金属的纵向拉应力降低、缺陷减少了，使轧制薄壁管和难变形钢的能力得到提高。

④ 金属收得率高。三辊孔型设计使得辊缝处凸缘区面积减小，约比二辊减少30%，可使钢管尾端的飞翅大大地减小，切头尾损失比 MPM 轧机减少近40%。

⑤ 可轧制更薄的钢管。由于采用三辊孔型设计，金属变形均匀、轧制稳定，轧制压力特别是峰值压力减小，使轧制过程中因不均匀变形所引起的裂孔、拉凹缺陷基本去除，这使得热轧壁厚更薄的钢管成为可能，径/壁比即 D/S 可达50。

⑥ 工具消耗显著降低。轧辊孔型各点线速度差减少，轧件变形均匀，使得轧辊、芯棒磨损均匀；较低的平均轧制压力亦减小了轧辊、芯棒磨损，降低消耗；另外管子尾部形状的改善也减小了轧辊及芯棒的磨损。除了减小芯棒磨损外，较低的平均单位轧制压力还可允许使用较便宜的内空芯棒，通过内冷及外冷可有效地对其进行冷却，使芯棒寿命提高。

⑦ 具有更高的效率及适应能力。由于三个轧辊可同时或单独调整，即用一种芯棒可轧制更多规格，使得 PQF 轧机不但适用于少规格、大批量生产，也适于多品种、多规格、小批量轧制。减少因规格更换占用的生产时间，同时使轧制工具保有量减少，降低流动资金的占用。

现代的限动芯棒连续轧管机生产的钢管，壁厚偏差达±(3%～6%)，外径偏差达±(0.2%～0.4%)。

11.5.3 高精度轧管机

阿塞尔轧管机和狄塞尔轧管机是高精度管材轧机，1933 年由阿塞尔发明的阿塞尔轧管机轧制过程简示如图 11-7 所示。

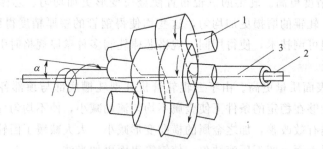

图 11-7 阿塞尔轧管机工作示意图

1—芯棒；2—导盘；3—菌式轧辊

特点是无导板长芯棒轧制，便于调整，生产更换规格方便，适于生产高表面质量、高尺寸精度的厚壁管，最大轧出长度 12～14m，最大管径 270mm，壁厚公差可控制在±(3%～5%)，外径差为±0.5%。缺点是：生产的钢管与壁厚比在 3.5～11.0，下限受脱棒的限制，上限受到轧制时尾部出现三角喇叭口易轧卡的限制。

为扩大产品规格范围，1967 年法国瓦莱勒克公司推出德朗斯瓦尔轧管机，其特点是毛管轧至尾端时，机架的入口牌坊绕轧制线旋转，以减小送进角，来扩大变形区孔喉直径，阻止尾三角产生，使生产管材的外径与壁厚比达到 20 以上。20 世纪 80 年代初期曼内斯曼米尔公司采用快速抬辊法消除尾三角，它是在轧制钢管接近尾端时，快速抬起轧辊，在钢管尾部留下一段几乎不经轧制的管端，在后部工序中予以切除。此法尤适于旧轧机改造，但增加了切损。20 世纪末德国又推出了预轧法来消除尾三角，它是在轧机入口侧牌坊上，或机架入口前增设一预轧机构，当轧制钢管接近尾端 100mm 左右时，由预轧装置先给以减径减壁，而主轧机只给少量压下量，防止了尾三角的出现。该措施的优点是：保持了机架原来的刚度，轧制过程中孔喉直径不变，变形条件稳定，保证了钢管的尺寸精度，减少了尾端切损，提高了金属收得率。斜轧轧管机的轧件轴向运行速度与纵轧相比皆很低，因此轧件的首尾温差严重影响着管壁尺寸精度和可能的轧出长度，所以三辊斜轧轧管机上生产壁厚小于 5mm 的薄壁管时壁厚精度迅速恶化，且易出裂纹，因此一般生产钢管的外径和壁厚比控制在 33 以下。所以三辊斜轧轧管机应保持它的高精度、多品种、小批量的特点，生产中以厚壁管为主。

狄塞尔轧管机在 1929 年首先问世于美国，主动旋转导盘的二辊斜轧轧管机，主要用于生产高精度薄壁管，外径与壁厚之比可达 30，壁厚公差可控制在 3%～5%。主要缺点是：允许伸长率小于 2.0，生产率低，轧制管短，一直发展不大。20 世纪 70 年代以来，由于增大导盘直径，改小辊面锥角，增大送进角到 8°～12°和采用限动芯棒等措施，使生产率有所提高，毛管轧制长度达到 14～16m。20 世纪 80 年代以来，美国艾特纳·斯唐达德公司又进一步将轧辊改为锥形，增设辗轧角，改善了变形条件，使最大伸长率达到 3.0，外径壁厚比达到 35，产品的表面质量、尺寸精度均有提高，因此又引起人们的注意，该轧机称为 Accu-Roll。图 11-8 为其操作过程示意图。

11.5.4 顶管机

图 11-9 是顶管机的操作过程示意图，就是在压力挤孔的空心杯体内插入芯棒，推过一系列环模（一般 10 道，最多 17 道），达到减径、减壁、延伸的目的。

现代顶管机均为三辊或四辊构成的辊模，减面率比旧式环模增长了一倍以上；在压力挤孔后增设斜轧延伸机，加长管体、纠正空心杯的壁厚不均；并且可适当加大坯重，提高生产率。目前顶管后管长为 12～14m，张力减径后长度可达 21～77m，外径范围 21～219mm，壁厚 2.5～11.0mm。这种轧机的主要优点

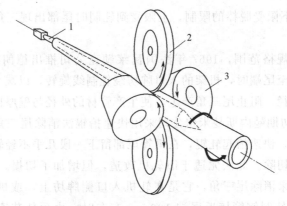

图 11-8　Accu-Roll 轧机示意图

1—轧辊；2—浮动芯棒；3—毛管

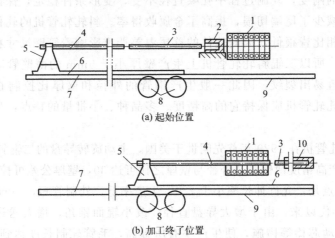

(a) 起始位置

(b) 加工终了位置

图 11-9　顶管机操作过程示意图

1—环模；2—杯形坯；3—芯棒；4—推杆；5—推杆支持器；6—齿条；

7—后导轨；8—齿条传动齿轮；9—前导轨；10—毛管

是单位重量产品的设备轻、占地少、能耗低；可用方形坯；操作较简单，易掌握。适于生产碳钢、低合金钢薄壁管。主要缺点是坯重轻，一般在 500kg 左右，生产的管径、管长都受到一定限制；杯底切头大，金属消耗系数高。20 世纪 70 年代末，为提高坯料重量，在欧洲出现了以斜轧穿孔代替压力挤孔的顶管生产方法，即所谓 CPE 法。此法是将斜轧穿透的毛管，用专设的器械挤压或煅打收口，成为缩口的顶管坯。这样使坯料最大重量从 500kg 增到 1500kg，可能生产的最大管径扩大到 240mm；壁厚公差从 7%～8%降为 3%～6%；管长增加，切头重量减小，使收得率提高约 2%。此法还可用于生产特大直径的厚壁管。工艺过程比较简单，首先将锭在挤孔机上挤成空心杯，然后通过几个环模顶出封头的管筒，切头后即得厚壁管。目前生产的管筒直径 200～1500mm，壁厚 25～203mm，最大长度 9.0m，采用的钢锭最重达到 22t。

11.5.5 周期轧管机

这种轧机亦称皮尔格轧机，1891 年由曼内斯曼兄弟发明，1900 年芯棒移送才达到完全机械化，其操作过程见图 11-10。

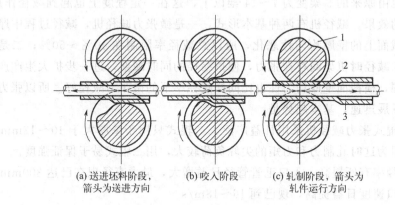

(a) 送进坯料阶段，　　　　(b) 咬入阶段　　　　(c) 轧制阶段，箭头为
箭头为送进方向　　　　　　　　　　　　　　　　轧件运行方向

图 11-10　皮尔格轧机的操作过程
1—轧辊；2—芯棒；3—毛管

此轧机操作的基本特点是锻轧，轧辊旋转方向与轧件送进方向相反，轧辊孔型沿圆周为变断面，轧制时轧件反送进方向运行。送料由作往复运动的芯棒送进机构完成。这种轧制形式的延伸系数在 7～15，可用钢锭直接生产。目前主要用于生产大直径厚壁管、异形管，利用锻轧的特点还可生产合金钢管。生产的规格范围外径为 114～665mm，壁厚 2.5～100mm，轧后长度可达 40m。该轧机的主要缺点是：效率低，辅助操作时间占整个周期的 25%；孔型不易加工；芯棒长，生产规格不宜过多。现在设计的周期轧机皆采用线外插芯棒预锻头，再送往主机轧制，以减少辅助操作时间。为减少周期轧机加工的规格数，有的配以张力减径来满足机组生产规格范围的要求。直径大于 660mm 的钢管多经扩径机生产。

11.6　毛管精轧

11.6.1　减径机

减径机就是二辊或三辊式纵轧连轧机，只是连轧的是空心管体。二辊式前后相邻机架轧辊轴线互错 90°，三辊式轧辊轴线互错 60°。这样空心毛管在轧制过程中所有方向都受到径向压缩，直至达到成品要求的外径热尺寸和横断面形状。为了大幅度减径，减径机架数一般都在 15 架以上。减径不仅扩大机组生产的品种规格，增加轧制长度，而且减少前部工序要求的毛管规格数量，相应的管坯规格和工具备品等，简化生产管理。另外还会减少前部工序更换生产规格次数，节省轧机调整时间，提高机组的生产能力。正是因为这一点，新设计的定径机架数，很多也由原来的 5 架变为 7～14 架以上，这在一定程度上也起到减径作用，收到相应的效果。减径机有两种基本形式，一是微张力减径机，减径过程中厚度增加，横截面上的壁厚均匀性恶化，所以总减径率限制在 40%～50%；二是张力减径机，减径时机架间存在张力，使得缩径的同时减壁，进一步扩大生产产品的规格范围，横截面壁厚均匀性也比同样减径率下的微张力减径好。所以张力减径近年来发展迅速，基本趋势是：

① 三辊式张力减径机采用日益广泛，二辊式只用于壁厚大于 10～12mm 的厚壁管，因为这时轧制力和力矩的尖峰负荷较大，用二辊式易于保证强度。

② 减径率有所提高，入口毛管管径日益增大，最大直径现在已达 300mm。

③ 出口速度日益提高，现已到 16～18m/s。

④ 近年来投产的张力减径机架数不断增加，目前最多达到 28～30 架。

11.6.2　定径机

定径机和减径机构造形式一样，一般机架数 5～14 架，总减径率为 3%～7%。新设计车间定径机架数皆偏多。

三辊斜轧轧管机组，还设有斜轧旋转定径机，其构造与二辊或三辊斜轧穿孔机相似，只是辊型不同，在三辊斜轧轧管机组中与纵轧定径机连用，作为最后一道加工工序，控制毛管椭圆度，提高外径尺寸精度。

11.7　热轧无缝钢管生产的一般工艺过程

图 11-11 为国内某厂 ϕ273mm 限动芯棒连轧管机组生产工艺流程示意图，该机组设计能力年产 50 万吨，生产的钢管规格为 ϕ(133～340mm)×(5～40mm)，产品主要品种为管线管、输送流体用管、结构用管、石油套管管体、油井管接箍料、高压锅炉用管、低中压锅炉用管、液压支柱管、化肥设备用高压无缝钢管等。

该机组采用带导盘锥形辊穿孔、5 机架限动芯棒连轧、12 机架微张力定（减）径工艺。同时配备了先进的穿孔机工艺辅助设计系统（CARTA-CPM）、连轧工艺监控系统（PSS）、连轧自动辊缝控制系统（HCCS）、微张力定（减）径机工艺辅助设计（CARTA-SM）、物料跟踪系统（MTS）和在线检测质量保障系统（QAS）等工艺控制技术。

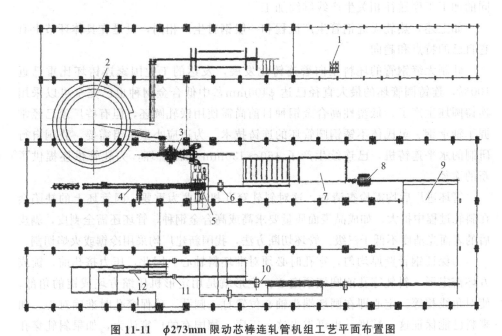

图 11-11　φ273mm 限动芯棒连轧管机组工艺平面布置图

1—管坯上料台架；2—环形加热炉；3—锥形辊穿孔机；4—芯棒循环区；5—连轧管机；
6—脱管机；7—再加热炉；8—微张力定（减）径机；9—冷床；
10—排管锯；11—矫直机；12—探伤机

工艺流程如下：φ220mm、φ280mm、φ330mm 连铸长圆坯运到原料仓库，由冷锯锯成 1.8～4.5m 的定尺长度，再逐根称重，合格管坯由环形加热炉加热到 1250～1280℃后，送往穿孔机穿轧成毛管。穿孔后的毛管被送到内表面氧化铁皮吹刷站，由一喷嘴向毛管内部喷吹氮气和硼砂。吹刷后的毛管送往连轧管机前台，穿入芯棒，芯棒限动系统将芯棒前端送至连轧管机间的某预设定位置时，毛管和芯棒一起进入连轧管机轧制。毛管在进入连轧管机前用高压水对毛管表面进行除鳞。从连轧管机轧出的荒管直接进入 3 机架脱管机上脱管，脱管后芯棒返回前台，经冷却、润滑后循环使用。脱管后的荒管，送往步进式加热炉加热到920～980℃后出炉，经高压水除鳞后送往微张力定（减）径机轧制到成品钢管要求的尺寸，再在冷床上进行冷却。

钢管冷却后，成排送往冷锯锯切成需要的定尺长度，再送往六辊式矫直机进行矫直，矫直后的钢管经吸灰后进行管体无损探伤，对于有缺陷的钢管进行人工在线修磨、人工探伤、切管；对于无缺陷的合格钢管经测长、称重、人工最终检查，检查后一般管经喷印标志后进行收集，存入成品库。其他需要进一步加工的石油管管体、管线管、高压锅炉管等，收集后存放在中间库内，然后根据各自不同的加工工序送往相关生产线继续加工。

如上述，热轧无缝钢管生产流程和一般钢材生产相同，只是在具体环节上有它自己的特点和趋向。

轧制无缝钢管的坯料正向着连铸化发展，发达的工业国家连铸坯比重已近100%，连铸圆管坯的最大直径已达 ϕ400mm，中低合金钢种也已完全可以采用连铸圆坯生产了，低塑性高合金钢种目前尚需使用锻轧圆坯，但有些厂家已经掌握了轴承钢、奥氏体不锈钢圆管坯的连铸技术。为适应小型机组需要，我国自行研制的水平连铸机，已连续生产了 ϕ60～130mm 的圆管坯，为轧管供坯提供了新的途径。

管坯进厂后均需检查清理，这对斜轧穿孔机组尤为重要，因管坯上的缺陷会在斜轧过程中扩大。如成品表面质量要求高或高合金钢种，管坯还需全剥皮，剥皮后的表面光洁度不低于三级。管坯切断方法，我国新建厂均采用冷锯或火焰切割。

为保证钢管壁厚均匀，穿孔时必须对准坯料轴心。因此，压力挤孔前，锭或方坯需定形，斜轧穿孔前圆坯须定心。定形就是用定形机压缩方坯或锭的角部，使对角线相等，定心即在圆坯端头轴心位置打一圆孔，确保穿孔时准确对心。如来料已能保证这一精度，也可省去这一工序。德国有的厂家认为，如果斜轧穿孔机前、后台对中好，管坯两端直径偏斜不大于 1.5mm，只要适当增长辊身即可保证穿孔毛管的壁厚均匀性，不必定心。定心的方法有冷定心和热定心。

无缝钢管生产过程中有实心坯加热和毛管中间加热，定（减）径机前和轧管机前均可能设置再加热炉，采用控制轧制工艺时，定径前加热也起着热处理炉的作用。用于管坯加热的炉型有环形炉、步进炉、分段快速加热炉以及感应炉等，应用较广的为环形炉、步进炉，分段快速加热炉在连轧机上已有使用。毛管中间再加热炉的炉型有步进式、分段快速加热式和感应式等，步进式、分段快速加热式应用较广。管坯加热制度视不同穿孔方法而异。压力挤孔与一般型钢轧制相同，斜轧穿孔由于变形激烈，穿孔过程皆伴有温升，这一点对温度敏感性强的合金钢种尤需注意。考虑斜轧穿孔时的管坯加热温度时，要保证毛管穿出温度在该钢种塑性最好的温度范围内。碳素钢的最高加热温度一般是低于固相线 100～200℃。对于合金钢和高合金钢来说，依靠相图确定是困难的，可以采用热扭转法或用测定临界压下率的方法来确定各种合金钢的塑性最佳温度范围。

再加热炉的主要问题是严格控制氧化铁皮的生成，所以必须快速加热，保持炉内正压和还原性气氛。再加热的出炉温度视所在工序而定，轧管机前应加热到最高塑性温度，减径机前应根据钢种和对产品性能的要求，按控制轧制制度或冷却制度而定，一般不超过 1000℃。应当指出，正确控制终轧温度和冷轧制度，不仅能改善钢管性能，而且能充分利用轧后余热，节省能源，所以钢管生产过程中在线常化或在线淬火处理已普遍采用。现在还有定径前毛管先冷到 600℃以下，然后再加热到合适温度出炉定径，这不仅多利用一次相变改善管体组织，还使得毛管全长温度均匀，准确控制终轧温度，更好地实施控制轧制，提高管材性能。

现代管材生产的工序多、连续性强、产量大、轧件运行速度日益提高，所以沿工艺流程多层次地设置在线检测装置，进行计算机自动控制，是保证优质、高产、低成本生产的关键。一般各检测装置的位置及主要功能有：

① 称重，设在管坯定尺切断前、后，对管坯进行最佳化切割，使得切损最低，成品入库前称重，准确统计收得率。

② 测温，在加热炉、各主轧机前后，测定管坯、轧件及芯棒的表面温度，确保合理设定加热制度；对于焊管生产，焊缝焊接温度的检测和控制更是决定产品质量的关键。

③ 尺寸测量，测长设在管坯切断的前、后，各主轧机之后；测厚设在各主轧机之后，热态壁厚多用 X 射线装置，精整线上冷态测量多用超声波测厚装置；测外径多用激光装置，设在各主轧机之后，以显示经各工序之后轧件尺寸的变化，核实各变形参数的执行情况。

④ 力能参数检测，用于检测各主轧机的电动机功率、轧制力、部分轧机的芯棒限制力等，各参数的检测和控制，确保设定工艺参数的执行和安全生产。

⑤ 无损探伤检测，用于管坯的检查和精整线上钢管内外表面的检查，管坯多用自动磁力探伤和涡流探伤，精整线上皆用由多种探伤技术组成的高精度和高效率的探伤系统，常用的有超声波探伤、复合磁场探伤、涡流探伤等。

最后，还需人工对内外表面和尺寸精度进行抽查。

以上在线测定的数据都及时地以反馈或前馈控制技术传送给控制计算机，对相应的各台设备进行动态调整、再设定并及时消除故障，实施 AGC 系统的自动质量控制，减少金属和能源的消耗，保证优质、高产、低成本的生产。

复习思考题

1. 按照用途无缝钢管可以分为哪几类？
2. 试述无缝钢管的质量要求。
3. 热轧无缝管的加工过程基本可分为哪三步？
4. 穿孔方法主要有哪几种？
5. 试述连续轧管机轧制过程。
6. 试述高精度轧管机的特点。
7. 试述顶管机的操作过程。
8. 试述周期轧管机操作的基本特点。
9. 试述热轧无缝钢管生产的一般工艺过程。

第12章

管材冷轧加工

12.1 管材冷加工概述

管材冷加工包括冷轧、冷拔、冷张力减径和旋压。因为旋压的生产效率低、成本高，主要用于生产外径与壁厚比在2000以上的特薄壁高精度管。冷轧、冷拔是目前管材冷加工的主要手段。冷轧的突出优点是减壁能力强，如二辊式周期冷轧机一道次可减壁75%～85%，减径65%，可显著地改善来料的性能、尺寸精度和表面质量。冷拔一道次的断面收缩率不超过40%，但它与冷轧比，设备比较简单，工具费用少，生产灵活性大，产品的形状规格范围也较广。所以冷轧、冷拔联用被认为是合理的工艺方案。近年来冷张力减径工艺日益得到推广，与电焊管生产连用，可以大幅度减少焊管机组本身生产的规格，节省更换工具的时间，提高机组的产量，扩大品种规格范围，改善焊缝质量。它也可为冷轧、冷拔提供尺寸合适的毛管料，有利于这些轧机产量和质量的提高。目前在冷张减径机上碳钢管的总减径率在23%～60%，不锈钢管约为35%，可能生产的最小直径为3～4mm。

近年来，冷加工设备上进行温加工引起普遍重视。一般用感应加热器将工件在进入变形区前加热到200～400℃，使金属塑性大为提高，温轧的最大伸长率为冷轧的2～3倍；温拔的断面收缩率提高30%，使一些塑性低、强度高的金属也有可能得到精加工。

图12-1是碳钢管和合金钢管的冷轧、冷拔生产工艺流程图。

12.1.1 管材冷拔的主要方法

冷拔可以生产直径0.2～765mm，壁厚0.015～50mm的钢管，是毛细管、小直径厚壁管以及部分异形管的主要生产方式，目前直线运动冷拔机的最大拔制长度已达50m。

图12-2是现有冷拔管材的主要方法。

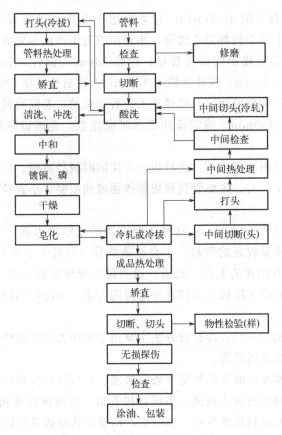

图 12-1 碳钢管和合金钢管的冷轧、冷拔生产工艺流程图

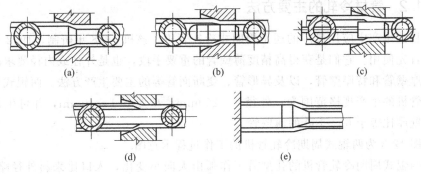

图 12-2 冷拔管材方法示意图

空拔 [图 12-2(a)]：它用于减径、定径，每道最大延伸系数 1.5。主要受变形区内横断面上不均匀变形和材料本身强度的限制。对薄壁管还需考虑变形区内管体横断面形状稳定性的限制，所以无芯头拔制时壁厚与外径比不得小于 0.04。

浮动芯头拔制［图12-2(b)］：它主要用于生产小径长管，每道延伸系数1.2～1.8。它与上述空拔都是毛细管、小径厚壁管生产的主要方法，它们都便于采用卷筒拔制，卷筒拔制的最大管径，钢管36mm，铜管60mm；最大拔制速度，钢管达到300m/min，铜管达到720m/min；拔制长度在130～2300m；卷筒直径视拔制的管径和壁厚而定，管径愈大，管壁愈薄，卷筒直径应愈大，目前最大卷筒直径已达3150mm。确定延伸系数时应注意，卷筒拔制要比直线拔制小15％～20％。

短芯头拔制［图12-2(c)］：这种拔制方法同时减径减壁，应用较广，一道的最大延伸系数1.7左右，主要受到被拔管体强度的限制，小直径管有时受到芯杆强度的限制。

长芯棒拔制［图12-2(d)］：这种拔制方法的减壁能力强，可获得几何尺寸精度较高、表面质量较好的管材。小直径薄壁管（外径小于3.0mm，壁厚小于0.2mm）目前只有用此法生产。此法一道的最大延伸系数2.0～2.2。为取消脱棒工序，现已研究出了冷拔和脱棒合并进行的方法，如冷拔的同时辗轧管壁，拔后便可自行脱棒。

冷扩管［图12-2(e)］：冷扩管方法主要用于生产大直径薄壁管，进行管材内径的定径，制造双金属管等。

管材冷拔目前发展的总趋势是多条、快速、长行程和拔制操作连续化。如曼内斯曼米尔公司制造的链式高速、多线冷拔管机，拔制速度达到120m/min；同时可拔5根；最大拔制长度60m。该厂生产的履带式冷拔机可以连续拔制，最大拔制速度为100～300m/min。

12.1.2　管材冷轧的主要方法

目前生产中应用最广的还是周期式冷轧管机，该机1928年研制，1932年在美国首先使用。它们是获得高精度薄壁管的重要手段，也是外径或内径要求高精度的厚壁管和特厚壁管，以及异形管、变断面管等的主要生产方法。两辊式周期冷轧管机的生产规格范围为：外径4～250mm，壁厚0.1～40mm，并可生产外径与壁厚比等于60～100的薄壁管。

图12-3为两辊式周期冷轧管机的工作过程示意图。

两辊式周期冷轧管机的孔型沿工作弧由大向小变化，入口比来料外径略大，出口与成品管直径相同，再后孔型略有放大，以便管体在孔内转动。轧辊随机架的往复运动在轧件上左右滚轧。如以曲拐转角为横坐标，操作过程如图12-3(b)所示，开始50°将坯料送进，然后在120°范围内轧制，轧辊辗至右端后，再用50°间隙轧件转动60°，芯棒也作相应旋转，只是转角略异，以求芯棒能均匀磨损。回轧轧辊向左滚辗，消除壁厚不均，提高精度，直至左端。如此反复。

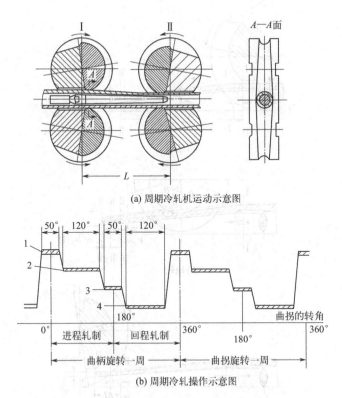

(a) 周期冷轧机运动示意图

(b) 周期冷轧操作示意图

图 12-3　两辊式周期冷轧管机的工作过程示意图

12.2　周期式冷轧管机的轧制过程

图 12-4 是两辊式周期冷轧管机的进程轧制工作图示。

① 管料送进，轧辊位于进程轧制的起始位置，也称进轧的起点 I，管料送进 m 值，I 移至 $I_1—I_1$，轧制锥前端由 II—II 移至 $II_1—II_1$，管体内壁与芯棒间形成间隙 Δ。

② 进程轧制，进轧时轧辊向前滚轧，轧件随着向前滑动，轧辊前部的间隙随之扩大，变形区由瞬时减径区和瞬时减壁区两部分组成，各自所对应的中心角分别为减径角 θ_p 和减壁角 θ_0，两者之和为咬入角 θ_z，整个区域为瞬时变形区。

③ 转动管料和芯棒，滚轧到管件末端后，设计孔型又稍大于成品外径，将料转动 $60°\sim90°$，芯棒也同时转动，但转角略小，以求磨损均匀，轧件末端滑移至 III—III，一次轧出总长 $\Delta L = m\mu_{\Sigma}$（μ_{Σ} 为总延伸系数），轧至中间任意位置时，轧件末端移至 $II_x—II_x$，轧出长度为 $\Delta L_x = m\mu_{\Sigma x}$（$\mu_{\Sigma x}$ 为中间任意位置的

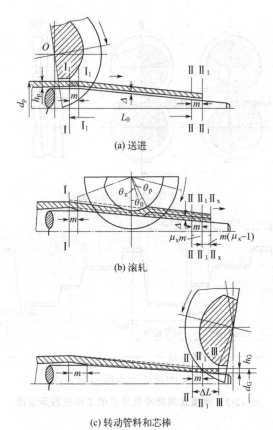

(a) 送进

(b) 滚轧

(c) 转动管料和芯棒

图 12-4　两辊式周期冷轧管机的进程轧制过程

积累延伸系数)。

④ 回程轧制，又称回轧，轧辊从轧件末端向回滚轧，因为进程轧制时机架有弹跳，金属沿孔型横向也有展开，所以回程轧制时仍有相当的减壁量，占一个周期总减壁量的 30%～40%；回轧时的瞬时变形区与进程轧制相同，也由减径和减壁两区构成；返程轧制时，金属流动方向仍向原延伸方向流动。每一周期管料送进体积为 mF_0（F_0 为槽截面积），轧制出口横截面积为 F_1，延伸总长 ΔL 则按体积不变条件可得：

$$\Delta L = \frac{F_0}{F_1} m = \mu_{\Sigma} m \tag{12-1}$$

按进程轧制展开轧辊孔型的变化（图 12-5），可将其分为变形区和非变形区。其中空转管料送进部分 1 和空转回转部分 6 为非变形区；其他四个变形区为减径段 2、压下段 3、预精整段 4 和精整段 5。说明如下：

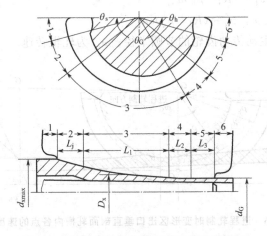

图 12-5 两辊式冷轧管机孔槽底部的展开图

1—空转送进部分；2—减径段；3—压下段；4—预精整段；5—精整段；6—空转回转部分

减径段 2：对应压缩管料外径直至内表面与芯棒接触。因为冷轧管料一般较薄，减径时壁厚增加、塑性降低，横剖面压扁扩大了芯棒两侧非接触区，变形均匀性变差，并且容易轧折，所以减径量愈小愈好。一般管料内径与芯棒最大直径间的间隙 Δ 取在管料内径的 $3\%\sim6\%$。壁厚增量为：

$$\Delta h_{\mathrm{j}} = (0.7\sim0.8)h_0\frac{\Delta d_0}{d_0} \tag{12-2}$$

式中，d_0、Δd_0、h_0 分别为管料的外径、外径减缩量和壁厚。

压下段 3：主要变形阶段，同时减径、减壁；正确设计这一段变形曲线和孔型宽度，是孔型设计的主要内容，设计应根据加工、材料的性能和质量要求进行。

预精整段 4：在此段最后定壁，主要变形结束。

精整段 5：主要作用是定径，同时进一步提高表面质量和尺寸精度。

变形区内各点的应力状态主要受以下因素影响：外摩擦、变形的均匀性、变形的分散程度。

(1) 外摩擦的影响

为了解外摩擦的影响，应先弄清接触表面间金属与工具的相对滑动特点。图 12-6 是进程轧制时变形区出口垂直剖面轧槽内各点的速度分布。轧辊绕主动齿轮节圆周上一点 O_1（瞬时中心）旋转，则变形区出口垂直剖面上各点的速度：

轧辊轴心 G，$v_{\mathrm{G}} = R_{\mathrm{j}}\omega_{\mathrm{G}}$

孔型槽底 C，$v_{\mathrm{C}} = (R_{\mathrm{j}} - \rho_{\mathrm{C}})\omega_{\mathrm{G}}$

孔槽边缘 b，$v_b = (R_j - \rho_b)\omega_G$

孔型内任一点 x，$v_x = (R_j - \rho_x)\omega_G$

式中，R_j 为主动传动齿轮的节圆半径；ω_G 为轧辊转速。

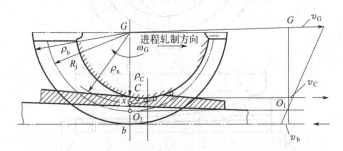

图 12-6　进程轧制时变形区出口垂直剖面轧槽内各点的速度分布

轧制时可认为整个垂直剖面上的金属以同一速度 v_m 向机架进程轧制的运动方向流动。设与机架运行方向相同的速度为正，则变形区出口垂直截面上轧槽各点对接触金属的相对速度 v_{xd} 如图 12-7（a）所示。接触辊面上任一点相对轧件的速度等于：

$$v_{xd} = v_m - v_x = v_m - \omega_G(R_j - \rho_x) \tag{12-3}$$

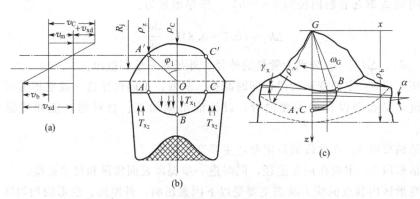

图 12-7　进程轧制时工具接触表面对金属的相对速度和摩擦力方向

$v_{xd} > 0$ 为前滑区；$v_{xd} < 0$ 为后滑区；在 $v_{xd} = 0$ 的各点为中性点，连接这些点为中性线，如图 12-7（b）中的 ABC，在曲线 ABC 以内为后滑区，出口剖面上 A、C 所对应的轧辊半径称为轧制半径 ρ_z，轧制半径应满足以下关系式：

$$v_m = (R_j - \rho_z)\omega_G \tag{12-4}$$

如减少变形量，变形区内金属流动速度随之下降，后滑区便相应扩大。变形区内工具给轧件接触表面的摩擦力方向如图 12-7（b）所示。由于变形金属只向机架进程轧制的运动方向流动，则在前滑区金属承受三向附加压应力，在后滑区承受轴向附加拉应力，其他两向为附加压应力。

回程轧制时金属仍按进程轧制的方向流动，轧辊作反向旋转，所以在变形区出口截面内轧辊接触表面相对轧件的速度，如图 12-8（a）所示。设仍以与机架运行方向相同的速度为正，反之为负，则按式（12-3）可得回轧时前、后滑区的分布情况和摩擦力方向，如图 12-8（b）所示，$BDD'B'$ 为后滑区。所以回轧时槽底部分金属在外摩擦力作用下受三向附加压应力，槽缘部分金属受轴向张应力，其余两向为压应力，与进程轧制时相反。

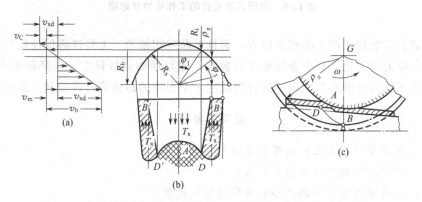

图 12-8　回程轧制时工具接触表面对金属的相对速度和摩擦力方向

由于轧件始终向机架进程轧制的运动方向延伸，芯棒接触表面的摩擦力方向总是与回轧时机架的运动方向相反，对接触表面的金属造成三向附加压应力。

（2）不均匀变形的影响

与一般纵轧孔型一样，周期式冷轧管孔型也有一定的开口度，以防啃伤、轧折等缺陷的发生，轧制时在孔型开口处形成一定的非接触区，这样无论正轧或回轧，孔型开口部分的金属皆受到附加轴向张应力，槽底部分金属受到附加轴向压应力。

综上所述，周期式冷轧管的出口截面上最常出现的工作应力状态分布如图 12-9 所示。孔型开口处始终承受着拉应力，严重时甚至可能出现横裂，这是限制冷轧管一次变形率的主要原因之一。

（3）加工分散程度的影响

因为轧制时有附加应力，轧制后必然以残余应力状态保留下来。但是无论从正轧和回轧造成的残余应力状态来看，还是从不均匀变形来看，只要回轧前旋转 $60°\sim90°$，这些残余应力都能互相抵消。所以如果减小每次加工量，增加加工次

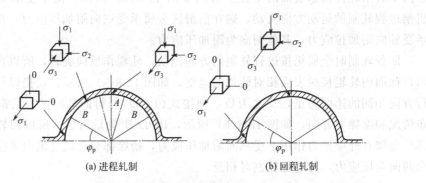

(a) 进程轧制　　　　　　　　　　　(b) 回程轧制

图 12-9　周期式冷轧管的工作应力状态图

数，就会降低每次产生的残余应力，而且不断互相抵消，无疑这将促使轧件体内的残余应力均匀化，利于金属塑性的提高。但是增加分散程度又会降低生产率，所以压下段的分散系数应按不同材料规定一个允许的最低值，以控制产品质量。

复习思考题

1. 何谓管材冷加工？有哪些方法？
2. 管材冷轧的主要方法是什么？
3. 试简述两辊式周期式冷轧管机的轧制过程。

焊管生产工艺

焊接钢管采用的坯料是钢板或带钢，其产品按其材质和用途不同可分为若干品种，如低压流体输送用镀锌焊接钢管，输送用大直径焊接钢管，机械结构用不锈钢焊接钢管，流体输送用不锈钢焊接钢管等。焊接钢管按工艺区分主要有直缝电阻焊（ERW）、螺旋埋弧焊（SSAW）和直缝埋弧焊（LSAW）三种。

13.1 各种焊管生产工艺过程概述

电焊管的生产方法很多，从成形手段来看主要有以下几种。

13.1.1 辊式连续成形机生产电焊管

中、小型直缝电焊钢管基本上都采用辊式连续成形机生产。最初用低频焊，20 世纪 60 年代以后发展了高频焊，加热方法有接触焊和感应焊两种。钢种主要有低碳钢、低合金高强度钢。

在连续式电焊管机组上生产的几种典型产品的工艺流程如图 13-1 所示。

对不同钢种应根据不同工艺特性在成形、焊接、冷却等工序上采用不同的工艺规范，以保证焊接管质量。电焊管生产无论是有色和黑色管都得到较大的发展，技术上也提高快。如发展了螺旋式水平活套装置；机组上采用了双半径组合孔型；高频频率多在 350～450kHz，焊接速度最高达到了 130～150m/min；内毛刺清除工艺已可用于内径为 15～20mm 的钢管生产中；冷张力减径机组也日益引起重视；在作业线上和线外实行了多种无损探伤检验；如有需要（像厚壁管）在作业线上还设置了焊缝热处理设备；为提高焊缝质量和适应一些合金材料的焊接要求，还采用了直流焊、方波焊、钨电极惰性气体保护焊、等离子体焊以及电子束焊等。在后部工序中不少机组均设有微氧化还原热镀锌、连续镀锌和表面涂层等工艺，并设有相应的环保措施，控制污染。

13.1.2 履带式成形机生产电焊管

履带式成形机用于生产壁厚 0.5～3.25mm、外径 12～150mm 的各种薄壁管和一般用管。图 13-2(a) 是成形过程示意图，图 13-2(b) 是成形的原理图。

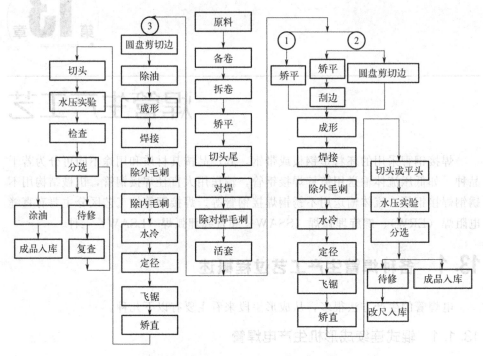

图 13-1　连续式电焊管机组上生产的几种典型产品的工艺流程
①水煤气管；②一般结构管和输油管；③汽车传动轴管

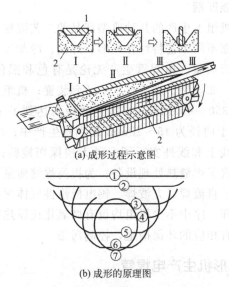

(a) 成形过程示意图

(b) 成形的原理图

图 13-2　履带式成形机的工作示意图

履带式成形机不需要成形辊，主要部分是两个侧面的 V 形槽 2 和三角模板 1。当带材进入倾斜的三角板和 V 形槽构成的孔型后，在 I 段带材比三角板窄，未接触 V 形槽面。进入 II 段，带材开始宽于三角板压出弯边。而后依次通过各段形成管材，如图 13-2(b) 所示。

这种成形机的优点是：变换管径方便，只要调整 V 形槽的开口度和角度、三角板的位置和相应的形状即可，适于多品种生产；可生产辊式连续成形机不能生产的较大直径的薄壁管；变形区可以短一些，设备简单、轻巧，维修容易，占地面积小，消耗动力小，成本低廉；可用于锥形管的成形焊接。

13.1.3　几种大口径钢管的生产方法

(1) 螺旋焊管生产

螺旋焊管是目前生产大直径焊管的有效方法之一。它的优点是设备费用少，用一种宽度的带钢可生产的钢管直径范围相当大。目前美国、德国已生产出直径 3m 以上、厚度 25.4mm 的螺旋焊管。图 13-3 为螺旋焊管机组工艺流程图。

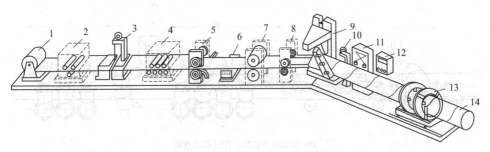

图 13-3　螺旋焊管机组工艺流程图

1—拆卷机；2—端头矫平机；3—对焊机；4—矫平机；5—切边机；6—刮边机；7—主递送辊；8—弯边机；9—成形机；10—内焊机；11—外焊机；12—超声波探伤机；13—行走切断机；14—焊管

(2) UOE 法电焊管生产

UOE 法电焊管生产是以厚钢板做原料，经创边和预弯边，先在 U 形压力机上压成 U 形，后在 O 形压力机上压成圆形管，然后预焊、内外埋弧焊，最后扩径以矫正焊接造成的管体变形，达到要求的椭圆度和平直度，消除焊接热影响区的残余应力。UOE 焊管可生产直径为 406～1620mm 的钢管。这种方法可能生产的最大直径受到板材能够生产的最大宽度的限制，设备投资也较大。但生产率高，适于大批量、少品种专用管生产，是高压线输送管的主要生产方法。

排辊成形生产电焊管方法实质是由辊式连续成形机演变而来，图 13-4 是排辊的"下山"式成形过程示意图。这种方法可生产直径 457～1270mm、最大壁厚 22.2mm 的钢管。它的生产工艺流程为：送进钢板或拆带卷→超声检查→对焊→刨边或切边→排辊成形→高频预焊接→定径→切定尺→脱脂→内焊（埋弧焊）→外焊→超声检查全部焊缝→扩径→水压试验→超声检查→管端平头→成品检查→用户检查→打印→涂保护层→出厂。

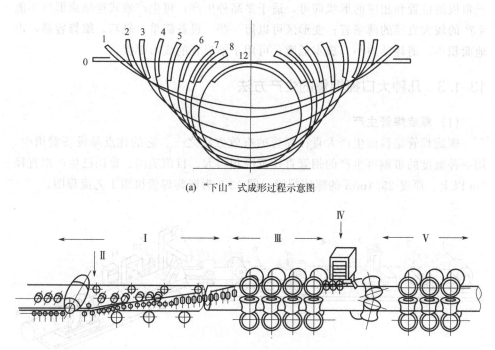

(a) "下山"式成形过程示意图

(b) 排辊成形机的工作过程示意图

图 13-4　排辊成形过程简图

Ⅰ—预成形机架；Ⅱ—边缘弯曲辊；Ⅲ—带导向片辊的机架；Ⅳ—高频电焊装置；Ⅴ—拉料辊

13.2　辊式连续成形机生产电焊钢管的基本问题

辊式连续成形机的电焊管机组在我国分布较广，现对它作分析介绍。

13.2.1　机架的排列与布置

成形机架的排列与布置形式基本有两种：一种是水平辊和立辊交替布置；另一种是在封闭孔前成组布置立辊群，如图 13-5 所示。其他组合形式均由此演变而来，常见类型列于表 13-1。

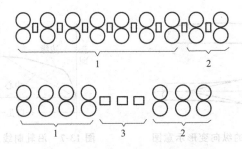

图 13-5　成形机布置的基本形式

1—开口孔；2—封闭孔；3—立辊组

▢ 表 13-1　各种机架布置形式

轴径/mm	排列方式
51	H-V-H-V-H-V-H-V-H-V-H
75	H-V-H-V-H-V-H-V-H-V-H-H
90	H-V-H-V-H-V-H-V-H-V-H-V-H
89	H-H-H-V-H-V-V-H-V-H-V-H
127	H-H-H-V-H-V-H-V-V-H-H-H-H
155	H-H-H-V-H-V-H-V-V-H-H-H-H
228	H-H-H-V-H-T-T-Q-Q-Q
254	H-T-T-H-H-H-H-Q-Q-Q

注：H—水平机架；V—立辊机架；T—三辊式机架；Q—四辊式机架。

　　整个机组完全采用水平辊和立辊交替布置的形式正在逐步淘汰。因为这种布置，在封闭孔前几架管坯的变形角相当大，上下辊之间的直径差很悬殊，因而辊面的速比可达到 1.8～2.2，易造成管坯表面划伤，轧辊磨损严重。因此新设计的机组将这几架以立辊组代替，既避免了划伤，又简化了结构。国外最近还出现了一种布置形式，它仅仅头两架开口孔和封闭孔是水平机架，其余都是立辊机架，简称 VRF 法。该机组设备简单，重量轻，边缘延伸小，管坯成形质量好。

13.2.2　管坯成形的变形过程

　　管坯在成形机组中的变形包括纵向变形、横向变形和断面变形三部分。纵向变形是指管坯在轧制线方向上由平板变为圆筒形的过程，如图 13-6 所示。纵向变形过程是不均匀的，在前几架带钢边缘部分的延伸大于中心部分，在封闭孔型前两架时管坯中心变形角超过 180°以后，中心部分的延伸又大于边缘，如图 13-7 所示。总的结果是，成形为圆筒以后，边缘的长度 L' 大于原来的长度 L，相对伸长率为：

$$\varepsilon = \frac{L' - L}{L} \times 100\%$$

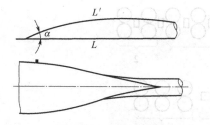
图 13-6　管坯成形的纵向变形示意图

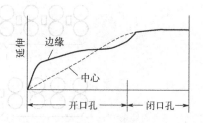
图 13-7　沿轧制线上管坯边缘和中心
延伸系数的变化

为保证成形质量的稳定性，应使延伸了的边缘压缩时能恢复原来的形状，不致引起走浪和鼓包，这样板带边缘的纵向积累拉伸变形应在弹性变形极限以内。根据虎克定律：

$$\varepsilon \leqslant \frac{\sigma_s}{E} \tag{13-1}$$

式中　ε——纵向变形的伸长率；

　　　σ_s——金属的流动极限，低碳钢为 200MPa；

　　　E——弹性模数，取 2×10^5MPa。

所以低碳钢的边缘相对伸长率必须是：

$$\varepsilon \leqslant 0.1\%$$

由此取边缘上升角 $\alpha = 1°\sim1°25'$。因此该机组生产最大直径 d_{max} 产品时所需的最小变形区长度 l 是：

$$l = \frac{d_{max}}{\tan\alpha} = (40\sim57)d_{max} \tag{13-2}$$

小于此值成形焊接后易起鼓包，太大，增多机架也是浪费。

断面变形是指成形后（实际上还包括定径矫直的影响）壁厚变化。一般成形后壁厚总有所增加，管坯边缘部分的壁厚总比中间部分略小，但差值很小对质量无大影响，一般略而不计。

横向变形是指管坯在孔型中承受横向弯曲变形的问题，即轧辊的孔型设计。

13.2.3　成形底线

成形底线是第一架至末架成形机的下辊孔型最低点的连线。成形底线的形式对于管坯成形的纵向变形过程有显著的影响。

成形底线的形式基本有如图 13-8 所示的四种形式：上山法：底线在成形过程中逐渐上升；底线水平法：成形过程中底线为水平线；下山法：成形过程中底

线逐渐下降，或者在预成形各架中逐渐下降，至封闭孔型后底线保持水平；边缘线水平法：成形过程中边缘线保持水平，成形底线按下山法演变。

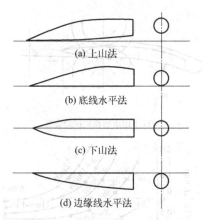

(a) 上山法

(b) 底线水平法

(c) 下山法

(d) 边缘线水平法

图 13-8　几种不同方式的成形底线

生产中多采用水平底线法和下山法，两者相比前者较差，因为前者同一垂直剖面上中心和边缘的延伸不均匀性严重，下山法则比较均匀，如图 13-9 所示，并且最后的积累变形也是前者的边缘延伸比后者大。

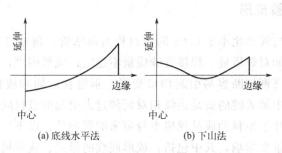

(a) 底线水平法

(b) 下山法

图 13-9　同一横剖面上各处的延伸分布情况

单机模拟下山成形的试验证明，要在成形过程中减少边缘延伸量，使得出口管坯件平直运行，必须送料时向下倾斜一定值，也就是使送料支撑点比下一机架的辊底线高一下山值 S，如图 13-10(a) 所示，设支撑点与机架中心线距离为 f，它们之间需保持关系：

$$S=Kf \tag{13-3}$$

式中　K——根据变形量、板厚、管坯形状确定的系数，取 0.05～0.15。

图 13-10(b) 是 S、f 与成形件离开成形辊时弯曲曲率 $1/R$ 的关系。正值表示向上弯曲，负值表示向下弯曲。可见一定的机架间距只有一定的下山值可使成

形件离开成形辊时保持平直。所以，最好在机架之间增设下山成形的辅助装置，相对下一机架轧辊底线调整下山值以收到应有的效果。

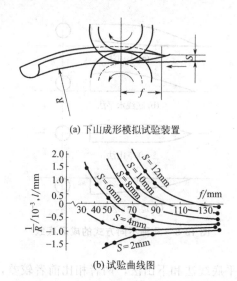

(a) 下山成形模拟试验装置

(b) 试验曲线图

图 13-10　下山成形模拟装置及其试验曲线

13.2.4　薄壁管成形

通常将壁厚与管径比小于 0.02 的管材称为薄壁管。薄壁管生产在工艺上存在一系列困难：如对焊质量、焊接管缝质量不稳定；成形困难，容易起波浪和鼓包；容易搭焊；飞锯切断容易引起切口变形；钢管在运输和拨料时容易引起压坑、变形等。其中最关键的就是边缘相对延伸过大引起的鼓包问题。影响边缘延伸的因素很多，除了原料和成品规格本身带来的影响外，以下一系列设计原则都对边缘延伸带来重要影响，其中包括：成形底线的形式、成形机架的数目、轧辊直径、机架间距、孔型设计、轧辊布置方式和速度差等。由于影响因素太多，所以目前对边缘延伸的计算都是近似的。日本的加藤健三提出，在成形机架中边缘与中心延伸量差值 Δl 与该架变形区的成形高度 h^2 成正比，与该架的变形区长度 l 成反比。所以有

$$\Delta l \propto \frac{h^2}{l}$$

(13-4)

日本的玛仓对圆周弯曲法设计孔型的边缘延伸差也提出了近似计算方法，计算结果示于图 13-11。

由图 13-11 可见，管径愈小、下辊孔槽底直径愈大、机架数 n 愈多，边缘伸长率愈小。为防止薄壁管成形时边缘伸长率过大，一般可采用以下方法：

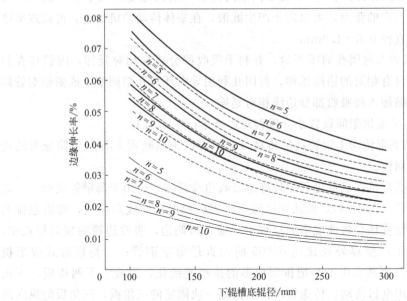

图 13-11 边缘相对伸长率和下辊槽底直径、机架数、钢管直径的关系
——$d=139.8$mm 钢管；---$d=89.1$mm 钢管；-·-$d=34.0$mm 钢管

① 下山法成形。

② 管坯中部适当延伸，成形操作时在开口孔型成形弯曲的过程中，使坯料中部受到微量压延，以减小边缘的相对延伸量，这时调整压下应以出口轧件是否平直为准，但这种措施的缺点是增加了成形机的变形功，轧辊磨损严重，容易产生辊印和划伤。

③ 增加变形区总长度，在可能的条件下增加变形的机架数目，减少相邻两机架之间的变形量，减少各架的成形高度，根据式(13-4) 可显著减小边缘相对伸长率。

④ 缩小机架间距，即在变形区总长度不变的条件下增加机架数，因为管坯边缘在机架上受到压缩变形，可以部分抵偿边缘的相对延伸，而不是只靠最后几架成形机压缩吸收边缘的相对伸长率，改善成形条件。

⑤ 采用双半径孔型设计，原则上这也是边缘变形法，这种成形方法在变形过程中，边缘上任一点的轨迹长度比较短，有利于防止边缘出现波浪和鼓包。

⑥ 加大辊径，增大辊径就是加大每个机架的变形区长度，按式(13-4) 边缘相对伸长率随之减小。

⑦ 改进轧辊布置方式，适当地设置立辊组。水平辊机架是产生边缘相对延伸的机架，而立辊机架除起引导和防止弹回作用以外，还有压缩和吸收边缘相对延伸的作用，所以如在封闭孔前布置三四架立辊组，则可有效地压缩和吸收在预成形机架中产生积累的边缘相对伸长率，防止鼓包。

⑧ 调整机架间的速度，在成形机架间使下一架的速度略大于上一机架，在机架间产生一定的张力，可以防止产生波浪，在集体传动的机组上，可以逐架增大下辊槽底直径 0.6～1.0mm。

⑨ 适当加大封闭孔的压下量，有利于吸收部分边缘相对延伸，因管坯在封闭孔型中不再有相对的边缘延伸，封闭孔利用导向环和孔型侧壁，或侧辊对管坯边缘进行压缩加工将吸收部分边缘相对延伸。

⑩ 在水平辊机架间设置小立辊群对边缘进行压缩加工。

⑪ 采用下辊传动上辊被动的传动方式，可改善横断面上各点延伸分布的均匀性，减少划伤。

有两种成形机在成形过程中较好地吸收边缘延伸，适用于薄壁管成形。一是排辊式成形机（图13-4），此法在边缘弯曲辊后根据自然成形曲线，密集地排列许多小辊，使管坯在弯曲成形的过程中压缩带材侧边，吸收边缘的相对伸长率，排辊成形可生产壁厚外径比达 0.005 的大直径薄壁钢管；二是履带式成形机（图13-2），其原理实质上是把排辊成形的排辊连续化，形成上下两块板，下板由履带组成用电机传动，传送管坯，上面是一块固定的三角板，三角板的纵向曲线和横向断面与下面的履带构成连续的成形孔型，带钢通过三角板与履带构成的孔型时产生的边缘相对伸长率，由三角板与履带对管坯的连续压缩而被吸收。另外三角板下端还对管底施加压力，使管底部分产生的延伸与三角板弯曲管坯时产生的边缘相对延伸平衡，防止波浪和鼓包产生。这种成形机用于小直径薄壁钢管生产，壁厚与直径比达到 0.01。

13.2.5 厚壁钢管生产

通常将壁厚与管径比在 0.1 以上的管材称为厚壁管，目前已部分取代无缝钢管，主要用作锅炉管、中高压输油输气管，以及机械制造结构用管等。因此在质量上有严格要求，工艺上也有一些特殊困难和要求。主要有：

① 原料的屈服极限和强度极限较高，要求机架有足够刚性。

② 要求较高的主电机功率。

③ 由于钢种硬、壁厚大，弯曲的回弹大，变形困难，边缘变形更是困难，所以要选用边缘变形或双半径孔型设计。

④ 由于壁较厚，钢管的内周长和外周长相差很大，要求在成形以前刨边，使焊接时两边缘端面平行或者呈 X 形，保证管壁中心部分焊透。

⑤ 必须清除内毛刺。

⑥ 对于外径大于 114mm 的钢管，因为强度高、厚壁和回弹大，要采用四辊式挤压辊。

⑦ 由于对钢管质量的要求高，在作业线上或线外必须设置焊缝热处理装置

和无损检验装置。

⑧ 为保证焊缝处加热均匀，提高焊接质量，采用超中频频率焊接机较合适。与薄壁管相比，厚壁管生产受设备能力的限制较大，必须考虑设计厚壁管专用的成形机组，采用边缘变形的双半径孔型设计，加大封闭孔的压下量等。

13.3 辊式连续成形机的轧辊孔型设计

成形机轧辊孔型设计的基本问题，是正确选择变形区长度，合理分配各机架的变形量，设法消除带钢边缘可能产生的残余变形。孔型设计应满足以下要求：成形时带钢边缘产生的相对伸长率最小，不致产生鼓包和折皱；带钢在孔型中成形稳定；变形均匀，成形轧辊磨损小，并且均匀；能量消耗小；轧辊加工方便，制造容易。

13.3.1 带钢边缘弯曲法

边缘弯曲法的成形过程如图 13-12 所示，是从带钢的边缘部分开始弯曲成形，弯曲半径 R 恒定，其值等于挤压辊孔型半径，或第一架成形机封闭孔孔型半径，然后逐架增加边缘弯曲宽度，逐架增加弯曲角 θ，直至进入上辊带有导环的封闭孔型成为圆管筒。

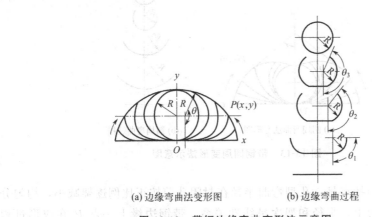

(a) 边缘弯曲法变形图　　(b) 边缘弯曲过程

图 13-12　带钢边缘弯曲变形法示意图

边缘弯曲法的特点是边缘上任一点 P 在成形过程中的运动轨迹 L 是一条摆线曲线，其运动方程为：

$$x = R(\pi - \theta) + R\sin\theta \qquad y = R(1 - \cos\theta)$$

$$L = R \int_0^\pi \sqrt{2(1 - \cos\theta)}\, \mathrm{d}\theta = 4R$$

这种成形方法的优点是：成形稳定；管坯边缘升起的高度小，其上任一点在成形过程中的轨迹长度 L 小，降低了边缘相对中心的伸长率，不易产生鼓包，成形质量较好；减小成形辊的切入深度，相应减少成形辊的直径；成形辊可分片组成，换辊轻便，中间平直部分可共用于不同规格的钢管成形，简化加工。缺点是：第一架变形辊咬入困难；整个孔型没有共用性，增加了轧辊加工、储备、管理的工作量。不适于在断续生产的短带焊管机组上使用。边缘弯曲法孔型设计适用于直径大于 200mm 的焊管生产和低塑性高强度钢种。

在薄壁管的成形中可以有效地防止边缘鼓包，在厚壁管生产中可以减少边缘回弹，提高焊接质量。

13.3.2 带钢圆周弯曲法

圆周弯曲法或称周长变形法，其成形过程是沿管坯全宽进行弯曲变形，弯曲半径逐架减小。当中心变形角 $2\theta_i$ 小于 180°时，管坯与上下辊沿整个宽度相接触。当中心变形角大于 180°小于 270°时，管坯与下辊接触，上辊仅与管中间部分接触。当 $2\theta_i$ 大于 270°以后，管坯在上辊带有导向环的封闭孔型中成形，见图 13-13。

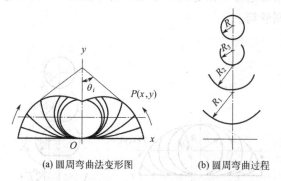

(a) 圆周弯曲法变形图　　　　　(b) 圆周弯曲过程

图 13-13　带钢圆周变形法示意图

圆周弯曲法的特点是，孔型弯曲半径在封闭孔前按正比例逐架减小，均匀分配在各开口孔机架上，半径和架次呈线性关系。带钢边缘上一点 P 在成形过程中的运动轨迹是一条螺旋线，长度为：

$$L = \pi R \int_0^\pi \left(\frac{1}{\theta} \sqrt{1 + \frac{2}{\theta^2} - \frac{2\sin\theta}{\theta} - \frac{2\cos\theta}{\theta^2}} \right) d\theta = 4.44R$$

这种成形方法的优点：变形比较均匀；轧辊加工制造简单，生产不同规格和壁厚的钢管时，轧辊有一定的共用性；可以减少轧辊储备、加工和管理的工作量；降低辊耗。缺点是：带钢边缘缺乏充分的变形，生产薄壁管时容易引起边缘鼓包；生产厚壁管时焊缝易呈现尖桃形；成形不稳，带钢容易扭转、跑偏；边缘相对延伸比边缘弯曲法稍大。由于管坯在成形过程中采用了立辊作导向辊，克服了稳定性差的缺点，使这种变形方法得到较为广泛的应用，尤其适用于断续生产的短带焊管机组。

13.3.3 带钢综合弯曲法

综合弯曲法或称双半径孔型设计法，首先以挤压辊孔型半径为管坯边缘的弯曲半径 r，将管坯边缘先弯曲到某一变形角，并在以后各成形架次中保持不变，这时管坯中间部分再按圆周变形法进行变形分配，弯曲成形过程如图 13-14 所示。双半径孔型设计方法吸取了边缘变形法和圆周变形法二者的优点，变形均匀；成形过程较稳定，边缘相对伸长率较小，成形质量较好。缺点是生产不同直径钢管时，成形辊共用性差，成形轧辊加工较复杂。长带卷连续焊管机组采用这种孔型设计是合理的。

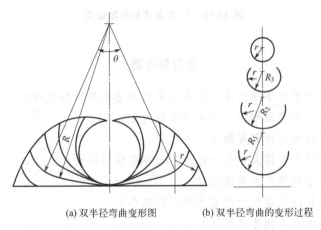

(a) 双半径弯曲变形图　　　　(b) 双半径弯曲的变形过程

图 13-14　双半径孔型设计的变形示意图

13.3.4 双面弯曲侧弯成形法

双面弯曲侧弯成形法简称 W 成形法。它是先将管坯中间部分反向弯曲，同时成形管坯边缘，第二架水平辊采用双半径弯曲变形，以后几架开口水平辊采用中间变形辊，再进入带导向片的封闭孔型而成为圆管筒，弯曲成形过程如图 13-15 所示。它是双半径孔型设计法的发展。在 W 孔型中带钢边缘翘起的高度较双半径孔型低，故减少了边缘变形直线段，有利于保证焊口平行；同时管坯边缘横向变形充分，升起高度小，避免了边缘纵向伸长引起的边部翘曲（鼓包）；弯曲变形成形稳定，成形质量好。

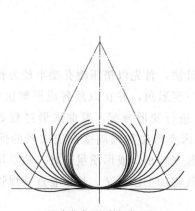

(a) W弯曲成形法管坯变形图   (b) W弯曲的变形过程

图 13-15　W 弯曲成形法示意图

复习思考题

1. 电焊管的生产方法很多，从成形手段来看主要有哪几种？
2. 简述辊式连续成形机生产电焊管的特点。
3. 有哪几种大口径钢管的生产方法？
4. 何谓薄壁管？薄壁管生产在工艺上存在哪些困难？
5. 何谓厚壁钢管？主要用作什么？
6. 成形机轧辊孔型设计的基本问题有哪些？
7. 何谓双面弯曲侧弯成形法？

14.

第❻篇

特种轧制

特种轧制综述

14.1　特种轧制

　　特种轧制是钢材深加工技术的重要方式之一，是一种少或无切屑、高质量、高效率的生产方式。通常是对板带材、线棒材和钢管等轧制材料再次以轧制的方式进行深度加高质量、高效率加工的生产方式，用于大批量的机械零件生产，也可以作为各种高效能钢材的生产手段，对现有钢材进行二次或三次加工，生产尺寸精密、形状特殊、性能优异的板、管、型、线四大类钢材，例如，高精度板带钢和钢管、冷轧钢筋和型钢等。以此可以提高钢材的质量，提高一次轧制的生产效率和成材率。此外，在钢材改制领域，如对回收的石油钢管、中厚板、钢筋、钢轨等废旧钢材的再加工，特种轧制技术也有重要的用途。

　　目前，随着可持续发展和循环经济的大力提倡，特种轧制技术在材料加工和机械制造等行业中具有越来越重要的作用，尤其是在大批量机械零件的生产过程中，如汽车、纺机、农机、轻工、电工、电子等领域，特种轧制技术的应用十分广泛。特种轧制也是提高产品质量、降低生产成本的重要手段，对于一些高技术领域的产品，如航天航空器、兵器制造中的特殊零件，特种轧制可能是唯一的加工手段。此外，由于对钢材进行深度加工，大幅度地增加了钢材的附加值，如极薄带钢的价格是普通带钢的几倍或十几倍，而双金属复合带钢的吨价可以达到数万元，通常的销售是按照平方米计算价格。

　　由于提高了材料的性能和利用率，特种轧制技术对国民经济的发展，提高企业经济效益和社会效益有着十分重要的意义。

14.2　特种轧制设备的分类

　　目前，用于各种生产场合的特种轧钢设备的类型很多，按照所加工原料的形式可以将其分为以下三大类。

（1）板带材特种轧制设备

板带材特种轧制设备主要用于板带材的深加工，如薄带和极薄带材轧制、横向或纵向不等厚带材和螺旋状带材轧制等。这类设备包括各种形式的多辊板带轧机、压花板轧机、锥形辊板带材轧机、辊锻机等。

（2）线、棒、管材特种轧制设备

线、棒、管材特种轧制设备可以用来生产各种实心或空心的回转体轧件，如阶梯轴类零件、球形零件、变断面钢管、各种螺纹制品、散热器用的翅片管以及麻花钻头等。这类设备包括楔横轧机、钢球轧机、钢管减径或扩径机、螺纹轧机、翅片管轧机、钻头轧机、管或筒形件旋压机、冷热轧周期断面轧机、小直径钢管轧机等。

（3）盘、环件特种轧制设备

盘、环件特种轧制设备主要用于生产轴对称类机械零件。盘类零件如滑轮和带轮、车轮、汽车半轴等，主要使用能够产生轴向变形的摆动辗压机和径向变形的旋压机。环件零件如法兰盘、轴承环、齿圈和轮箍等，这类的轧制设备是旋压机和轧环机。除了多辊板带轧机和冷热轧周期断面轧机外，特种轧制设备大多以机床的形式使用，而且有些已经系列化，如轧环机、摆辗机、辊锻机、旋压机等，生产部门可以根据需要选用不同型号的设备。但是，在很多情况下，需要针对专门的产品研制专用设备，以满足生产需要。

特种轧制对轧件的变形有特殊的要求，以保证轧件的形状准确，尺寸公差在允许范围内。根据不同的工艺要求，可以采用纵轧、横轧和斜轧三种轧制方式。由于特种轧制产品的种类繁多，所采用的变形方式和设备形式也很多。按照轧件的变形方式、轧件和轧辊的形式与数量的不同，特种轧制的分类概况如图 14-1 所示。

随着特种轧制技术的进步和所加工产品的演进，特种轧制设备也在不断发展，尤其是由于计算机技术的广泛应用，以数控技术和工具的计算机辅助设计（CAD）技术为代表的特种轧制设备已经在逐步取代传统的设备。特种轧制新工艺的不断出现，使新型的特种轧制设备也随之出现，并不断发展完善。

由于特种轧制具有工艺形式多、应用范围广等特点，因此，在开发新工艺、研制新设备和提高设备的装备水平方面有着广阔的发展空间。各种新技术的采用使得特种轧制设备得到了迅速发展，从而使特种轧制技术得到了更广泛的推广应用。

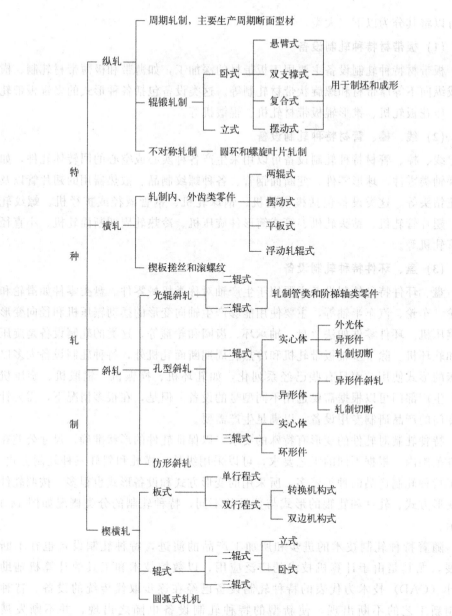

图 14-1　特种轧制的分类

复习思考题

1. 什么是特种轧制?
2. 特种轧制是如何分类的?

第15章

几种常用的特种轧制技术

15.1　多辊轧制技术

15.1.1　概述

多辊轧制技术主要用于高强度钢和精密合金的冷轧薄板和薄带钢轧制生产。在薄板带的生产中占有特殊的地位，在生产薄板带的冷轧机中，约有 10% 以上是多辊轧机。几乎所有的不锈钢薄板都是由多辊轧机生产，电工钢板、超硬金属、铝合金、铜合金等薄带的生产也使用多辊轧机。多辊轧机也用于稀有金属、双金属和贵金属的生产。

由于国民经济规模的扩大，特别是高新技术的快速发展，各工业部门如电子、信息、仪器、机电等行业对各种金属及合金薄带和极薄带材的需求增长很快。对于薄带材的质量要求也越来越高，例如彩色显像管中使用的冷轧低碳薄钢带，厚度为 0.15mm，厚度的公差范围在钢带 600mm 的宽度上为 $\pm 3\mu m$。在一些电器和仪器仪表的元件中需要厚度为 $0.1 \sim 0.3\mu m$ 的铝、钽和铍青铜等箔材。这些带材或箔材采用四辊轧机生产是不经济的，通常在技术上也是无法实现的。因为在轧制极薄带材时，工作辊的弹性压扁将等于或大于带材的厚度，此时轧件的压缩是不可能的，因此必须使用直径更小的工作辊才能轧制极薄带材。此外，由于工作辊直径小，接触变形区也小，相应的轧制力较小，所以同样的轧制压力可以产生较大的压下量。然而，对于四辊轧机来说，当工作辊的辊径很小时，其轧制方向的刚度和强度将不能够满足轧制过程的要求，因此必须加以支撑。这样，不同形式的多辊轧机便产生了。

多辊轧机的工作机座是一个复杂的整体，其主要组成部分与常用的板带轧机相同，包括轧机牌坊、支撑辊和工作辊构成的辊系、压下装置、轧辊磨损补偿机构、轧辊和支撑辊的辊型控制和平衡机构、轧辊传动装置、固定式和可卸式导卫、润滑和冷却系统、工艺参数控制设备及轧机自动化装置等。

多辊轧机的使用能够保证小直径工作辊在垂直面和水平面上获得较高的刚度，并能够在相当大的轧制力的情况下将所需的轧制扭矩传递给工作辊。由于支撑辊的数量可以在两个以上，所以人们能够根据不同的轧制要求采用不同形式的辊系和机架结构形式。常用的有 Y 型轧机、六辊、偏八辊（MKW 轧机）、十二辊和二十辊轧机，其中最典型的多辊轧机是二十辊轧机。1925 年，W. 罗恩（Rohn）设计了有十或十八根支撑辊的轧机，并获得了第一台多辊轧机的专利权。这种轧机采用塔形支撑辊系，能够保证工作辊有较大的横向刚度。该轧机的工作辊直径为 ϕ10mm，中间辊直径为 ϕ20mm，外围支撑辊直径为 ϕ24mm，用于轧制镍带，最小轧制厚度为 0.010mm。在这种辊系配置中，下一列的每一个轧辊自由地靠在上一列的两个轧辊上。支撑辊是由安装在固定芯轴上的轴承组构成的，轴承的外圈即为支撑辊辊面，中间辊传动，工作辊没有辊颈，可以方便地从辊系中取出。塔形支撑辊系安装在上下两个横梁中，横梁的一端采用铰接方式连接，另一端用拉杆连接，调整拉杆可以使横梁绕铰接中心转动，从而满足不同轧辊直径的要求。后来，W. Rohn 的发明被 Sundwig 公司买去并加以改进，形成了四柱式的开式机架的二十辊轧机，如图 15-1 所示。

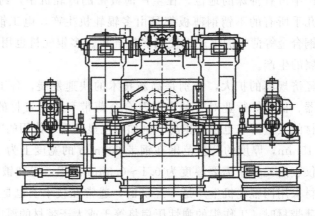

图 15-1　Sundwig 公司的二十辊轧机

1932 年，T. 森吉米尔（Sendzimir）制造了第一台多辊轧机，其结构特点是采用了整体机架，辊系安装在机架内部。与罗恩型二十辊轧机相比，工作机座的刚度较高，因而可以轧制厚度公差范围更窄的带材。

为了采用更小直径的工作辊，实现尽可能大的压下量，20 世纪 50 年代以来发展了 1-2-3-4 型森吉米尔轧机，如图 15-2 所示，即二十辊轧机。目前，该类型的轧机结构已经十分成熟，装备水平不断提高，已经成为各种金属及合金的高精度薄带和极薄带材的主要生产设备。目前，全世界已有 400 多套森吉米尔轧机，有工作辊径只有几毫米、辊身长 100mm 左右的微型森吉米尔轧机，也有工作辊

径为 ϕ50mm 左右、辊身长 2300mm 以上的大型森吉米尔轧机。

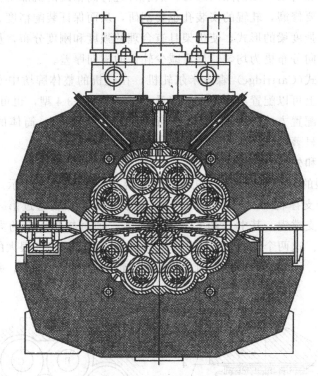

图 15-2　森吉米尔轧机

与其他多辊轧机相比,森吉米尔轧机的突出特点是轧机刚性好,轧制精度高。由于其机架采用整体铸钢制作,因而轧机有很高的刚度,同时采用了特殊的辊型调整机构,轧制产品的厚度精度很高,板形良好。例如,森吉米尔轧机轧制 0.2mm 的不锈钢带材,公差为 0.003~0.005mm,而四辊轧机的一般精度为 0.01~0.03mm,相差约 5 倍。

15.1.2　森吉米尔轧机的主要结构

与普通四辊轧机相比,森吉米尔轧机的结构十分紧凑、复杂,工作机座的特殊部分有:轧机牌坊、由上下两个塔形支撑辊组构成的辊系、压下装置、磨损补偿机构、轧辊和支撑辊的辊型控制和平衡机构等。其他各部分如轧辊传动装置、固定式和可卸式导卫、工艺润滑和冷却系统、工艺参数控制及轧机自动化装置等,为了适应薄带轧制的工艺特点,也有很大差异。

(1) 牌坊

森吉米尔轧机的牌坊是一个整体框架式构件,因此有很好的刚性。对于小型轧机，牌坊采用锻钢件制成，而大型轧机则采用整体铸钢件制成。牌坊毛坯需要经过多次退火和时效，以消除内应力，然后再进行高精度的机加工。安装支撑辊的鞍座部分需要修磨，轧辊的安装孔也要刮研，从而保证装配精度。机架的底部和顶部采用等强度梁的形式，使机架具有合理的强度和刚度分布，从而使辊系的变形沿轧辊轴向分布更为均匀，尽量减少轧件的横向厚差。

有一种筒式（Cartridge）森吉米尔轧机，在轧机的整体牌坊中安装一个圆形的筒体，筒体上可以配置不同形式的辊系，可以是 1-2-3-4 型，也可以是十二辊、六辊或二辊的配置方式。更换筒体可得到不同形式的轧机。筒体的更换十分方便，这样可以显著地提高森吉米尔轧机的利用率。

（2）辊系和外层支撑辊

1-2-3-4 型的辊系是森吉米尔轧机的典型辊系，如图 15-3 所示。其塔形辊系的外层有八个支撑辊轴，用 A～H 表示，轧制力由工作辊通过第一列和第二列中间辊传递给支撑辊。其中 B 和 C 是主压下轴，通过轧机上部的大液压缸对其进行压下调整。这两个轴的鞍形环架中装有滚动轴承，能够在很大的轧制压力下较容易地转动。而在鞍形环架中的其他支撑辊轴则采用滑动轴承，并且只能在无

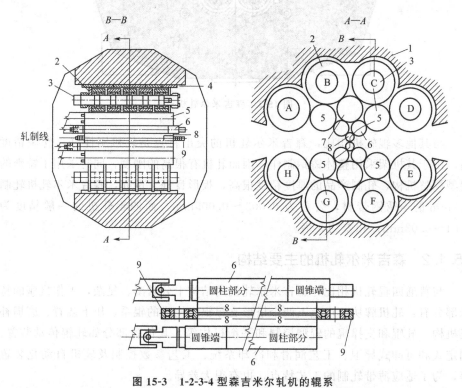

图 15-3　1-2-3-4 型森吉米尔轧机的辊系

1—牌坊；2—支撑辊轴承；3—背衬轴；4—鞍座；5—第二中间辊（传动）；
6—第一中间辊；7—第二中间辊；8—工作辊；9—工作辊止推轴承

负荷的状态下转动，处于自锁状态。为了调整上下辊系的相对位置（工作辊缝）则需要将这些支撑辊轴移开。轴 A 和 H 通过一台位于轧机后面的电动机移开，D 和 E 也由类似的电机移开。根据轧机中轧辊的尺寸来调整这些轴的相对位置，以保证轧制过程对辊缝尺寸的要求。

B、C 支撑辊是由一组外圈加厚的专用轴承和位于轴承之间安装在固定芯轴上的鞍座组成，如图 15-4 所示。支撑辊的轴承承受来自第二列中间辊的负荷，并通过芯轴和鞍座传递给机架牌坊。轴 F 和 G 位于辊系的下部，可以通过位于轧机前面的一个液压缸移动，使这两个轴分开或靠拢，以便于更换工作辊。通过这两个轴的移动，将轧辊调整到轧制线。同时可以消除下部辊系轧辊之间的间隙，也可以起到调整辊缝的作用，补偿轧辊的磨损。

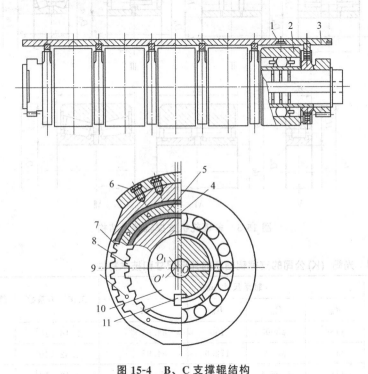

图 15-4 B、C 支撑辊结构

1，9—销子；2—带加厚外圈的轴承；3—鞍座；4—内偏心环；5—外偏心环；
6—螺钉；7—齿轮片；8—扇形齿轮；10—轴；11—键

支撑辊装置的所有部件要求很高的加工精度，尤其是支撑辊轴承的制造精度要求更高。要求安装在一个支撑辊芯轴上的全部轴承均匀一致，即"有效截面"相同，从而能够保证轧制力的均匀分布，进而使带材的断面厚度和形状均匀一致。支撑辊轴承的"有效截面"为内外圈的厚度与不考虑径向间隙的滚柱直径的总和。装在一个芯轴上的轴承，其"有效截面"值的偏差，根据不同的轴承规格，不应超过 0.002～0.005mm。

　　支撑辊轴承的计算按照最大承载能力进行，力求在外形尺寸一定的条件下，使其承载能力大、接触强度高和使用寿命长。通常，圆滚柱轴承的承载能力比其他类型的轴承大 30% 以上。美国 RHP（Ransome Hoffman Pollard）公司为森吉米尔轧机制造的圆滚柱轴承有 7 种结构形式，如图 15-5 所示。表 15-1 列出了日本光阳（K）公司的这 7 种支撑辊轴承的外形尺寸和技术特性。目前，我国洛阳轴承厂也能够提供合格的支撑辊轴承。

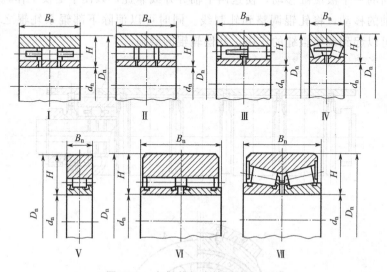

图 15-5　多辊轧机支撑辊轴承结构

□　表 15-1　光阳（K）公司的支撑辊轴承的外形尺寸和技术特性

轴承型号	轴承尺寸/mm				工作能力系数	静载荷/MN
	d_n	D_n	B_n	H		
Ⅰ	$\phi130$	$\phi300$	160	$84.95^{+0.01}_{0}$	2.16×10^6	1.56
	$\phi130$	$\phi300$	172.6	$84.95^{+0.01}_{0}$	2.32×10^6	1.70
	$\phi180$	$\phi406.4$	224	$113.16^{-0.01}_{0}$	4.10×10^6	3.20
Ⅱ	$\phi130$	$\phi300$	172.6	$84.95^{+0.01}_{0}$	2.39×10^6	2.21
Ⅲ	$\phi130$	$\phi300$	160	$84.95^{+0.01}_{0}$	1.96×10^6	1.31
Ⅳ	$\phi180$	$\phi406.4$	112	$113.16^{-0.01}_{0}$	1.84×10^6	1.16
	$\phi130$	$\phi300$	80	$84.95^{+0.01}_{0}$	0.94×10^6	0.59
Ⅴ	$\phi55$	$\phi120$	26	32.5 ± 0.008		
	$\phi55$	$\phi120$	52.2	32.5 ± 0.008		

轴承型号	轴承尺寸/mm				工作能力系数	静载荷/MN
	d_n	D_n	B_n	H		
Ⅵ	$\phi 31.75$	$\phi 76.2$	46.2	$22.2^{+0.01}_{0}$		
Ⅶ	$\phi 130$	$\phi 300$	172.5			
	$\phi 180$	$\phi 406.4$	224.2			

(3) 压下装置

森吉米尔轧机可以采用机械-液压压下、电-液压压下和电传感器-液压压下三种形式的压下系统。电-液压压下装置如图 15-6 所示,通过步进电动机的间断传动,使高速压下装置将轧辊开度的固定变化间隔为 $0.3 \sim 1.0 \mu m$。压下装置由上下两部分组成,下部分的压下装置用于保持恒定的轧制线,并且能够在断带时快速打开,便于处理故障;上部分的压下装置用于在轧制过程中调整辊缝。上压下装置的工作原理是:齿条由液压缸推动,驱动固定在中部支撑辊芯轴上的扇形齿轮。液压缸活塞的移动靠上下两腔之间的压力差来实现。上腔平衡压力恒定地作用在活塞上,下腔的工作压力由滑阀调节。当滑阀的位置改变时,上下力的平衡被打破,活塞与轴套一起上下移动到新的平衡位置。

图 15-7 所示是一种电传感器-液压压下系统。该系统由半转式液压缸带动齿轮转动,从而使压下齿条上下移动实现轧辊辊缝的调整。当设定好辊缝后,如果在轧制过程中带钢厚度增加,使得轧辊上升,压下齿条向下移动,这样使得与其啮合的小齿轮转动,其上的传感器发出脉冲信号,经放大器放大后传给电液伺服阀来控制半转式液压缸流量的大小。这样,半转式液压缸旋转,压下齿条向上移动,使轧辊压下恢复到原来位置,其反应时间为 $0.03 \sim 0.05 s$。

在轧制厚度公差为 $1 \sim 2 \mu m$ 的带材时,必须使用自动的随动传动压下装置。当轧辊开度的固定变化为 1 个步距时,压下装置必须具有 $100 \sim 200$ 个步距/s 的快速动作,步距的大小与轧机的规格相匹配,在 $0.4 \sim 4 \mu m$ 的范围内。

(4) 辊型控制系统

板形控制装置是现代森吉米尔轧机的重要组成部分,对于轧制高精度的带材起着极其重要的作用。森吉米尔轧机的板形控制采用两种途径,一种是采用第一列中间辊轴向移动机构来调整辊型,如图 15-8 所示。

第一列中间辊的辊身边部呈锥形,从而保证沿带钢宽度的变形更为均匀。为了对板形进行微调,森吉米尔轧机设置了支撑辊辊型调整机构,即通过安装在支撑辊轴 D 上的偏心套机构来实现,如图 15-9 所示。

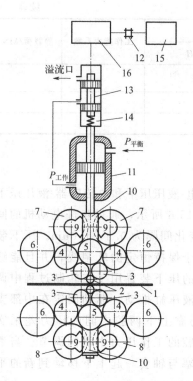

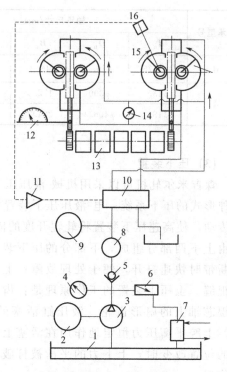

图 15-6 二十辊轧机的电-液压压下装置

1—钢带；2—工作辊；3—第一列中间辊；
4，5—第二列中间辊；6~8—支撑辊；
9—扇形齿轮；10—齿条；11—液压缸；
12—联轴器；13—多边缘单缝隙滑阀；
14—活动轴；15—电机；16—减速机

图 15-7 森吉米尔轧机的电传感器-液压压下系统

1—油箱；2—电动机；3—泵；4—压力计；5—单向阀；
6—调压阀；7—冷却器；8—过滤器；9—蓄能器；
10—电液伺服阀；11—放大器；12—上工作辊
位置指示器；13—B、C支撑辊；14—压差计；
15—旋转液压；16—传感器

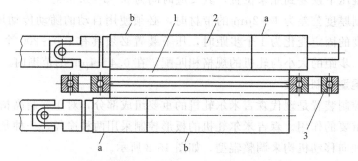

图 15-8 调整辊型的第一列中间辊轴向移动机构

1—工作辊（两辊的一端为锥形）；2—第一列中间辊；
3—止推轴承；a—锥形部分；b—圆柱体部分

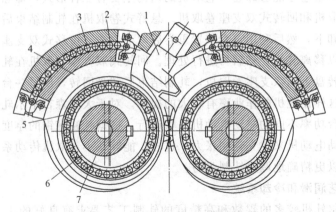

图 15-9　支撑辊型调整的偏心套机构

1—调整辊型的液压钩杆；2—滚针；3—鞍座的滑轨；

4—鞍座环；5—背衬轴承；6—偏心套；7—芯轴

这些偏心轴套分别由各自的液压缸传动。任何一个轴套的回转都能使芯轴的相应部分弯曲，从而在一定范围内消除带钢的厚度差，由此来控制板形。此外，也有的森吉米尔轧机通过在支撑辊轴 B 和 C 上安装的小型液压电动机，带动很小的辅助偏心齿轮系的同步运动，在轧制过程中改变轧辊的凸度。板形控制系统与厚度自动控制系统都通过计算机控制系统来完成。小型的森吉米尔轧机在轧制前调整辊型，通过调整鞍座板上的螺栓，或采用液压传动的楔形机构来改变鞍座板与牌坊的相对位置，从而改变支撑辊的凸度，达到调整板形的目的。

（5）轧机传动装置

森吉米尔轧机的传动包括主传动和卷取机传动。因为森吉米尔轧机大多是可逆轧制，轧制速度需要在较大的范围内调整。因此主传动采用直流电动机经过齿轮机座和鼓形齿接轴直接传动给第二列支撑辊。齿轮机座的速比一般小于 1，即为增速传动。由于森吉米尔轧机的结构十分紧凑，两个传动辊的中心距很小，齿轮机座的各个传动件的尺寸受到限制。这样，各零件在材料选择和加工工艺方面要求十分严格，以保证在小尺寸的条件下提供足够的驱动力矩。

薄带轧制工艺过程应保证很高的传动精度，因此对传动系统的要求很高，当电动机力矩不变时，在整个轧制速度范围内调整转速，同时要求保持很高的传动精度；否则，将极大地影响轧制精度。张力是薄带轧制工艺过程中最重要的参数之一，为了保持稳定的张力轧制，轧机的速度调整必须与卷取机速度相匹配。速度控制是对电控系统的基本要求。

薄带轧制一般采用带整体卷筒的卷取机，卷取时应采用皮带助卷器。卷筒的加工精度较高，从而保证张力的均匀和卷取质量。由于没有胀缩机构，所以带卷在轧制后必须重卷才能够卸卷。卷取机的结构主要有三种形式，即悬臂式、可移式双支座卷取机和回转式双支座卷取机。悬臂式卷取机在轧制结束后需要将带卷与卷筒一起卸下，然后利用重卷装置重卷后取下卷筒。可移式双支座卷取机在轧制结束后可以移离轧机，然后再进行处理。回转式双支座卷取机在轧机两侧各有两台安装在转盘上的双支座卷取机，轧制结束后转盘回转，使另一台卷取机处于工作位置，这样使轧机的作业率有较大的提高。对于大型森吉米尔轧机，卷取机一般采用两台功率不同的驱动电动机串联运行。根据轧制带钢的厚度和宽度，选用不同的驱动电动机来建立轧制张力。这样，能够减小卷取机传动系统的动态力矩，同时可以更精确地调整轧制张力。

（6）工艺润滑和冷却系统

森吉米尔轧机较多的辊数和高精度的轧制工艺要求有良好的工艺润滑和冷却，包括辊系的冷却与润滑，以保证轧机正常工作。对于支撑辊轴承的润滑则采用独立的润滑系统，以保证工艺润滑和辊系冷却的效果。冷却和工艺润滑采用一种润滑剂，因此润滑剂应具备良好的工艺润滑性和冷却效率高两种特性，同时应满足经济性和环保方面的要求。目前，森吉米尔轧机使用的冷却润滑剂大多是低黏度矿物油和乳化液。其冷却液和润滑剂的特性见表15-2。

▫ 表15-2 冷却液和润滑剂的特性

性能	油	乳化液
热导率/[W·(m·K)]	0.143	0.524
比热容/[kJ/(kg·K)]	2.01	3.95~4.19
38℃时的黏度/Pa·s	$(3.0 \sim 24.0) \times 10^{-3}$	$(0.65 \sim 1.1) \times 10^{-3}$
钢-冷却剂界面的热交换理论系数 /[W/(m²·K)]	1820~2905	13905

用于森吉米尔轧机辊系的润滑和冷却，润滑剂可以从轧机后面通过围绕轧机后门的环带入，然后分配到每个支撑辊轴的中心油孔。通过支撑辊轴，经过轴承的径向流出，最后再由支撑辊轴在径向上的孔流出。润滑剂流出轧辊后落到带钢上，吸收一些带钢的热量后通过轧机前后的两根管子排出。

轧制工艺过程的润滑剂是通过安装在紧靠工作辊缝的集束管在高压下喷入辊缝。润滑剂的流动方向是由中心向带钢边部流动，这样可以冲走轧制过程中带钢剥落下的金属碎屑，从而保证带钢的轧制质量。

图15-10所示是1200mm二十辊轧机轧辊的工艺润滑和冷却系统，该系统有润滑和冷却两条油路。第一条油路净化程度较低，采用0.1mm的网式过滤器对润滑剂进行一次净化，用于轧辊辊系和带钢的冷却润滑。第二条油路净化程度

高，经过网式过滤器两级过滤，用于支撑辊背衬轴承的润滑。此外，该部分的油还要按闭路循环进行进一步过滤净化。润滑剂进入轧机之前的压力约为 0.2MPa，支撑辊轴承的润滑油流量在 0.025m³/s 以下；当压力为 0.4～0.5MPa 时，用于冷却轧辊和带钢的工艺润滑剂流量为 0.05m³/s。在这种情况下，轧制速度在 5m/s 以下时轧机的温升可以保持在合适的范围内，润滑剂的总流量约为 0.075m³/s。

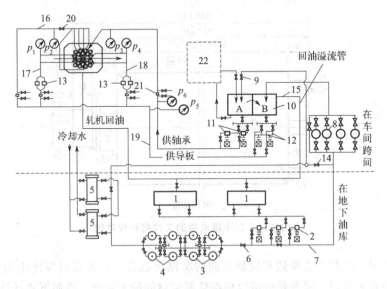

图 15-10　1200mm 二十辊轧机轧辊的工艺润滑和冷却系统

1—沉降箱；2，11，12—泵；3—粗净化网式过滤器；4—细净化网式过滤器；5—冷却器；6—调节阀；
7—容器 B 的供油线路；8—网式过滤器；9—容器 A 供油调节阀；10—向导板和塔形支撑辊组供油
容器 B；13—关断阀；14—容器 A 和 B 的供油调节阀；15—过量润滑油的溢出干线；16—塔形
支撑辊组供油线路；17，18—导板供油线路；19—导板和塔形支撑辊组供油总线路；
20—塔形支撑辊组供油调节阀；21—流量测量孔板；22—润滑油细净化区

15.1.3　多辊轧机的轧辊及辅助装置

(1) 轧辊

与普通冷轧机相比较，森吉米尔轧机的轧辊在材料和加工工艺方面有很多特殊的要求。典型的工作辊、传动辊的结构和加工精度要求如图 15-11 所示。轧辊的主要参数是辊径和辊身长，两者决定了轧辊的结构尺寸和轧机的特性。

轧辊直径取决于轧件的材质与厚度、使用条件、最大轧制力、压下量和轧机的结构。轧辊直径与板材的最小厚度之间的关系为：

$$D_1 \approx 2000 h_{\min} \tag{15-1}$$

准确地确定最小可轧厚度 $h_{\min}$ 是很困难的，$h_{\min}$ 与轧件的材质、轧辊和轧件

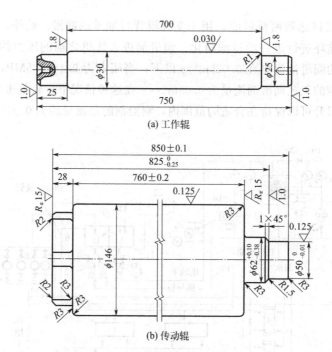

(a) 工作辊

(b) 传动辊

图 15-11 二十辊轧机的工作辊和传动辊

的弹性模量、轧制工艺参数和接触表面的摩擦状态有关。通常可以使用表 15-3 中
的经验公式来确定。辊身长度可以根据轧制带材的最大宽度，按照下式计算：

$$L = B_{max} + a$$

式中 a ——根据带材宽度选择的经验常数，$a = 50 \sim 200 \text{mm}$。

▫ 表 15-3 确定最小可轧厚度的经验公式

编号	作者	h_{min} 的公式
1	斯通（Stone）	$0.77 fckD_1$
2	斯通（Stone）	$3.92 fkD_1(1-\mu_z)/E_z$
3	通格（Tong）	$3.62 fkD_1/E_z$
4	特罗斯特（Trost）	$\dfrac{ckD_1}{8}\left[1+\dfrac{1-4f}{\left(\ln\dfrac{1}{2f}-1\right)^2}\right]$
5	福特（Ford） 亚历山大（Alexander）	$\dfrac{7.11f^2D_1(1-\mu_b)^2}{E_b}+\dfrac{4.02fD_1(1-\mu_z)^2}{E_z}$
6	罗伯茨（Robertz）	$(0.585 \sim 1.25)fkD_1/E_z$

注：f 为接触摩擦系数；D_1 为工作辊直径；μ_z、μ_b，E_z、E_b 分别为轧辊和板材的泊松比和弹性模量；$c = 16(1-\mu_z^2)/(\pi E_z)$；$k = 1.15\sigma_s - \sigma_{cp}$；$\sigma_s$ 为板带材的屈服极限；σ_{cp} 为平均单位张力，$\sigma_{cp} = 0.5(\sigma_1 + \sigma_2)$；$\sigma_1$、$\sigma_2$ 分别为单位后张力和单位前张力。

森吉米尔轧机的常用工作辊直径的范围是 $\phi 3 \sim 160$mm，中间辊直径的范围为 $\phi 5 \sim 250$mm，支撑辊直径的范围是 $\phi 10 \sim 400$mm。

根据轧机的用途，轧辊的辊身长度范围一般为 $60 \sim 1700$mm，最长的辊身长度可达 2000mm 以上。

森吉米尔轧机的轧辊材质多为冷轧辊专用的轧辊钢（9Cr、9Cr2、9Cr2Mo、9CrMoV、9Cr2MoV、6Cr6MoV 等），要求有一定的淬火深度，以保证轧辊的表面硬度和耐磨性。通常，工作辊的辊身表面的肖氏硬度为 $85 \sim 95$(洛氏硬度 $60 \sim 65$HRC)，中间辊辊身的肖氏硬度为 $75 \sim 90$($58 \sim 63$HRC)。根据辊径的大小，淬火深度在 $2 \sim 10$mm 范围内。因为森吉米尔轧机轧辊的尺寸较小，采用整体淬火的热处理工艺是可行的。与表面淬火相比，整体淬火轧辊的截面硬度分布均匀，重磨深度可达 3.15mm。

硬质合金工作辊的使用也很广泛，由于其高硬度和高弹性模量，可以显著地提高工作辊的耐磨性，降低弹性压扁量，从而能够轧制更薄的带材，提高了带材的轧制精度，延长了轧辊的使用寿命。与合金钢轧辊相比，硬质合金工作辊轧制压力可增加 25%，弹性模量提高一倍，使用寿命可延长 $14 \sim 29$ 倍，从而显著地提高森吉米尔轧机的生产率。

使用硬质合金工作辊重磨时的减径量为 $0.003 \sim 0.0125$mm，而合金钢轧辊为 $0.05 \sim 0.125$mm。对于断裂的轧辊可以很容易地用热压法在石墨压模中修复，修复的成本是新辊价格的 10%～12%。

森吉米尔轧机的轧辊加工精度要求很高，其中最重要的要求是轧辊辊身母线的平行度，根据工作辊和中间辊的长度和直径的不同，其锥度不应超过 $0.001 \sim 0.005$mm，圆柱度不应超过 $0.002 \sim 0.005$mm。轧辊表面粗糙度的要求可以根据所轧制板材的表面粗糙度来确定。通常，工作辊的表面粗糙度与所轧制板材的表面粗糙度一致，在轧制极薄带材时工作辊辊身的表面粗糙度更高。中间辊辊身的表面粗糙度比工作辊要低一个数量级。

应该注意的是，工作辊辊身表面粗糙度的高低与其使用寿命有很大的关系，提高或降低表面粗糙度都会使轧辊的使用寿命降低。

由于轧辊的可靠性和使用寿命在很大程度上决定了产品质量、轧机的生产力和作业率，所以提高轧辊使用寿命将会显著地提高生产经济效益。所采用的措施是对轧辊作表面高温形变热处理，应用该项技术可使轧辊寿命提高 $1.5 \sim 2$ 倍，同时可以省去一些常规的轧辊制造工序。轧辊表面镀铬也是提高寿命的措施之一，同时也能显著地改善轧件的表面质量。

（2）轧辊补偿调整机构

由于森吉米尔轧机的机架是框架结构，辊系排列紧凑，压下量很小。当轧辊经过多次重磨后，为了补偿辊径减小所产生的间隙，需要设置轧辊位置补偿调整机构，如图 15-12 所示。电动机 8 驱动蜗轮蜗杆减速器 7，经锥齿轮 4、5 传动齿轮 2、3，使安装在支撑辊轴头的大齿轮 1 和 6 回转，从而带动轴上的偏心环同时转动，使整个辊系向里靠近或向外展开，这样就使工作辊的位置向上或向下，达到补偿的目的。

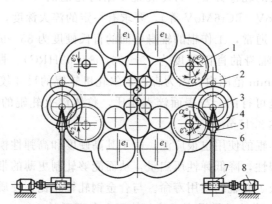

图 15-12　轧辊位置补偿调整机构

1，6—大齿轮；2—中间齿轮；3—小齿轮；4—大锥齿轮；5—小锥齿轮；
7—蜗轮蜗杆减速器；8—电动机

（3）压上装置

为了调整轧制线水平位置，保持轧制标高不变，森吉米尔轧机设置了压上机构，其工作原理与压下装置相同。

（4）进出口辅助装置

森吉米尔轧机进出口辅助装置如图 15-13 所示，主要包括用于在垂直方向上限制带材的方向，便于喂料的导卫装置；用于擦拭板材表面，防止油污进入辊缝

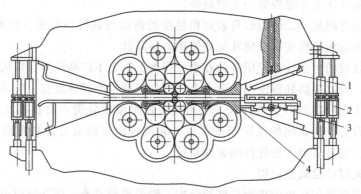

图 15-13　森吉米尔轧机进出口辅助装置

1—板面擦拭器；2—刮油器；3—侧导辊；4—导卫装置

的板面擦拭器；正确导入带材的侧导板（辊）；在轧制后除去带材表面残油的刮油器等。

15.1.4 森吉米尔轧机的规格系列

在生产薄板带材的全部冷轧机中，约有十分之一以上是多辊轧机，其中森吉米尔轧机的数量最多。目前，已有400台以上的森吉米尔轧机在使用。其辊径的规格范围从几毫米到一百多毫米，辊身长度从100～2000mm以上，厚度范围从0.0015～10mm。森吉米尔轧机的规格很多，设备能力相差很大，见表15-4。

▣ 表15-4 森吉米尔轧机规格系列与技术参数

轧机规格	型式	工作辊直径/mm	支撑辊直径/mm	最大轧制压力/(N/mm)	带钢宽度/mm		带钢最小厚度/mm
					最小	最大	
ZR32	1-2-3-4	$\phi6.35$	$\phi47.60$	714	108	222	0.00254
ZR15	1-2-3	$\phi11.89$	$\phi74.60$	1071		215	
ZR16	1-2-3	$\phi20.32$	$\phi119.99$	1428	215.9	457	
ZR34	1-2-3-4	$\phi10.16$	$\phi76.20$	1428	330.2	447	0.01016
ZR24	1-2-3-4	$\phi21.44$	$\phi119.99$	2143	215.9	495	0.02032
ZR33	1-2-3-4	$\phi28.59$	$\phi158.21$	2678	330.2	1219	0.0254
ZR19	1-2-3	$\phi46.02$	$\phi212.94$	2678	482.6	1219	
ZR23		$\phi40.02$					0.0508
ZR23M	1-2-3-4	$\phi61.47$	$\phi212.94$	3571	482.6	1574	0.0635
ZR22		$\phi53.97$					0.0762
ZR22B	1-2-3-4	$\phi63.50$	$\phi299.72$	5357	660.4	3048	0.0889
ZR21	1-2-3-4	$\phi88.90$	$\phi406.40$	8929	838.2	5288	0.0889

15.1.5 偏八辊轧机

偏八辊轧机（MKW轧机）是德国施罗曼公司制造的一种使用小直径工作辊的轧机，故又称施罗曼轧机。为了防止工作辊过度地横向弯曲，在轧机的出口侧安装辅助的支撑辊，如图15-14所示。因此，支撑辊与工作辊的直径之比可以达到6∶1或更大。

轧机的工作辊没有轴承座，只是固定在简易的夹紧装置中，又因为采用支撑辊传动，所以很容易换辊。工作辊采用液压平衡。

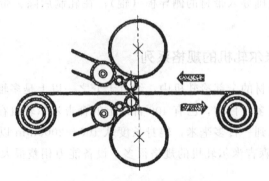

图 15-14　偏八辊轧机的辊系

支撑辊采用滚柱式轴承，使得支撑辊的轴向位置得以保证，所以能够使轧机在加速和减速期间轧辊辊缝保持恒定。

图 15-15 所示为偏八辊轧机组的设备布置，该轧机配备有辊型调整装置，在轧机的前后设有卷筒回转台，便于快速上卷和卸卷。

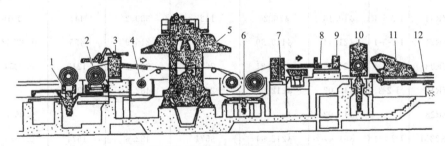

图 15-15　偏八辊轧机组的设备布置

1—步进式输送机；2—开卷机；3—夹送辊和矫直辊；4—张力辊；5—偏八辊轧机；
6—回转台；7—夹送辊、矫直辊和切头剪；8—厚度仪与张力仪；9—夹送辊；
10—再卷取机；11—带传动助卷器；12—链式输送机

15.2　盘环件轧制技术

15.2.1　概述

盘环件轧制是生产盘类零件和无缝环件的主要方法，盘环件轧制设备可以根据环件的形式和用途，分别称做轧环机（轧轴承环、套、盘类零件等）、车轮轧机和齿轮轧机等。盘环件轧制方法在很多方面得到应用，像轴承环、齿圈、轮毂、回转支撑件、法兰盘、航空器用环形零件、阀体、核反应堆零件等，都可以采用该轧制方法生产。可轧制环件的金属种类众多，如碳钢、低合金钢、工具钢、不锈钢、耐热合金、高强度和耐高温镍合金、钛合金、铝合金及其他一些非铁合金等。

通过改变轧辊形状及生产工艺，可以生产出多种横断面形状的盘环件。横断面形状为矩形的环件称为矩形断面环件，沿横断面周边上任一点所做切线交于断面之中的环件称为异形断面环件。环件截面的种类如图 15-16 所示。

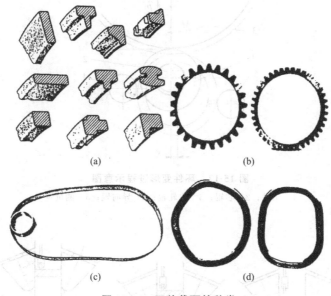

(a)　　　　　　　　(b)

(c)　　　　　　　　(d)

图 15-16　环件截面的种类

轧制盘环件的尺寸范围较大，外径在 75～8000mm，高度在 15～250mm，质量在 0.4～82000kg 的盘环件都可以采用轧制方法生产。其中，大约90％的环件尺寸范围，外径为 240～980m，高度为 70～210mm，壁厚为 16～48mm。经过改造的轧机还可以轧制壁厚与高度比为 16∶1 的盘类环件，以及高度与壁厚比为 16∶1 的筒类环件。

环件轧制成形是一个逐步变形的过程。在轧制过程中，金属的晶粒排列逐步与环件的周线相一致，因此得到的周向纤维致密均匀，而且在与环件横截面的外轮廓一直保持平行的状态下，沿周线扩展，最后形成与要求形状相接近的晶粒连接体即环件。以该种成形方式得到的环件产品还可防止表面裂纹的产生。此外，轧环机的生产具有效率高，尺寸精确，尤其是能显著降低材料消耗（一般材料利用率可达到90％）等许多优点，从而使轧环机得到了广泛的应用。

通常的环件轧制工艺是在生产开始时，将圆钢准确地锯切或剪切成所需体积的钢坯，加热后，用锻锤（压力机）拍扁，冲孔，再放置于轧环机上进行轧制。

随着轧制过程中芯辊朝主轧辊方向的进给运动，毛坯壁厚减少，环件沿周向延伸，径向尺寸最终扩大到所需尺寸。图 15-17 所示是环件变形过程示意图。若在工件的轴向再布置一组轧辊（主轧辊对面），对工件施加轴向变形，控制环件的高度，协调轧辊和被轧环件的速度差，这种轧制方式为径向-轴向轧环过程，如图 15-18 所示。

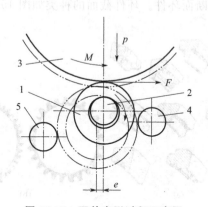

图 15-17　环件变形过程示意图

1—工件；2—芯辊；3—主轧辊；4—导向辊；5—测量辊

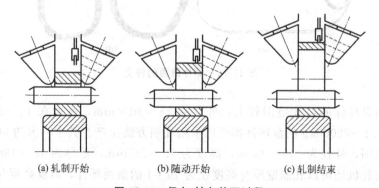

(a) 轧制开始　　　　(b) 随动开始　　　　(c) 轧制结束

图 15-18　径向-轴向轧环过程

15.2.2　环件截面的种类

环件轧制与板带轧制生产过程相比起步较晚，自 19 世纪火车轮的大量使用才开始了环轧生产过程。1842 年，英国人保曼（Bodmer）为曼彻斯特一家公司设计出第一台轧环机，1849 年由德国的 Alfred Krupp 率先试验火车轮轧制生产，1853～1854 年制造出由其设计的轧环机，1854 年英国也有了火车轮轧机，此时的轧环机主要是用来扩展毛坯的外径。到了 1864 年，俄国的奥布霍夫工厂利用同样工艺生产出了火车轮毂。当时铁路运输业的大力发展促进了钢轮和轮毂的迅速发展，使得轮毂轧机的作用也有了显著的提高，这样轮毂就得到了进一步的校准和成形。到20世纪初，用来控制高度的辅助轧辊的出现，基本上奠定了环轧机的模式。到20世纪60年代用油压机来代替水压机，以及计算机的发展与先进的自控系统在轧环机上的应用，使得轧环机的性能、产品的精度得到了很大的提高，较小的环件生产率可达到500~800件/h。

目前，随着技术的进一步发展，生产率已提高到1200件/h。今天，为更好地满足市场的需求，轧环机上配备了各种辅助设备，尽最大可能完善环件产品质量，提高市场竞争力。

为了满足国内对大型环件、特别是航天航空工业对高温合金和钛合金大型环件的需求，我国在20世纪80年代中期开始开发重型数控径向-轴向辗环机。

1990年由济南铸锻研究所设计的1800mm数控径向-轴向辗环机研制成功。该机采用径向-轴向轧制原理，工件端面平直，棱角清晰；采用计算机数字控制（CNC）和电液比例技术实现辗轧过程自动化；采用余量重新分配的控制系统，可以分别控制工件的外径、内径或中径尺寸，减少由于坯料超差所产生的废品。该轧机的轧制精度高，外径公差±3mm，高度公差±2mm。

此后，又陆续研制成功3000mm、2000mm、800mmCNC辗环机，CNC系统的软硬件也在不断完善和发展。目前，国内拥有各种类型的轧环机100多台，最大辗扩直径为ϕ5500mm。我国在轧环机的大型化、数控化和系列化生产方面取得了显著成绩。

15.2.3 轧环机的类型与技术参数

① 根据工件在轧制状态下的空间放置形式分类。按照该方法可以将轧环机分为卧式轧环机（如图15-19所示）和立式轧环机（如图15-20所示）。立式轧环机虽然能提供较大的轧制力，但由于外径受到空间高度的限制，应用范围相应受到限制。不过大多数中小型轧环机因操作方便而采用立式轧环机，如生产中小型轴承圈的轧环机。而卧式轧环机如果配备有完善的支撑装置，轧环外径可不受任何限制，所以大型轧环机一般采用卧式。

② 根据轧辊的空间位置分类。根据轧辊的空间位置分为径向、径向-轴向及特殊用途轧环机。图15-21、图15-22是一台不带端面锥辊的径向卧式轧环机，此类轧环机只使用径向轧辊，只对工件施加径向压缩变形。既有径向轧制又有轴向轧制的轧环机称为径向-轴向轧环机，该设备包含一组轴向轧辊和径向轧辊。单芯辊的径向-轴向轧环机现大都由计算机程序控制，仅输入环、环坯、轧辊的尺寸及材料牌号等参数就可进行自动轧制，环尺寸、机器状态均在显示器上显示出来。

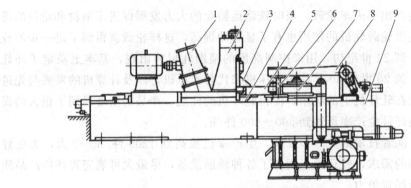

图 15-19 带端面锥辊的卧式轧环机结构

1—端面锥辊装置的传动机构；2—端面锥辊机架；3—上锥辊；4—下锥辊；
5—工件；6—芯辊；7—主辊；8—支架；9—机身

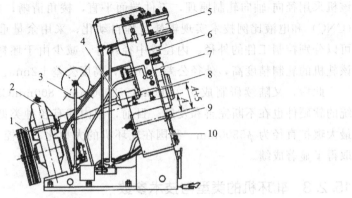

图 15-20 立式轧环机结构

1—带轮；2—减速箱；3—气罐；4—万向节；5—气缸；6—活塞杆；7—滑块；
8—驱动辊；9—芯辊；10—机身

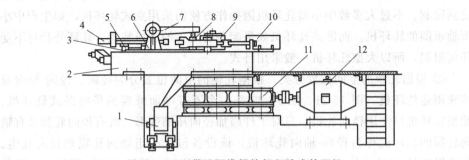

图 15-21 不带端面锥辊的径向卧式轧环机

1—落料箱；2—机身；3—支架摆动机构；4—检测机构；5—主缸；6—滑块；7—支架；
8—芯辊；9—主辊；10—抱辊机构；11—减速箱；12—电机

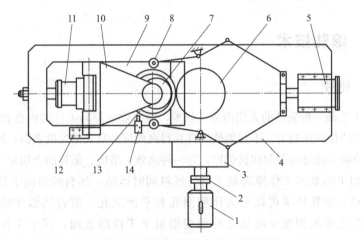

图 15-22　传动和控制机构工作原理图

1—电机；2—联轴器；3—减速箱；4—机身；5—抱缸；6—主辊；7—芯辊；8—抱辊；

9—滑块；10—支架；11—主缸；12—挡块；13—工件；14—检测机

③ 根据芯辊的数量分类。轧环机还可根据芯辊的数量分为单芯辊和多芯辊两种。

台式多芯辊径向轧环机其中一种为如图 15-23 所示的四轴多工位轧环机，该类轧环机用在环件自动化生产线上。

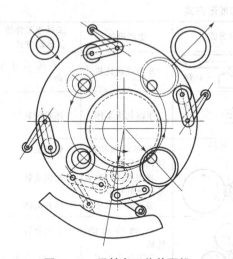

图 15-23　四轴多工位轧环机

台式多芯辊轧环机用于生产一些小的和中等尺寸的环件，外径最大在 500mm，最大重量达 40kg。这种轧机有一个相对于主轧辊偏心的回转台，其轧制力可达 320kN，四个芯辊安装在回转台上连续旋转，旋转轴线的偏心距取决于环件的厚度。

15.3 滚轧技术

15.3.1 概述

滚轧工艺是一种先进的无切削加工技术，能有效地提高工件的内在和表面质量，加工时产生的径向压应力，不仅能使工件获得高硬度和高光洁度的表面，同时能显著提高工件的疲劳强度极限和扭转强度，是一种高效、节能、低耗的金属加工工艺。

滚轧加工的基本工作原理是工具与坯料同时运动，坯料转动而工具可以往复运动或转动。滚轧技术可以分为压型滚轧和平面滚轧，前者类似于螺旋孔型轧制，两者的主要差别在于滚轧过程的变形限于工件的表面，用于工件的表面成形。滚轧工具使坯料的表面金属产生塑性变形，与工具的形状耦合，从而使坯料成为所要求的机械零件。而螺旋孔型轧制过程的变形深入坯料的内部，变形量较大。平面滚轧则类似于旋压，而与旋压加工的主要区别在于，滚轧加工过程中的工具与工件相比尺寸较大，塑性变形的区域也较大，变形也限于工件的表面，旋压工艺的工具较小，局部变形量较大而变形区域较小。滚轧是螺纹件加工的主要方式，外螺纹的滚轧有各种形式，见表 15-5。

▣ 表 15-5 螺纹滚轧的成形方式

种类	成形方式	生产设备	工具与工件的运动方式	压入方法
2 搓丝板	坯料	平板式滚轧机	搓丝板往复运动	搓丝板形状
1 辊	坯料	带滚轧头车床	坯料回转	轧辊支架接近
2 辊	坯料	有固定轴和移动轴的轧机 两轧辊固定的差速滚轧机 带滚轧头车床	轧辊旋转 轧辊旋转 坯料旋转	液压或凸轮式轧辊接近 由支撑圆盘将坯料推入 轧辊支架接近
3 辊	轧辊 轧辊	3 轴移动滚轧机 带滚轧头车床	轧辊旋转 坯料或轧辊旋转	液压或凸轮式轧辊接近 轧辊支架沿轴向接近
行星式	坯料 轧辊 制作 坯料 固定模	行星滚轧机	扇形模固定轧辊旋转	轧辊形状

滚轧技术广泛应用于生产螺纹制品，普通螺纹滚压、梯形螺纹滚压、直纹滚压、球面滚光、表面滚光、斜花键滚压、气门矫直滚压、缩径和复合滚压等加工都可采用冷滚轧工艺。该技术也可以用于齿轮和花键等机械零件的加工。采用滚轧法生产外螺纹的生产效率很高，制品的强度和精度也很高。专用滚轧机的最小生产批量为5000～10000件。

内螺纹也可以采用滚轧法进行加工。对于小直径的内螺纹可以采用无槽丝锥来加工，大直径的内螺纹则可以使用如图15-24所示的具有三辊的内螺纹加工用的滚轧装置。

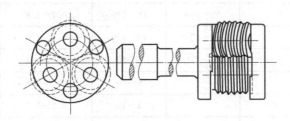

图 15-24　三辊内螺纹加工用的滚轧装置

15.3.2　螺纹滚轧机

螺纹滚轧机是螺钉生产的主要设备，形式有：使用两个搓丝板的搓丝机；使用两个或三个轧辊的滚轧机；由一个旋转模具以及1～3个扇形模具构成的行星滚轧机。坯料通过沿模具表面的滚动轧出螺纹，坯料一边旋转，一边沿轴向前进。坯料的自动送进使生产实现自动化。大批量生产的螺纹制品基本上都采用滚轧机滚制。螺栓和螺钉的生产工序包括线材的切断、头部成形和螺纹部分的滚轧，其可以在滚轧机上一次完成。螺纹滚轧机已经是一种定型的批量生产的设备，生产的螺纹规格可以从1～175mm，高速滚轧机的螺钉产量可达1000件/h以上。表15-6所列为各种滚轧机的标准生产量，其中对于小规格螺纹行星滚轧机的效率最高，其次为搓丝机，轧辊滚轧最低。但是，轧辊滚轧可以生产大规格的螺栓和其他螺纹产品。

▱ 表 15-6　各种滚轧机的标准生产量

标称直径/mm	定置滚轧/(件/h)			贯通滚轧/(件/h)	
	行星滚轧	搓丝	轧辊滚轧	轧辊滚轧	
				平行轴	倾斜轴
M3	450～1800	60～300	20～250	0.5～1.0	3.5～7.0
M5	350～1500	60～400	20～225	0.5～1.0	4.0～8.0

标称直径/mm	定置滚轧/(件/h)			贯通滚轧/(件/h)	
	行星滚轧	搓丝	轧辊滚轧	轧辊滚轧	
				平行轴	倾斜轴
M6	250～1200	60～350	20～200	0.5～1.0	5.0～10.0
M8	200～600	60～300	15～180	0.6～1.2	4.0～8.0
M10	150～500	60～250	15～160	0.6～1.2	3.0～6.5
M12	100～400	60～200	15～140	0.6～1.4	2.5～6.0
M16		50～160	10～120	0.7～1.8	2.3～7.0
M20		40～125	10～100	0.6～1.6	2.0～7.5
M24		30～70	8～80	0.5～1.2	1.8～5.7
M36			6～60	0.4～0.8	1.3～3.3
M52			4～40	0.2～0.5	0.7～2.0
M62			4～25	0.15～0.4	0.5～1.2
M76			2～15	0.1～0.25	0.4～1.0
M90			1～10	0.05～0.13	0.25～0.6
M100			1～5	0.02～0.08	0.1～0.25

(1) 搓丝机

搓丝机的传动结构如图 15-25 所示,竖直的坯料经过料斗倾斜地进入往复运动的搓丝板中,也可以采用其他送料方式。搓丝板 1 固定,搓丝板 2 由曲柄机构 3 驱动做往复运动,推入装置 5 将供料装置 4 送来的坯料推入工作位置,由搓丝板滚轧成螺纹。该设备适用于 M1～M20 范围内各种螺纹制件的大批量生产。

利用搓丝机进行滚轧作业时,应正确安装和调整两个搓丝板的位置和相位以及坯料保持器的位置。坯料插入搓丝板之间的时间准确,必须是在一个搓丝板牙型的顶部和另一个搓丝板牙型的根都相重合的瞬间,从而保证滚轧出的工件有连续正确的螺纹。此外,滚轧过程的压下量和滚轧力应保证螺纹成形的要求,防止出现欠充满和过充满的现象。

(2) 滚轧机

滚轧机使用 2～3 个轧辊,如图 15-26 和图 15-27 所示,其中二辊液压滚轧机是使用广泛的一种。二辊液压滚轧机的结构如图 15-28 所示,它为一个轧辊固定,另一个轧辊由液压缸推动使之与坯料接触并滚轧螺纹,通过液压系统控制滚轧时间和滚轧压力。在滚轧过程中,坯料处于两个轧辊和上下两个导板之间。

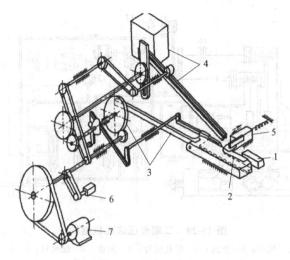

图 15-25　搓丝机的传动结构

1—固定搓丝板；2—动搓丝板；3—曲柄机构；4—供料装置；5—推入装置；6—泵；7—电动机

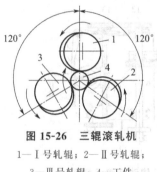

图 15-26　三辊滚轧机

1—Ⅰ号轧辊；2—Ⅱ号轧辊；
3—Ⅲ号轧辊；4—工件

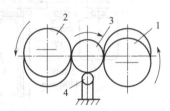

图 15-27　二辊滚轧机

1—Ⅰ号轧辊；2—Ⅱ号轧辊；
3—工件；4—托辊

图 15-29 是机械传动二辊滚轧机传动系统示意图。在 A、B 两轴上安装滚轧辊 1、2，A 轴只旋转，而 B 轴可以在旋转的同时，作径向进给。将 A 轴上的锁紧螺母 3 松开，使齿形离合器 4、6 分开，单独旋转 A 轴，调整两个滚轧辊，当两辊相互错开半个螺距，如图 15-30 所示，即齿顶对齿底时，将离合器合上，锁紧螺母。

三辊滚轧机一般采用立式结构，由于坯料能够自然定心，因此不需要导板，滚轧机的生产效率较低，但滚轧的螺纹精度高，适于生产 M6～M80 的大直径、高强度实心和空心螺纹制件。设置前后受料台的三辊滚轧机特别适合贯通滚轧加工长丝杠轴和蜗杆等工件，滚轧精度很高，轧制速度为 80～600r/min。

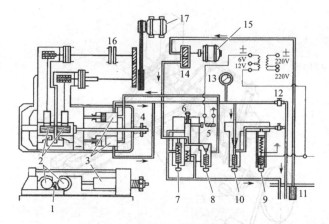

图 15-28 二辊液压滚轧机结构

1—坯料；2—轧辊；3—油缸；4—带孔螺母；5—磁铁；6—操纵杆；7—压力调节阀；
8—速度调节阀；9，10—时间调节阀；11—滤油器；12—空气调节阀；13—压力表；
14—油泵；15—油泵电动机；16—联轴器；17—主电动机

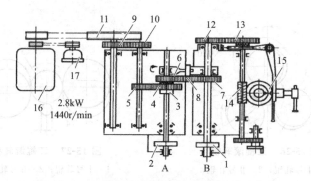

图 15-29 机械传动二辊滚轧机传动系统示意图

1，2—滚轧辊；3—锁紧螺母；4，6—齿形离合器；5，7，9，10，12，13—齿轮；8—中间轮；
11—带轮；14—蜗轮蜗杆装置；15—凸轮压下装置；16—电动机；17—冷却泵

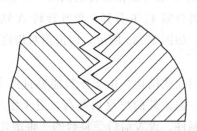

图 15-30 两个滚轧辊相互错开

图 15-31 是用于冷轧丝杠的三辊滚轧机。滚轧辊的轴向调节是通过带有相位调节装置的齿形联轴器，用手工转动轧辊来实现的。轧辊的径向位置和送进角也用手工调节。滚轧辊的动力由电动机经减速箱、齿轮箱和万向连接轴提供。

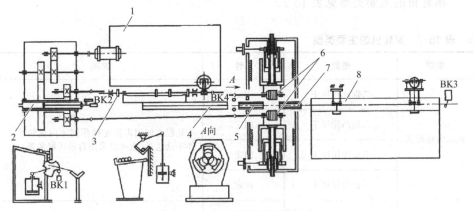

图 15-31　冷轧丝杠三辊滚轧机

1—料架；2—液压推料器；3—圆盘拨料器；4—受料槽；5—入口导板；
6—滚轧辊；7—出口导板；8—出料槽

螺纹制件的轧制过程是：圆盘拨料器 3 将放在料架 1 上的坯料拨到受料槽 4 中，液压推料器 2 通过入口导板 5 将坯料送到滚轧辊 6。轧制开始后，液压推料器 2 退回原位，轧件停留在出口导板 7 中，下一个轧件的头部将其顶入出料槽 8 中，此后料槽松开，轧件落入受料台架上。一个轧制循环结束。

贯通滚轧是对工件全长度内的滚轧，采用两辊滚轧机也可以进行贯通滚轧，轧制蜗杆轧机的组成如图 15-32 所示。类似于管棒材的斜轧过程，滚轧机的轧辊

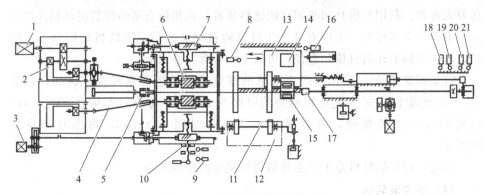

图 15-32　轧制蜗杆轧机的组成

1，3—直流电动机；2—三级减速器；4—万向连接轴；5，17—中心夹持器；6—轧辊；7—压下螺杆；
8，9，16，18，19～21—行程开关；10—调整挡板；11—液压计数器；12—装料架；
13—滑架；14—变压器；15—感应加热器

也可以有送进角，从而使坯料自行前进。由于滚轧机的变形量很大，轧制时工件的变形热必须及时散发，因此需要进行充分的工艺冷却，以保证工件的加工质量良好，延长模具寿命。

滚轧机的主要类型见表 15-7。

▣ 表 15-7　滚轧机的主要类型

类型	辊数	工件	说明
轧辊轴接近式	二辊液压压下	固定	轧辊之间用齿轮连接作同方向旋转。工件手动送进，也可以采用自动送料装置
	二辊凸轮压下	固定	
	三辊液压压下	固定	
	三辊凸轮压下	固定	
轧辊轴固定式	三辊差速驱动	移动	两轧辊同方向异速回转，由送料器在相位相合的位置上送料
	带凹槽的二辊同速驱动	移动	两轧辊同方向同速回转，由送料器在轧辊凹槽位置上送料

（3）行星滚轧机

行星滚轧机中心的旋转模具与外围的 1～3 个扇形固定模具构成了滚轧变形区，工件被送入滚轧区中作行星运动，直至被轧出。由于中心模具和扇形模具的曲率不同，两者的变形有差异。为了使变形大致相等，模具的直径与工件直径相比要大得多。利用与模具同步回转的送料装置，在相位合适的位置将坯料连续送入。由于变形区较长，可以有几个工件同时被滚轧。行星滚轧机的模具寿命很长，对于不同的坯料材质和直径，可以生产数百万件以上。

行星滚轧机十分适合生产小规格的螺纹产品，生产率极高。例如，滚轧 M6×50 的螺钉，安装模具和调整的时间为 30min，每小时产量达 25000 件；滚轧 M12×75 的螺栓，安装模具和调整的时间为 45min，每小时产量达 9000 件。

因此，行星滚轧机是生产小规格螺纹制品的专用设备。

（4）螺纹滚轧头

螺纹滚轧头可以利用普通车床方便、灵活地批量生产螺纹制品，因此应用也很广泛。滚轧头有单辊、两辊和三辊等形式，按照进给方式分类，其主要类型见表 15-8。

类型	轧辊		说明
	辊数	回转轴	
压入滚轧 （横向进给）	1	固定	适于滚轧螺纹部分极短的长件及有多段螺纹的长件,也能滚轧管螺纹
	2	固定	轧辊之间用齿轮连接,可以滚轧梯形螺纹、管螺纹和蜗杆螺纹等
		自由开闭	
贯通滚轧 （轴向进给）	3	自由开闭	滚轧结束时,三个轧辊自动开启,坯料与轧辊脱离,轧辊的牙型无升角,以一定的送进角布置,单独传动,坯料自动咬入送进。适于滚轧零件的端部螺纹和空心螺纹

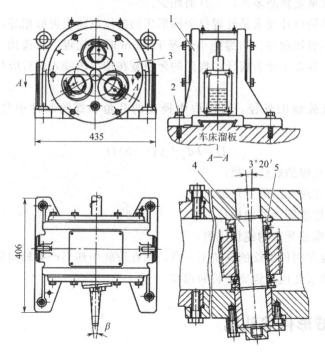

图 15-33　冷轧丝杠滚轧头结构

1—机体；2—螺钉；3—端盖；4—偏心轴；5—止推轴承

　　两辊和三辊式的滚轧头适合滚轧 M1～M50 的螺纹,若采用液压进给实行贯通滚轧,则可以成为滚轧长丝杠的专用设备,冷轧丝杠滚轧头结构如图 15-33 所示。贯通滚轧时滚轧头的前进速度为：

$$v = nmp$$

式中 n——坯料转速，r/min；

　　　m——螺纹头数；

　　　p——螺距，mm。

（5）轧辊

滚轧机的轧辊有螺旋形轧辊和环形轧辊两种。

① 螺旋形轧辊。螺旋形轧辊加工方便，容易达到较高的精度，但是调整困难，对各轧辊的回转同步精度要求较高。当调整不当时易造成乱牙。螺旋形轧辊的螺旋角一般大于（多线轧制）或小于（单线轧制）工件的螺旋角，其差值为轧辊轴线与工件轴线的夹角。

② 环形轧辊。环形轧辊调整安装方便，不易产生乱牙。在两辊机构上一套轧辊可以轧制螺距相同的不同直径的丝杠，并可以轧制旋向不同、头数不同的丝杠。轧辊可以重复修磨多次，工具消耗少。

环形轧辊的设计要求是轧辊每个梯形牙的挤压负荷应近似相等，挤牙过程中工件不应产生剪切现象。当螺距小于等于 6mm 时，轧辊一般选用 7 牙，其中 3 牙为校正牙，其余 4 牙为瘦牙，瘦牙的牙顶宽在加工出咬入角后应与校正牙的牙顶宽相同。

螺纹滚轧轧辊的外径，可以取中径处的升角和螺纹制件中径处的升角相等，即：

$$D=kd_p+(1-2b)H'$$

式中 k——轧辊的螺纹头数；

　　　H'——螺纹牙型的三角形高度；

　　　d_p——螺纹制件的中径；

　　　b——螺纹牙底的钝化比例。

如果轧辊和制件螺纹的升角不一致，则在滚轧中坯料产生轴向移动，可以利用这种移动来滚轧比轧辊宽度长的螺纹。

15.4 成形件滚轧机

15.4.1 成形件滚轧的用途和特点

成形件的滚轧主要是对机加工后的齿轮、花键等零件作进一步精加工，与切削精加工相比，滚轧加工的生产效率高，材料利用率高，工件的综合力学性能好。对于变形量小的产品，也可以直接用毛坯料进行冷滚轧加工。经过多年的发展，齿轮和花键的滚轧成形技术已经很成熟，我国目前冷滚轧的花键模数最大为 2，在国外，ErnstGrob 公司能够提供冷轧花键模数为 3.5 的大型滚轧机。

花键冷滚轧采用 C6 和 C9 系列冷轧机,可以轧制出模数 $m < 3.5$ 的齿轮和花键轴,并可轧制斜齿轮。该设备的生产工艺可以灵活调整,更换程序时间为 0.5min,更换轧头时间为 3min,更换夹具时间为 $2\sim10$min。由于调整时间短,即使是 $20\sim30$ 件的小批量生产也是十分经济的。C6 和 C9 系列的改进型 12/14NC 和 KRM12/14NC 具有更高的生产效率、精度及可调性。可轧制从棒料到有内外齿的自动变速箱离合器罩壳的全过程。轧制 $\phi320$mm 的零件只需 1.5min/件。用 ZSM10 型轧机可在 25s 内将薄壁管轧制成转向器的高精度齿条。

15.4.2　成形件滚轧机种类

对于齿轮和花键加工,可以采用创成法和成形法两种加工方式。与机械加工类似,创成滚轧法是利用齿轮形工具,按照齿轮啮合原理进行滚轧加工。成形滚轧则是采用成形工具逐个齿进行加工,然后再对全部齿形进行修整。

从工具和坯料的运动方式来划分,滚轧加工有坯料自由驱动和强制驱动两种方式。坯料自由驱动是指坯料在工具的作用下自由运动,而强制驱动是将坯料的装卡轴与工具的驱动轴连接,使坯料强制运动。为了保证坯料与工具接触表面的线速度相同,应保证两者主轴的转速比。根据滚轧工具的不同,可以将滚轧机分为齿条形工具的滚轧机、蜗杆形工具的滚轧机、冕状齿轮形工具的滚轧机和小齿轮形工具的滚轧机。

(1) 齿条形工具滚轧机

图 15-34 所示为 Michigan Tool 公司的 ROTO-FLO 型滚轧机。该机采用齿条形工具用创成法生产齿轮。上下对称的齿条形工具由液压缸推动做平行交错运动。坯料自由驱动,在上下的齿条工具之间一面滚动一面产生塑性变形。该滚轧机适用于小型的蜗杆、渐开线花键及三角花键等小直径零件的生产,产品质量好,生产效率高,使用方便,最大滚轧直径为 $\phi50$mm,模数为 4。若滚轧大齿轮,则由于齿条形工具的长度和行程限制,在设备制造和使用方面有困难。

(2) 蜗杆形工具滚轧机

蜗杆形工具的滚轧机采用可以回转的蜗杆形工具,其滚轧原理如图 15-35 所示。坯料做轴向往复运动,这样就可以滚轧直径较大的齿轮。Maag 公司的 Rollamatic RK-12 型滚轧机,可以滚轧直径为 $\phi15\sim120$mm、模数 $m=0.5\sim4$、螺旋角 $\beta=45°$ 以内的齿轮。

(3) 冕状齿轮形工具滚轧机

图 15-36 所示是一台可以滚轧锥齿轮的冕状齿轮形工具的滚轧机。滚轧时,冕状齿轮相当于齿条,端面齿轮也做回转运动。该设备的主轴垂直设置,主传动在机床的下面,坯料与下同步齿轮一起装卡在主轴上部,冕状滚轧工具与上同步

齿轮一起安装在上方的工具台上，利用同步齿轮来保证主轴和安装工具的动力头同步。工具台进给时，首先上部和下部的同步齿轮啮合，使工件轴和工具轴按规定转速比转动，工具台继续进给，滚轧工具咬入工件实现滚轧加工。

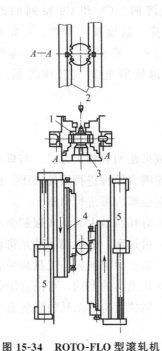

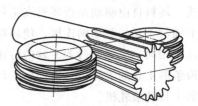

图 15-34　ROTO-FLO 型滚轧机　　　　　图 15-35　蜗杆形工具滚轧机的滚轧原理

1—滚轧工具连接用齿轮；2—滚轧工具连接用齿条；

3—主轴；4—尺寸调节器；5—油缸

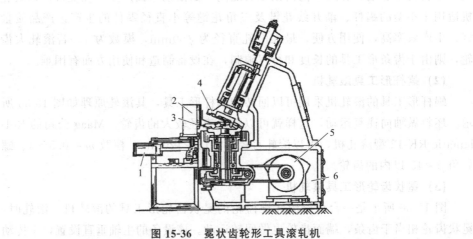

图 15-36　冕状齿轮形工具滚轧机

1—送进油缸；2—感应加热器；3—下同步装置；4—上同步装置；5—电动机；6—机身

该滚轧机的下部设置有感应加热器，工件经过高频感应加热后进行滚轧。由于热轧时工件加热后软化，使其整体性下降，所以需要对工件做强制驱动。该设备可以生产模数为 $m = 5 \sim 10$ 的大模数齿轮。

（4）小齿轮形工具滚轧机

利用小齿轮形工具滚轧齿轮更为方便，生产设备可以使用螺纹滚轧机，也可以使用专用的齿轮滚轧机。小齿轮形工具和普通齿轮的形状大体相同，加工制作容易，生产成本较低。图 15-37 所示是直齿圆柱齿轮滚轧机。通过左右两个进给丝杠，移动安装小齿轮形工具的左右滑座，实现进给。两个工具相对于工件同时接近或分开，进给机构由电动机、蜗轮减速器组成。工件安装在主轴上，按照工具与工件之间规定的转速比转动，工具的转速为 $20 \sim 60 \mathrm{r/min}$。这种齿轮轧机可以生产模数 10 以下的热轧齿轮。

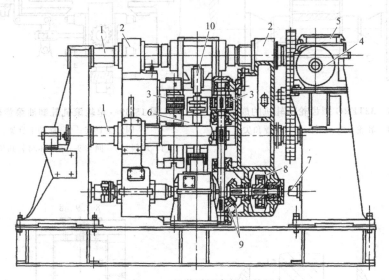

图 15-37　直齿圆柱齿轮滚轧机

1—双向进给丝杠；2—左、右滑座；3—小齿轮形工具；4—电动机；5—蜗轮加速器；

6—坯料轴；7—传动轴；8，9—齿轮；10—夹紧装置

此外，利用小齿轮形工具也可以生产精轧齿轮。图 15-38 所示是 Langes 公司的 32TFRG 型齿轮精轧机的成形部分。工件安装在回转工作台上，移开活动工具架，使工件转到工作位置，活动工具架进给，与固定工具一起对工件做精密滚轧。这类滚轧机可以代替剃齿机。

另外，内齿轮形工具也可以用来滚轧外齿轮，由于内齿轮形工具咬入容易，材料的变形顺利。并且由于工具与工件的接触面积大，工具齿和工件齿之间的间隙小，所以齿形成形良好。但是，内齿轮形的工具制造困难，该方法的应用尚不

成熟。

（5）单轮滚轧机

对于一些加工后的小模数齿轮，采用单轮滚轧进行冷精轧更为有效。图 15-39 和图 15-40 所示是用单轮滚轧轧制油泵齿轮和行星齿轮的情况。用这种方法轧出的齿轮精度很高，轧制周期为 4～9s。轧轮的寿命很高，轧制模数 1～3 的齿轮，轧制 50000 件后，轧轮没有明显磨损。用棒料毛坯直接轧制出齿形的冷精轧机也在使用，生产率为每小时 360 件。单轮滚轧轧齿机结构见图 15-41。

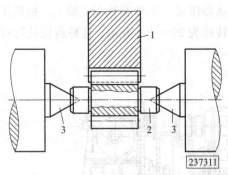

图 15-38　32TFRG 型齿轮精轧机的成形部分

1—轧轮；2—工件；3—支撑顶尖

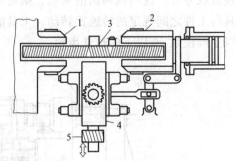

图 15-39　单轮滚轧轧制油泵齿轮

1—固定工具架；2—移动工具架；
3—坯料；4—回转头；5—坯料装卸位置

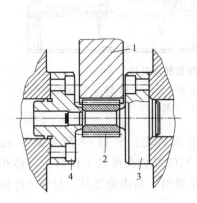

图 15-40　单轮滚轧轧制行星齿轮

1—轧轮；2—工件；3，4—支撑

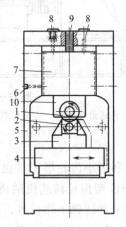

图 15-41　单轮滚轧轧齿机结构

1—轧轮；2—工件；3—支座；4—工件滑板；
5—机架；6—锁紧螺钉；7—轧轮滑板；
8—液压活塞；9—调节丝杠；10—轧轮头

齿轮滚轧的关键是滚轧工具的形状准确和工具与工件的转动速比精确、稳定，从而保证齿形的准确和齿轮齿距累计误差在允许范围内，尤其是对于工件自由驱动的滚轧过程。此时工具与工件相互间的滑动较小，但是齿轮齿距累计误差很难保证，必须是滚轧工具有特殊的设计。工件强制驱动能够保证工具与工件准确的传动比，工具的通用范围较大。但是，由于强制驱动，两者之间的滑动量增大，工具的抗弯强度要求增大。

滚轧工具的齿在滚轧时要承受很大的压力、表面摩擦力、弯曲应力和热应力。工具的磨损将直接影响工件的尺寸精度，因此对工具的要求很高，应具有适当的硬度、良好的耐磨性和韧性。表 15-9 所列为津-GR8 型滚轧机的技术参数。

▣ **表 15-9 津-GR8 型滚轧机的技术参数**

项目		4 型	8 型	10 型
滚轮座直径/mm		100	200	245
上下滚轮座调节量/mm		76	76	76
滚轮转速/(r/min)		800～1500	800～1200	800～1200
床身长度/mm		900	2400	1980
		1500	4200	3200
		4000	4850	3800
		4850		
往复台移动量/mm		760	1980	1980
		1370	3200	3200
		3000	3800	3800
		3650		
最大模数	碳钢	1.6	3.5	5.5
	合金钢	1.25	2.5	4.5
最大滚轮直径/mm		ϕ60	ϕ138	ϕ215
滚轧驱动电动机功率/kW		5×2	7.5×2	7.5×2
油泵电动机功率/kW		2.5	2.5	2.5
快速送进电动机功率/kW		1	1	1
无级调速送进电动机功率/kW		1	1	1
设备质量/kg		3500	9000	9500

滚轧技术也可以用于机械零件的其他加工工艺，主要的工艺有滚花、槽的滚轧、滚印、校直和定径、滚光、压力复合等。

① 滚花。滚花是用轧辊进行冷滚轧，使工件的外表面形成不同的花纹。轧辊有两辊和单辊两种形式，一般在车床上进行横向进给滚轧。

② 槽的滚轧。利用滚轧工艺加工轴类零件上的油槽、滚珠丝杠的滚珠滚

道等沟槽是十分方便的，尤其是对于表面硬度高、沟槽形状复杂的工件。滚轧的沟槽表面光洁，尺寸准确，表面硬度高，加工效率高。滚轧一般在车床上进行。

③ 滚印。滚印是滚轧工艺的另一种应用。在钢坯和钢材的表面做标记，采用滚印的方法最有效。其他方法得到的印记在加工和运输过程中是很容易消失的。图 15-42 所示是滚印机的机构简图。左主轴为主传动，带动滚印轮转动，右主轴台安装滚印轮，并做径向进给。滚印轮上刻上字迹，或安装活字头，滚印轮转动将字迹印在钢坯上。滚印轮也可以是扇形件，工作中往复摆动。

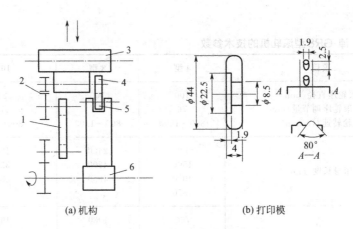

(a) 机构　　　　　　　　(b) 打印模

图 15-42　滚印机机构简图

1—带轮；2—离合器；3—右主轴台；4—打印模；5—坯料；6—左主轴台

④ 校直和定径。滚轧工艺还可以用于工件的整形，主要是杆形件和筒形件的校直与定径。对于细长的杆件，采用辊式矫直和压力校直难以达到较高的矫直精度；对于短轴、阶梯形轴采用上述方法更是无法校直。采用滚轧校直，使滚轧头做高精度的横向进给，可以使工件的直线度显著提高。例如，外径 26mm、长 300mm 的轴（硬度 200HBC），采用滚轧法校直，滚轧头横向进给，矫正力 120～200kN，矫正时间 15s。弯曲度由原来的 5～6mm/300mm 矫正到 0.2～0.3mm/300mm。

滚轧定径可以使管件或筒形件的不圆度指标提高，管件或筒形件在加工过程中，两端附近的不圆度公差远大于中间部分，要消除这种现象可以采用内径滚轧的方法。例如，内径 100mm、壁厚 6mm、长 1000mm 的挤压管形件，两端 100mm 左右的内径不圆度为 0.5mm，利用多柱式滚轧头对内壁进行滚轧后，内径不圆度为 0.01mm。

⑤ 滚光。利用滚轧技术对机械零件滚光压平是机加工过程中常用的工艺。零件经过滚轧后表面粗糙度和硬度提高。例如，前端球径14mm、全长38mm的零件，在轧辊式滚轧机上，采用横向进给方式滚光，工件用特殊导板支撑以抵抗滚轧力，滚轧力为150kN，滚轧时间为2s。对于套筒类零件，可以采用多辊式滚轧头，用轴向进给法在车床或深孔镗床上进行滚轧。这种工艺在液压缸缸体的加工中是必需的。

⑥ 压力复合。压力复合是指利用滚轧工艺将两个金属管件压合在一起，使之成为一个双金属管件。横向进给的滚轧压力复合类似于旋压，将两根管件组装在一起后，装卡在普通车床或专用滚轧机上，用滚轧头逐渐地将外管压合在内管上。轴向进给的滚轧压力复合采用多辊式滚轧头从轴向接近工件，可以是外滚轧，也可以是内滚轧，将两根管件压合在一起。

15.5 锥形辊轧制技术

15.5.1 概述

锥形辊（简称锥辊）辗轧技术是利用锥辊两个锥面轧辊表面线速度不断变化的运动学条件，依据不同的辗轧要求发展起来的特种轧制过程，其中包括钢带锥辊异步冷辗轧、螺旋叶片锥辊异面冷辗轧等不同形式。锥形辊轧制的典型工艺过程是螺旋叶片的轧制成形。螺旋叶片是螺旋输送机的重要部件，常用加工方法是将钢板冲制成单片，再将单片焊接后拉制成形。

随着生产技术的发展，相继出现了组合拉形、卷绕成形、挤压成形和辗轧成形四种方法。从生产效率、材料利用率、劳动强度和产品质量等技术经济指标方面比较，锥辊辗轧成形具有明显的优势。

关于螺旋叶片轧制，早在1938年，就提出了任意长度螺旋面辗轧成形的概念。经完善，确立了该成形法。目前，能够实现板带的螺旋轧制成形的方法有以下几种。

（1）圆柱辊共面楔形辗轧与分导复合成形

最初的螺旋叶片辗轧机是依靠两直圆柱轧辊轴线共面相交布置，形成楔形辊缝，实现楔形轧制的。如图15-43所示，两轧辊共面平行布置，其中一辊为锥辊，两轧辊形成了楔形辊缝，当带料从辊间通过时，在宽向受到不均匀的压缩，形成近似梯形断面，板带沿纵向产生不均匀的伸长而形成圆环。

这种工艺具有如下的特点：
① 由于轧辊转轴两端受到支撑，刚性好，所以辊缝有足够的稳定性。
② 轧辊可做成易换的复合结构，但必须有分导装置。

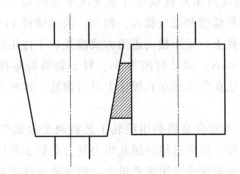

图 15-43 轧辊转轴共面平行布置轧制示意图

③ 由于圆环成形和螺距成形相互独立,所以成形调整控制比较容易。

④ 构成轧件变形区边界的圆柱辊辊面速度不满足螺旋叶片成形的运动调整要求。

为了提高该工艺的稳定性,苏联的学者做了大量的工作,限定其轧制范围、轧制条件,主要有式(15-2)中的几个方面

$$
\begin{cases}
T < 1.3D \\
K < 3 \\
\dfrac{t_{\min}}{b} \geqslant 0.02
\end{cases}
\tag{15-2}
$$

式中 T——叶片的螺距;

D——叶片的外径;

b——螺旋叶片的宽度;

$t_{\min}$——毛坯的最小厚度;

K——毛坯的最大变形系数,$K = [(\pi D)^2 + T^2]^{1/2} / [(\pi d)^2 + T^2]^{1/2}$。

(2)边轧弯曲法

20 世纪 80 年代,对螺旋叶片辊轧成形进行了深入的研究。1978 年,中田孝论述了应用反复轧制与不均匀压下辊轧相结合的办法生产扁带式绕组,1984 年日本提出了螺旋叶片新的辊轧成形工艺——边轧弯曲法,进一步拓宽了辊轧成形工艺的应用范围,这种方法取得了日本制造专利权。边轧弯曲法的实质就是利用一个圆柱辊和一个圆盘在空间构成楔形辊缝,对板带进行辊轧成形。边轧弯曲成形示意图见图 15-44。经进一步开拓利用,这种工艺方法可以生产轻质法兰类零件、型材及电机绕组等。根据轧制型材的断面形状可以采用不同规格、不同大小的轧辊。采用型材边轧弯曲法大大提高了型材厚度和弯曲极限。型材边轧弯曲成形示意图见图 15-45。用楔形轧制方法可以提高材料的弯曲极限。

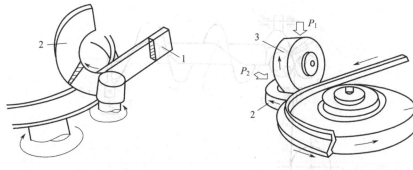

图 15-44　边轧弯曲成形示意图
1—板带；2—圆环

图 15-45　型材边轧弯曲成形示意图
1~3—三种不同形式的轧辊

（3）锥辊异面辗轧成形

这种辗轧技术最早是由英国的 LENHAM 公司和 MATCO 公司提出的。所谓异面是指两轧辊轴线不在同一平面内。两轧辊原始位置是其轴线互相垂直、共面；工作开始前，将两辊轴线调成空间相错位置，同时调整轧辊沿轴线方向的位置，从而使两轧辊之间形成扭曲的楔形间隙。其中两锥辊顶端辊缝略大于料厚，而两辊底端辊缝略小于料厚。辗轧开始后，钢带进入辊缝，处于下端的钢带因间隙小于料厚而受压，变薄并纵向伸长；处于顶端的钢带增厚，纵向缩短，从而完成圆环的变形过程。同时，由于轧辊相互错开一定位置，使钢带受到滚弯作用，形成螺距，变形协调的结果是形成螺旋叶片。锥辊异面辗轧成形示意图见图 15-46。锥辊异面轧制可以使带钢很好地实现圆环和螺距两种变形，其变形规律满足螺旋叶片的运动边界条件。因此，该工艺在现有辗轧成形工艺中是最具竞争力的，在发达国家被广泛采用。我国引进的 FM-600 型螺旋叶片辗轧机是世界上获得辗轧叶片机专利权的英国的产品，可辗轧带宽约为 152mm、带厚约为 8mm 以下的各种规格叶片，材料利用率达 97％。据正常估计，该台辗轧机年加工叶片能力可达 600t。

（4）锥辊共面楔形异步轧制

1987 年，锥辊共面异步辗轧工艺出现。该工艺能保证正确实现形成圆环的条件，成形容易控制。设轧件毛坯厚为 t_0，楔形角为 β，宽向压下长度足够，可推导出形成圆环直径 D_i 为：

$$D_i = \frac{t_0}{\tan(\beta/2)} \tag{15-3}$$

显然，叶片直径仅是 β 的一维函数。异步轧制可使轧件弯曲生成螺旋，并且大大降低了轧制力。然而，这种工艺存在构成变形区边界的锥辊线速度变化规律

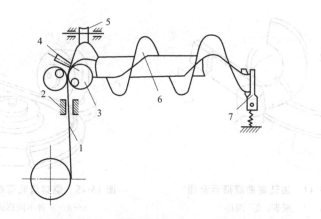

图 15-46　锥辊异面辗轧成形示意图

1—带料；2—导向机构；3—轧辊；4—检验芯棒；5—叶片；6—悬挂液压剪；7—盘料架

不满足轧件形成螺距的运动学条件，所以形成合格叶片必须加校正装置。

15.5.2　锥辊轧制成形原理

锥辊轧制成形原理是，带料在前导卫的引导作用下进入两轧辊，由于两轧辊转轴不在同一平面上，轧辊在空间构成楔形辊缝，通过楔形辊缝的不均匀压下作用，产生不均匀的纵向伸长，且变形沿轧件宽向由外到内逐渐减小，同时带料经过轧辊的不均匀压缩和辊间辊弯的共同作用，最终得到连续多圈的叶片，叶片经后导卫疏导后，制成理想的螺旋叶片。调整锥辊间的相对位置及带料的喂入高度，可以得到不同旋向、不同螺距和直径尺寸的螺旋叶片。

螺旋叶片辗轧变形区是由两轧辊辊面控制的。在这个由两辊面所控制的变形区内，轧件经历复合变形。其一是受到不均匀压缩，产生不均匀伸长（假定宽度无变化）形成圆环的变形；其二是轧件受到滚弯产生弯曲形成螺距的变形。这就是螺旋叶片辗轧成形机理。

轧件之所以受到不均匀压缩，是因为两轧辊所构成的辊缝是不均匀单调变化的；轧件之所以受到滚弯，是因为两轧辊沿导向有相对错位。因此，控制轧辊的相对位置是生产合格螺旋叶片的关键。

15.5.3　螺旋叶片轧机的结构

螺旋叶片轧机大致可分为轧机机座、前导卫装置、后导卫装置、主传动系统和带材输送装置。图 15-47 所示是引进 FM-600 型螺旋叶片辗轧机工作辊照片。

(1) 轧机机座

图 15-48 所示是螺旋叶片轧机设备中的轧机结构示意图，螺旋轧机的机座包

图 15-47　FM-600 型螺旋叶片辗轧机工作辊照片

括轧辊及主轴部分，轧辊为锥形，锥角为 65°。由于锥辊轧制在轧辊与轧件之间产生强烈的滑动，因此，要求轧辊有较高的耐磨性。通常采用轧辊钢制造。由于轧辊处于悬臂状态，所以主轴刚度要求很高，需要稳固的支撑。主轴箱中采用双列圆锥滚柱轴承。主轴可以沿轴线上下移动，以调节辊缝。主轴箱装在 V 形底座上，然后由机身将两个主轴箱压紧在底座上。通过两侧的液压螺杆调节两个主轴箱的相对位置，以形成曲面梯形的辊缝。

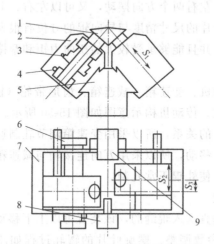

图 15-48　螺旋叶片轧机结构示意图

1—轧辊；2—轧辊轴承座；3—调整蜗杆；4—传动蜗杆；5—导向 V 形座；6—调整螺栓；
7—机身；8—前导卫；9—后导卫叶片

（2）前导卫装置

图 15-49 所示是螺旋叶片分导装置示意图。前导卫装置由一组导向辊组成，由于曲面梯形的辊缝会使轧件向下摆动，为了保证正常送进，必须采用有较高强度的前导卫装置。前导卫装置应能够方便调整，从而可以根据工艺要求调整喂入高度。

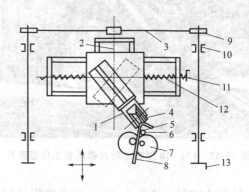

图 15-49　螺旋叶片分导装置示意图

1—导向轮轮座；2—横向移动螺杆；3—链条；4—导向装置；5—叶片；6—导向杆；7—轧辊；
8—带料；9—链轮；10—轴承；11—纵向移动手柄；12—纵向移动螺杆；13—横向移动手柄

（3）后导卫装置

后导卫（螺旋分导）装置的作用是将轧制后的轧件按照一定的螺距送出，后导卫装置是一个可以向左右两个方向摆动，又可以左右、上下和前后移动的带槽的导向辊。由于螺旋叶片的尺寸精度与导向辊的方位有很大关系，所以，导向辊的调整应该灵活方便，并且能够承受较大的扭曲力矩和摩擦力。

（4）主传动系统

主传动系统由电动机、变速箱、减速箱、齿形带轮（链轮）、万向连接轴和蜗轮蜗杆减速器等组成。传动机构示意图如图 15-50 所示。由于螺旋叶片的成形过程与轧制速度有一定的关系，所以采用变速箱调节轧制速度。由于主轴箱和蜗轮蜗杆减速器需要上下移动，所以采用万向连接轴与减速箱连接。两个蜗轮蜗杆减速器的旋向相反，以使轧辊正常轧制。

（5）带材输送装置

通常带钢是连续垂直送入辊缝的，该装置可以上下移动，以适应喂入高度。

① 螺旋叶片轧制参数调整。螺旋叶片的辗轧过程如图 15-51 所示，钢带从盘料架上引出，经过导向槽 1 被送进两锥形轧辊 3、4 所形成的辊缝中进行辗轧成形。如果两轧辊与钢带空间相对位置调整得合适，则钢带被辗轧成旋向不同（左旋或右旋），螺径、螺距都符合设计要求的叶片。待辗出的叶片长度满足给定

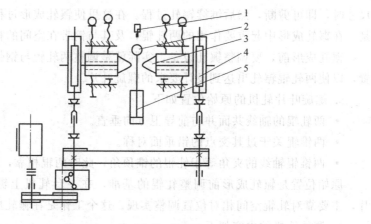

图 15-50　传动机构示意图

1—行程开关；2—压力控制表；3—轧辊；4—蜗轮减速器；5—油缸

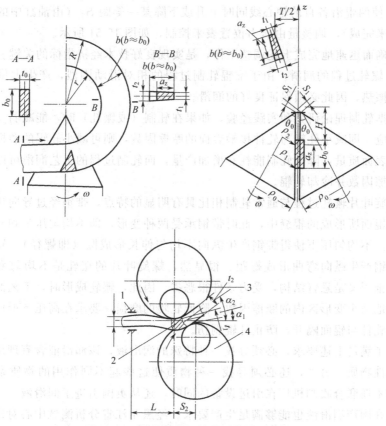

图 15-51　螺旋叶片辗轧成形原理示意图

1—导向槽；2—变形区；3—左轧辊；4—右轧辊

尺寸时，即可剪断，然后继续辗轧过程。在这里使辗轧成形过程得以顺利进行的是，在辗轧成形中起重要作用的两轧辊，及其与钢带在空间的相对位置。

辗轧成形前，要调整辗轧设备，实际就是调整两轧辊与钢带在空间的相对位置，以使两轧辊辗轧出达到设计要求的螺旋叶片。

a. 螺旋叶片轧机的原始位置如下。

• 两轧辊的轴线共面并与前导卫方向垂直。

• 两锥辊关于过其交点的铅垂面对称。

• 两锥辊轴线的夹角等于轧辊的锥顶角，此时两辊相靠，辊缝为零。

原始位置是辗轧成形前调整轧辊的基准，在一台轧机上辗轧各种尺寸的叶片，主要靠对轧辊空间相对位置调整实现。这个工作是在辗轧成形前进行的。

b. 调整轧机的内容如下。

• 使其中一辊沿导向相对另一辊平动形成一定错位 S_2（由调整螺栓来完成），调整量由平动位置表来控制，如图 15-51 所示。

• 使两辊沿各自的轴心线同时上升或下降某一等距 S_1（由油缸中的液压推动楔铁来完成），调整量由压力位置表来控制，如图 15-51 所示。

准确而迅速地完成上述调整工作，是实现良好技术经济指标的关键。

② 辗轧过程的润滑。由于锥辊轧制过程的相对滑动剧烈，产生大量的变形热和摩擦热，因此必须保证良好的润滑。

根据轧制理论研究和实践经验，如果在轧制（或辗轧）时，能减弱变形区的摩擦效应，即减小轧辊与轧件接触表面的摩擦因数，则可减小轧辊的磨损，改善轧件的表面质量，降低轧制能耗和增加产量，而轧制过程的工艺润滑可以有效地降低摩擦因数并冷却轧辊。

螺旋叶片辗轧过程与通常轧制相比具有明显的特点，带钢经过导向机构被送进工作辊面所形成的辊缝中，此时带钢承受两种变形，即不均匀压下和异面轧制的复合。不均匀压下使得带钢产生纵向不均匀伸长形成圆（即螺径）；异面轧制使得带钢产生纵向弯曲形成螺距。很显然，螺旋叶片的辗轧是不均匀变形的过程，其锥辊又是悬臂结构，受力条件很恶劣。因此，辗轧成形时，工艺润滑要求能有效地减小变形区内的摩擦因数，降低轧辊的磨损；要求在高压下形成抗阻力膜，使轧件与辊面隔开，防止轧辊剥伤。

为了满足上述要求，必须寻找一种特殊的润滑液，该润滑液含有理想数量的表面活性物质，另外，还必须寻找一种物质使这些起不同作用的物质亲和在一起。佳木斯联合收割机厂在引进设备的同时，还从英国引进了润滑液。

现在国产润滑液也能够满足生产要求。经黑龙江省分析测试中心对进口润滑液的配方进行分析可知，进口润滑液主要成分为液态石蜡油，并含有少量的（约10％以下）蓖麻子油制钠盐（皂）。进行类比后，苏州特种油品厂的金属乳化轧制油可以作为锥辊轧制润滑液。

经试验，采用国产冷轧钢带，利用国产润滑液进行辗轧成形，所得结果也达到了图样技术要求。

<h3 align="center">复习思考题</h3>

1. 多辊轧制技术主要用于什么场合？
2. 简述多辊轧机的轧辊及辅助装置。
3. 简述盘环件轧制技术。
4. 简述环件截面的种类。
5. 简述滚轧技术。
6. 简述螺纹滚轧的生产方式。
7. 简述锥形辊（简称锥辊）辗轧技术。
8. 简述螺旋叶片轧机的结构。

参考文献

[1]   李曼云. 钢的控制轧制和控制冷却技术手册. 北京：冶金工业出版社，1999.
[2]   许石民，等. 板带材生产工艺及设备. 北京：冶金工业出版社，2008.
[3]   王廷溥，齐克敏. 金属塑性加工学. 北京：冶金工业出版社，2012.
[4]   王廷溥. 关于连铸与轧钢连接模式的商榷. 轧钢，1987，(2)：58-63.
[5]   秦建平，帅美荣. 金属塑性加工学. 北京：冶金工业出版社，1995.
[6]   王廷溥，等. 板带材生产原理与工艺. 北京：冶金工业出版社，1995.
[7]   龚尧，等. 连轧钢管. 北京：冶金工业出版社，1990.
[8]   董志洪. 世界 H 型钢与钢轨生产技术. 北京：冶金工业出版社，1999.
[9]   严泽生. 现代热连轧无缝钢管生产. 北京：冶金工业出版社，2009.
[10] 殷瑞钰，等. 中国薄板坯连铸连轧的发展特点和方向. 钢铁，2007，42(1)：1-7.
[11] 王国栋. 新一代控制轧制与控制冷却技术与创新的热轧过程. 东北大学学报，2009，30 (7).
[12] 柳谋渊. 金属压力加工工艺学. 北京：冶金工业出版社，2008.
[13] 庞玉华. 金属塑性加工学. 西安：西北工业大学出版社，2005.
[14] 王占学. 控制轧制与控制冷却. 北京：冶金工业出版社，1998.
[15] 毛新平，等. 薄板坯连铸连轧（微合金化技术）. 北京：冶金工业出版社，2008.
[16] 任吉堂，等. 连铸连轧理论与实践. 北京：冶金工业出版社，2002.
[17] 王国栋，等. 中国中厚板轧制技术与装备. 北京：冶金工业出版社，2009.
[18] 陈守群，等. 中国冷轧板带大全. 北京：冶金工业出版社，2005.
[19] 殷瑞钰. 新形势下薄板坯连铸连轧技术的进步与发展方向. 钢铁，2011，46(40)：1-9.